Algorithmic Thinking: A Problem-Based Introduction

U0077663

演算法邏輯刀

工程師必備的演算法解題、設計、加速技巧

Daniel Zingaro 著 · 蔡牧村 譯 · 博碩文化 審校

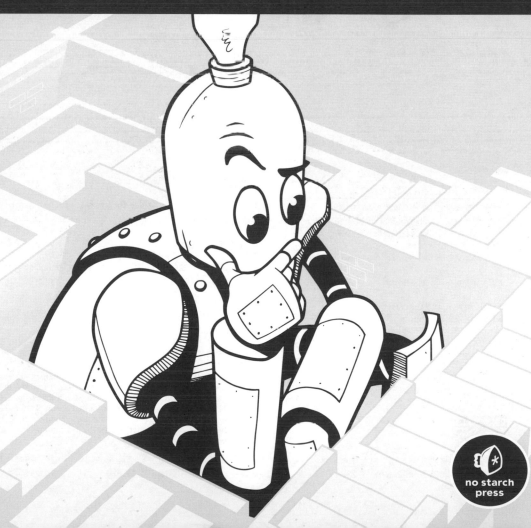

no starch press

作　　者：Daniel Zingaro
譯　　者：蔡牧村
責任編輯：何芃穎

董 事 長：陳來勝
總 編 輯：陳錦輝

出　　版：博碩文化股份有限公司
地　　址：221 新北市汐止區新台五路一段 112 號 10 樓 A 棟
　　　　　電話 (02) 2696-2869　傳真 (02) 2696-2867

發　　行：博碩文化股份有限公司
郵撥帳號：17484299　戶名：博碩文化股份有限公司
博碩網站：http://www.drmaster.com.tw
讀者服務信箱：dr26962869@gmail.com
訂購服務專線：(02) 2696-2869 分機 238、519
（週一至週五 09:30 ～ 12:00；13:30 ～ 17:00）

版　　次：2023 年 4 月初版一刷

建議零售價：新台幣 720 元
I S B N：978-626-333-427-4
律師顧問：鳴權法律事務所 陳曉鳴律師

本書如有破損或裝訂錯誤，請寄回本公司更換

國家圖書館出版品預行編目資料

演算法邏輯力：工程師必備的演算法解題、設計、
加速技巧 / Daniel Zingaro 著；蔡牧村譯 . -- 初版 . --
新北市：博碩文化股份有限公司 , 2023.04
　　面；　公分
譯自：Algorithmic thinking : a problem-based introduction

ISBN 978-626-333-427-4(平裝)

1.CST: 演算法 2.CST: 資料結構
3.CST: 電腦程式設計

318.1　　　　　　　　　　　　112003054

Printed in Taiwan

歡迎團體訂購，另有優惠，請洽服務專線
博碩粉絲團 (02) 2696-2869 分機 238、519

商標聲明

本書中所引用之商標、產品名稱分屬各公司所有，本書引用
純屬介紹之用，並無任何侵害之意。

有限擔保責任聲明

雖然作者與出版社已全力編輯與製作本書，唯不擔保本書及
其所附媒體無任何瑕疵；亦不為使用本書而引起之衍生利益
損失或意外損毀之損失擔保責任。即使本公司先前已被告知
前述損毀之發生。本公司依本書所負之責任，僅限於台端對
本書所付之實際價款。

著作權聲明

獻給 Doyali

關於作者

Daniel Zingaro 在多倫多大學擔任資訊科學系的助理教授,是位獲獎的老師。他主要研究領域為資訊科學的教育研究,像是學生如何學習(以及有的時候為何不學習)資訊科學的材料。

關於技術校閱者

Larry Yueli Zhang 是多倫多密西沙加大學資訊科學系的助理教授(teaching stream),他的教學與研究興趣包含了演算法、資料結構、作業系統、電腦網路、社群網路、和資訊教育。他曾參加過 ACM SIGCSE、ACM ITiCSE 與 WCCCE 的程式委員會,並且擁有多倫多大學的資訊科學博士學位。

摘要目次

推薦序 xiii

感謝 xv

譯者序 xvii

導論 xix

第一章：雜湊表 1

第二章：樹與遞迴 39

第三章：記憶法與動態規劃 87

第四章：圖與廣度優先搜尋 143

第五章：加權圖中的最短路徑 195

第六章：二元搜尋 235

第七章：堆積與區段樹 287

第八章：聯集尋找 349

後記 399

Appendix A　演算法執行時間 401

Appendix B　因為我忍不住 409

Appendix C　題目貢獻者 427

推薦序

對網球的入門者來說，光是要讓球一直留在場上就已經很難了（尤其是反手側）。唯有反覆練習，直到掌握基本的來回對打技巧之後，這項運動令人上癮之處才會開始浮現出來。你開始在你的招式裡加入更多進階技巧——反拍切球、上旋發球、截擊小球，在更高的抽象層次上擬定策略——發球上網、切球上網、鎮守底線；你漸漸培養出一種直覺，知道對付不同類型的對手要用什麼樣的招式和策略會最有效——因為沒有所謂的必殺技。

寫程式就好比打網球。對程式入門者來說，光是要讓電腦知道你想叫它做什麼——執行你對某個問題的解答——就已經很困難了。當你終於順利度過菜鳥階段，解決問題的真正樂趣才正要開始：究竟你最初是怎麼想到解答的？雖然不存在可以有效解決一切計算問題的必殺技^[譯註]，不過倒是有一些長久以來都很實用的進階工具與策略：雜湊表、搜尋樹、遞迴、記憶法、動態規劃、圖搜尋等等。而對明眼人來說，許多問題和演算法都擺明自曝了哪些工具是正解。你的演算法是否重複執行查詢或最小值計算？分別用雜湊表

[譯註]　這句話背後其實有很深的理論在，例如著名的停機問題（halting problem）。其內容是：如何判斷任意給定的程式是否會停止（還是會陷入無窮迴圈）。但已被證明，不可能存在一個演算法能夠對任意輸入的程式都正確回答此問題。

或最小堆積來加速吧！你有辦法利用較小的子題目解答建構出原本題目的解答嗎？使用遞迴吧！這些子題目有沒有重疊之處？利用記憶法來加速你的演算法吧！

　　不管是打網球還是寫程式，若缺少兩樣東西，你都無法晉級到下一個階段，那就是：練習，以及一位好教練。為此，容我向你推薦《演算法邏輯力：工程師必備的演算法解題、設計、加速技巧》這本書及其作者 Daniel Zingaro。這本書介紹了我剛才提到的全部觀念，但它不僅僅只是羅列清單而已。有 Zingaro 在旁指點迷津，你將會從艱難的競賽題目中，學到一套可重複使用的思考過程，幫助你找出並靈活應用正確的演算法工具來完成編寫程式工作，這一切都可以從這本清晰易懂、幽默風趣還帶點加拿大式自豪的書中獲得。祝各位解題愉快！

Tim Roughgarden
2020 年 5 月
於紐約

感謝

與 No Starch Press 出版社的同仁們合作，真的是如沐春風般的體驗。他們致力於撰寫能幫助讀者學習的書籍，讓我覺得終於找到同伴了！ Liz Chadwick 打從一開始就一直支援這本書的製作（而且沒辦法兼顧另外一本——我很感激！）。感謝老天能讓我跟 Alex Freed 合作；身為我的企劃編輯，她既耐心又親切，而且總是積極地幫助我改善文筆，而不僅僅是修正錯誤。我很感謝所有參與這本書製作的人，包括審校的 David Couzens、責任編輯 Kassie Andreadis、創意總監 Derek Yee 以及負責封面設計的 Rob Gale。

感謝多倫多大學讓我有充裕的時間跟空間來進行寫作，也感謝我的技術審校 Larry Zhang 仔細地審查我的手稿。多年來我跟 Larry 一起開過許多課，而我們的合作幫助我建立演算法思維和教學方式。

感謝 Tim Roughgarden 為本書作推薦序，他的書和影片是清楚明瞭的典範，那正是我們在教授演算法時所需要的。

感謝我的同事 Jan Vahrenhold、Mahika Phutane 和 Naaz Sibia 試讀各章的草稿。

感謝我在本書中使用的題目以及程式競賽的所有貢獻者；感謝 DMOJ 主辦單位對我作品的支持；特別要感謝 Tudor Brindus 和 Radu Pogonariu 協助改進和增加更多題目。

感謝我的父母幫我打理一切——**真的是一切**。他們對我的唯一要求就只有好好學習。

感謝 Doyali，我的伴侶。她為了本書犧牲了一些我們共有的時光，並讓我養成寫作時所需要的細心。

最後，感謝所有正在看這本書並且願意學習的各位。

譯者序

在很多領域的學習過程中都存在一個共通的現象：去了解「行不通的方法之所以行不通」，很多時候比起去了解「行得通的方法之所以行得通」還要更加具有啟發性。在面對困難的問題時，我們的第一個想法在絕大多數情況下都會是行不通的（否則就不叫困難的問題了），而此時唯有深刻地認知到為什麼第一個想法行不通、才能夠從中找出解決問題的方法。然而，許多談論資料結構和演算法的書籍往往直接呈現出最終的可行方案、而跳過了前面那些跌跌撞撞的過程，這樣的教學方式很難讓讀者吸收到演算法式思考的精髓所在。其結果是，這些讀者只在面對類似問題的時候知道如何套用過去所學的技巧來處理問題，但遇到截然不同的問題時，就不知道怎麼自己重新推理出正確的解法了。

相對地，本書的一大特色就在於作者會帶領讀者走過解決問題的思考過程，且很多時候會先走一遍冤枉路。作者接著會去分析為什麼此路不通，從而突顯出對應章節主打的演算法或資料結構究竟是解決什麼樣的困難點。雖然現實中會遇到的程式問題無窮無盡，對應的解題技巧窮盡一生也難以學

完，但是這種思考過程對所有的問題皆通用，包括當初最先解決那些問題並且提出那些技巧的人、也是透過同樣的過程首次找出答案的。

讀者在閱讀本書的過程中，應該要明白一點：書中有很多題目，實際上都存在著遠比作者給出的程式碼更簡短、且執行更快速的解答，讀者若對這部分有興趣，只要在 Google 上面搜尋題號肯定可以找到很多例子；然而，作者的重點在於展示具有一般性的解題思維和策略，而不是針對特定的題目、利用該題目獨有特性來寫出最簡單有效的解答。那些更簡短快速的解答雖然從另一個角度來看也是別有風味，但它們背後的思路卻幾乎不可能被套用到別的問題之上，所以我也會建議讀者，尤其是初學演算法的過程當中，不要太沉迷於那些只適用於特定問題的妙解，而應該掌握可以具有高度推廣價值的思考方式與策略，這樣未來面對數之不盡的未知問題時才會更有幫助。

這是我第一次認真嘗試翻譯一本英文書，還請大家多多指教。

蔡牧村

目　錄

關於作者 ii

關於技術校閱者 ii

推薦序 iv

感謝 vi

譯者序 viii

導論 xix
Introduction

我假定你學過一種程式語言，例如 C、C++、Java、Python…，並且我希望你對它很入迷，要不然…

線上資源 xx

本書對象 xxi

程式語言 xxi

　為什麼是 C 語言？ xxi

　靜態關鍵字 xxii

　導入的檔案 xxiii

　記憶體釋放 xxiii

主題 xxiii

解題系統 xxiv

題目描述的構成 xxvii

題目：取餐排隊 xxviii

　解開問題 xxix

筆記 xxxi

1 雜湊表...1
Hash Tables

本章我們會先解兩道題目，其解答均取決於進行有效搜尋的能力。第一道
題目是判斷一個集合…

題目一：獨特雪花... 2
問題.. 2
簡化問題.. 4
解決核心問題... 5
解答一：逐對比較....................................... 9
解答二：減輕工作量.................................... 13
雜湊表... 20
設計雜湊表... 20
為什麼要使用雜湊表？.............................. 23
題目二：複合詞.. 23
問題.. 24
辨別複合詞.. 24
解答... 25
題目三：拼字校查──刪除字母.................... 29
問題... 29
思索雜湊表.. 31
一個量身打造的解答.................................. 33
摘要.. 36
筆記.. 37

2 樹與遞迴...39
Trees and Recursion

在本章中會看到兩道題目，是需要處理並回答跟階層式資料有關的問題
──第一道題目是關於…

題目一：萬聖節糖果收集.............................. 40
問題... 40

二元樹 41
解決一個較簡單的實例 44
二元樹表示方法 45
收集所有糖果 50
一個完全不一樣的解答 57
走最少街道 62
讀取輸入 65

為什麼要使用遞迴？ 72

題目二：子孫的距離 73
問題 73
讀取輸入 75
一個節點的子孫數目 80
全部節點的子孫數目 82
節點排序 82
輸出資訊 83
main 函數 84

總結 85

筆記 85

記憶法與動態規劃 87

Memorization and Dynamic Programming

在本章中，我們將研究四道看起來可以用遞迴解決的題目。你將看到的，雖然理論上是可以使用…

題目一：漢堡狂熱 88
問題 88
產生一個計畫 89
刻劃最佳解 90
解答一：遞迴 92
解答二：記憶法 97
解答三：動態規劃 104
記憶法與動態規劃 107
步驟一：最佳解的結構 107
步驟二：遞迴解 108
步驟三：記憶法 109

　　步驟四：動態規劃 109

題目二：守財奴 111

　　問題 111

　　刻劃出最佳解 112

　　解答一：遞迴 115

　　解答二：記憶法 121

題目三：冰球世仇 124

　　問題 124

　　關於世仇 125

　　刻劃出最佳解 127

　　解答一：遞迴 130

　　解答二：記憶法 133

　　解答三：動態規劃 135

　　空間最佳化 138

題目四：及格方法 139

　　問題 139

　　解答：記憶法 140

總結 142

筆記 142

4 圖與廣度優先搜尋 143
Graphs and Breadth-First Search

在本章中，我們會研究三道題目，這三道題目要求我們以最少的步數去解決一個謎題⋯

題目一：騎士追逐 144

　　問題 144

　　最佳化移動 146

　　騎士的最佳結果 156

　　騎士反反覆覆 158

　　時間最佳化 162

圖（Gragh）與 BFS 163

　　什麼是圖？ 163

　　圖 vs. 樹 165

　　圖上的 BFS 167

題目二：攀爬繩子 168
　問題 168
　解答一：找出動作 170
　解答二：重新建模 175
題目三：書籍翻譯 185
　問題 185
　圖的建立 186
　BFS 191
　總成本 193
總結 193
筆記 194

5 加權圖中的最短路徑 195
Shortest Paths in Weighted Graphs

本章將推廣我們在第四章所學關於尋找最短路徑的方法。第四章的焦點在於解決一個問題所需的最小移動⋯

題目一：老鼠迷宮 196
　問題 196
　從 BFS 繼續邁進 197
　加權圖中的最短路徑 198
　圖的建立 202
　實作 Dijkstra 演算法 204
　兩種最佳化 207
Dijkstra 演算法 209
　Dijkstra 演算法的執行時間 210
　負權重邊 211
題目二：拜訪奶奶規劃 213
　問題 213
　相鄰矩陣 214
圖的建立 216
　怪異路徑 218
　任務一：最短路徑 221
　任務二：最短路徑的數目 224

總結 ……………………………………………………231

筆記 ……………………………………………………232

6 二元搜尋 ………………………………… 233
Binary Search

這一章全都是在講二元搜尋；如果你不知道什麼是二元搜尋——那太好了！我很興奮能有機會教你一套…

題目一：螞蟻餵食 …………………………………234
　　問題 …………………………………………………234
　　新風味的樹問題 …………………………………236
　　讀取輸入 ……………………………………………238
　　可行性測試 …………………………………………240
　　搜尋解答 ……………………………………………243
二元搜尋 ………………………………………………244
　　二元搜尋的執行時間 ……………………………245
　　判斷可行性 …………………………………………246
　　搜尋排序過的陣列 ………………………………247
題目二：跳躍河流 …………………………………247
　　問題 …………………………………………………247
　　貪婪演算法的思路 ………………………………249
　　測試可行性 …………………………………………251
　　搜尋解答 ……………………………………………256
　　讀取輸入 ……………………………………………259
題目三：生活品質 …………………………………260
　　問題 …………………………………………………261
　　排序所有的矩形 …………………………………263
　　二元搜尋 ……………………………………………266
　　測試可行性 …………………………………………267
　　更快速測試可行性 ………………………………269
題目四：洞穴門 ……………………………………276
　　問題 …………………………………………………276
　　解決子任務 …………………………………………278
　　使用線性搜尋 ……………………………………280
　　使用二元搜尋 ……………………………………282

總結 285

筆記 285

7 堆積與區段樹 287
Heaps and Segment Trees

資料結構將我們的資料加以安排組織，使得某些操作可以加速。例如，在第一章中，我們學到了雜湊表…

題目一：超市促銷 288
　　問題 288
　　解答一：陣列中的最大值與最小值 289
　　最大堆積 292
　　最小堆積 306
　　解答二：堆積 308
堆積 311
　　兩個額外的應用 312
　　選擇一個資料結構 313
題目二：建立樹堆 314
　　問題 314
　　遞迴輸出樹堆 317
　　根據標籤排序 318
　　解答一：遞迴 318
　　區間最大值查詢 322
　　區段樹 324
　　解答二：區段樹 333
區段樹 335
題目三：二元素和 336
　　題目 336
　　填寫區段樹 337
　　查詢區段樹 342
　　更新區段樹 343
　　main 函數 347
總結 348
筆記 348

8 聯集尋找 349
Union-Find

在第四與第五章,我們使用了相鄰串列資料結構及其演算法來解決圖論問題。那是很有效率的資料結構…

問題一:社群網路 350
　問題 350
　用圖來模擬 351
　解答一:BFS 354
　聯集尋找 359
　解答二:聯集尋找 363
　最佳化一:依大小聯集 366
　最佳化二:路徑壓縮 371
聯集尋找 373
　關聯:二個需求 373
　選擇聯集尋找 374
　最佳化 374
題目二:朋友與敵人 375
　問題 375
　擴充:敵人 377
　main 函數 381
　尋找和聯集 383
　SetFriends 與 SetEnemies 384
　AreFriends 與 AreEnemies 386
題目三:抽屜雜務 387
　問題 387
　等價抽屜 388
　main 函數 394
　尋找和聯集 396
總結 397
筆記 397

後記 399

A 演算法執行時間 401
Algorithm Runtime

計時與其他東西之事件簿 402
大 O 符號 403
　線性時間 403
　常數時間 405
　另一個例子 405
　平方時間 406
　本書中的大 O 407

B 因為我忍不住 409
Because I Can't Resist

獨特雪花：隱式鏈結串列 410
漢堡狂熱：重建解答 413
騎士追逐：編碼移動 415
Dijkstra 演算法：使用堆積 417
　老鼠迷宮：用堆積來追蹤 418
　老鼠迷宮：用堆積來實作 421
路徑壓縮的壓縮 423
　步驟一：不使用三元運算子 423
　步驟二：較簡潔的指派運算子 424
　步驟三：理解遞迴 425

C 題目貢獻者 427
Problem Credits

導論

我假定你學過一種程式語言，例如 C、C++、Java、Python…，
並且我希望你對它很入迷，要不然我真的很難跟不會寫程式的人
解釋，為什麼用寫程式來解決問題是一件獲益良多又好玩的事。我
也希望你已經準備好將程式寫作技巧提高到下一個層次，我很榮幸能
幫你做到這一點。

我是可以先教你一些很炫的新技巧，告訴你為什麼這些技巧管用、然後再把它們跟其他一些很炫的技巧作比較，不過我不會這麼做。那部分的內容暫且先擱在一邊，等到時機成熟再拿出來——假使真的有那種時機。

我在整本書中會採取的方法是提出題目——很難的題目；我希望是你解不了的題目、用你目前所知的方法去解都掛點的題目。你是程式設計師，你想解題，而現在就是來學那些炫炮技巧的時候。這本書是關於提出難題，結合你已經知道的和你需要知道的技巧來解決它們。

你在這邊不會看到傳統教科書上的題目，不需要去找到矩陣鏈乘法或計算費氏數列的最佳解；我也保證你不會在這裡解河內塔謎題，市面上有一堆厲害的教科書在做那些事，不過我想沒有多少人會受到那類謎題激勵。

我的方法是採用一些你沒看過的新題目。每年都有數以千計的人參加寫程式競賽，而這些競賽都需要新的題目，以免淪於單純評量「哪個參賽者故技重施或 Google 的速度最快」。那些題目既引人入勝，又能在重現經典的同時加上一些轉折和情境，來挑戰人們去尋找新的解答，彷彿那些題目蘊含著無盡的程式編寫與運算知識。只要選擇了正確的題目，我們想從中學多少就能學到多少。

本書會先從一些基礎開始。**資料結構（data structure）**是一種組織資料以便讓操作快速完成的方法；**演算法（algorithm）**則是用來解決問題的一系列步驟。有時候我們不需要複雜的資料結構也能做出快速的演算法，有時候好的資料結構反而能大幅提升運算速度。我的目標不是要把你變成程式競賽選手（雖然有這種附帶效果的話也不賴），而是教會你利用那些程式競賽中的問題去學會資料結構和演算法，並且同時樂其中。有學到東西的話，記得寫封 email 給我，有笑出來的話也可以。

線上資源

本書的補充資源，包括可下載的原始碼和額外的習題，可以在 https://nostarch.com/algorithmic-thinking 取得。

本書對象

本書的對象是任何想學「如何解決難題」的程式設計師。你將學到許多資料結構和演算法、它們的優點、可以用它們解決的問題類型，以及如何實作它們。

如同下一節會進一步探討的內容，本書中所有的程式碼都是用 C 語言寫成的，不過這並不是一本用來學 C 語言的書。如果你之前有寫 C 或 C++ 的經驗，那麼直接閱讀即可；但如果你之前寫的是 Java 或 Python 之類的語言，我想你也會在閱讀過程中弄懂大部分需要知道的東西，不過你可能會想要立刻或在第一次遇到的時候複習一些 C 的觀念。特別是我會用到指標跟動態記憶體配置，所以不管你之前的經驗為何，最好重溫一下這些主題。我最推薦的 C 語言書籍是 K. N. King 的《C Programming: A Modern Approach》第二版，就算你的 C 語言程度不錯，還是建議看一下，這本書就是那麼好，不論何時你被 C 語言難倒了，它都是你的最佳良伴。

程式語言

我選擇採用 C 語言作為本書的程式語言，而非 C++、Java、Python 之類的高階語言。我會簡短說明為什麼，並提出幾點證明使用 C 的合理性。

為什麼是 C 語言？

使用 C 的主要原因是，我想從頭開始教你資料結構和演算法。當我們想要用雜湊表，會自己建立一個，而不像其他程式語言可以依賴字典（dictionary）、雜湊對映（hashmap）或類似的資料結構。當我們不知道字串的最大長度時，會建立一個可擴充的陣列，不會讓程式語言來幫我們進行記憶體配置。我想讓你清清楚楚知道在做些什麼，絕不藏私，而使用 C 語言可以幫我達成這個目標。

如果你之後要以 C++ 語言接軌，那麼像我們在本書以 C 語言解決程式設計題目就是很好的入門指南。假使你認真考慮要參加程式競賽，告訴你一個好消息，C++ 就是程式競賽中最常用的語言，因為它有豐富的標準程式庫和產生高速程式碼的能力。

靜態關鍵字

一般區域變數是儲存在所謂的**呼叫堆疊（call stack）**之中。每次函數被呼叫，呼叫堆疊的記憶體有一部分會用來儲存區域變數；之後當函數回傳時，該記憶體就會被釋放，好讓其他區域變數使用。然而呼叫堆疊是很小的，並不適合用來存放我們在書中會遇到的一些大型陣列，解決辦法就是使用 static（靜態）關鍵字。當我們將區域變數加上它，儲存週期會從「自動」變更成「靜態」，也就是說，該變數的數值會在函數呼叫之間保留下來。其附帶效果是，這些變數**不會**跟一般區域變數儲存在一起，因為區域變數的值會隨著函數終止而消失。因此，靜態變數會儲存在專屬的個別記憶體區段中，不用跟其他呼叫堆疊上的東西競爭。

使用 static 關鍵字要注意的一點是，這樣的區域變數只會進行一次初始化！程式碼清單 1 是一個簡單的例子。

```
int f(void) {
❶ static int x = 5;
  printf("%d\n", x);
  x++;
}

int main(void) {
  f();
  f();
  f();
  return 0;
}
```

清單 1：使用 static 關鍵字的區域變數

我在區域變數 x 前面使用了 static❶。如果不用的話，「5」會印出三次，但由於使用了 static，你會看到以下的輸出：

```
5
6
7
```

導入的檔案

為了在程式樣版當中節省空間，我不會把 C 程式開頭該有的 #include 那幾行寫出來。你只要有下列這幾個就沒問題了：

```
#include <stdio.h>
#include <stdlib.h>
#include <string.h>
```

記憶體釋放

C 語言需要寫程式的人釋放所有手動配置的記憶體，與 Java 或 Python 不同。標準的模式是利用 malloc 函數配置記憶體、使用記憶體、然後再利用 free 函數釋放記憶體。

然而基於兩點理由，我在這邊不會進行記憶體釋放。首先，記憶體釋放會擾亂程式碼、分散我們在主要教學目的上的注意力；其次，這些程式不會持續存活：你的程式都只會執行幾個測試案例就結束了。當程式終止的時候，作業系統自然會回收所有尚未釋放的記憶體，所以就算你反覆執行程式好幾次也不用擔心。當然，在實務上，不釋放記憶體是很沒責任感的一件事：沒有人會喜歡一個程式在執行過程中不斷消耗記憶體。如果你想練習記憶體釋放，可以在本書出現的程式之中加入 free 的呼叫。

主題

整個資料結構與演算法的領域，絕對不可能用一本書（或是靠我一個作者）來涵蓋全部內容。我用了三個準則，來幫我決定要納入本書中的主題。

首先，我選擇具有廣泛應用的主題：這些主題不光是用來解決本書中對應的題目，也能解決更多其他的問題。在每一章裡，我至少會聚焦於兩道題目——通常我會用第一道題目來介紹資料結構或演算法，以及其典型應用；另外一道題目則是要展示該資料結構或演算法還能做些什麼。例如在第五章，我們會研究 Dijkstra 演算法；如果你上網查，就會知道 Dijkstra 演算法是用來尋找最短路徑，的確，該章的第一道題目真的就是拿它這麼用。而第二道題目則是更進一步把 Dijkstra 演算法做一些變化，以便在找出最短路徑的同

時也能求出有多少條最短路徑。我希望隨著章節內容進展，你將學到愈來愈多關於這些技巧的能耐、侷限和注意事項。

其次，我選擇的是「實作起來不會掩蓋掉整個周邊討論」的主題。我希望任何一道題目的解答都可以控制在 150 行左右，這當中包括了讀取輸入、解決問題本身以及產生輸出。如果一個資料結構或演算法需要花上兩、三百行來實作，那麼基於實務面考量就不適合本書。

再者，我選擇的主題適用於一些正確性論證，希望它們既具說服力又直覺的。教導你特定的資料結構與演算法當然是我其中一個目標，因為我猜你會閱讀此書就是為了學習強大的解題方法以及如何實作它們，只是在此同時，我也希望你有興趣去了解**為什麼**你所學的東西是可行的，所以我也在默默追求另一個目標：說服你相信那些資料結構和演算法是正確的。這裡不會提供任何正式的證明或類似的東西，但儘管如此，假設我的祕密目標達成了，那麼你在學習資料結構和演算法的同時也會學到它的正確性。請不要只是把程式碼看一遍、讚嘆它巧妙的作用，然後就感到滿足。這一點都不神奇，讓程式碼運作的見解，就跟程式碼本身一樣，在你的掌握之中。

閱讀完本書各章之後如果想更進一步探索，推薦你看看附錄 B。我在那邊放了一些和第一、三、四、七、八章有關的補充資料。

讀者可以在閱讀本書的同時，經由練習或閱讀額外資料而有更多收穫。在各章結尾的註記部分會列出這些額外資源，大多都包含更多的範例與例題。也有一些線上資源提供了整理分類過的題目清單以及它們的解答策略，我所找到最全方位的是 Steven Halim 與 Felix Halim 整理的網頁《Methods to Solve》：詳見 https://cpbook.net/methodstosolve。

解題系統

我在本書中選用的所有題目，都可以在程式解題系統網站上找到。網路上有很多這類的網站，通常每個網站都包含數百道題目，我試著不要讓用到的解題系統網站數目太多，但同時又要足夠讓我有充分的彈性選取最合適的題目。每一個解題系統網站都需要你申請帳號密碼才能使用，不妨現在就先設

定好帳號，省得書看到一半還得停下來去申請。以下是我們會用到的解題系統：

解題系統	網址
Codeforces	codeforces.com
DMOJ	dmoj.ca
Kattis	open.kattis.com
POJ	poj.org
SPOJ	spoj.com
UVa	uva.onlinejudge.org

在本書每一道題目的描述中，一開始會先指出它在哪一個解題系統網站上找得到，以及開啟題目需要用到的題目編號。

這些解題系統網站上的題目有些是由個別貢獻者提供的，有些則是出自知名的競賽。以下的競賽，便是本書一些題目的出處：

- 國際資訊奧林匹亞競賽（International Olympiad in Informatics, IOI）：這是一個為高中生所舉辦的知名年度賽事。每一個參賽國可派出四名代表，不過每個參賽者都是個別競賽；比賽為期兩天，每天都有若干程式設計的任務。

- 加拿大計算機競賽（Canadian Computing Competition, CCC）與加拿大計算機奧林匹亞競賽（Canadian Computing Olympiad, CCO）：這些是由滑鐵盧大學主辦給高中生參加的年度競賽。CCC（又稱為第一階段）是在個別的高中舉辦，其中的優勝者接著到滑鐵盧大學參加 CCO（又稱為第二階段），而第二階段的前幾名將代表加拿大參加 IOI。我在高中的時候參加過 CCC，但沒有擠進 CCO ——連邊都沾不到。

- DWITE：這曾經是一個幫助學生準備各種年度競賽的線上程式設計比賽。只可惜，DWITE 已經不再舉辦了，不過那些舊的題目仍可取得，而且真的很不錯！

- ACM 北美中東部（East Central North America, ECNA）區域程式設計競賽：這是給大學生參加的年度競賽，前幾名將會受邀參加年度 ACM

國際大學程式設計比賽（International Collegiate Programming Contest, ICPC）的決賽。與這裡其他競賽不同的地方是，ECNA 以及世界決賽都是團體制的競賽。

- 南非程式設計奧林匹亞（South African Programming Olympiad, SAPO）：這項競賽每年會舉辦三個回合，從第一回合、第二回合到最終回合難度會逐漸提高；比賽結果將決定誰能代表南非參加 IOI。

- 克羅埃西亞資訊公開賽（Croatian Open Competition in Informatics, COCI）：這是每年舉辦數次的線上競賽，比賽結果將用來決定克羅埃西亞的 IOI 代表團。

- 美國計算機奧林匹亞（USA Computing Olympiad, USACO）：這是每年舉辦數次的線上競賽，是美國各種公開賽中難度最高的。每次競賽將遭遇四種不同程度的題目：銅級（最容易）、銀級、金級、和白金級（最難）；比賽結果將用來決定美國的 IOI 代表團。

關於本書中各道題目的原出處，可參見附錄 C。

當你提交一道題目的程式碼解答，解題系統會編譯你的程式，並且用它來執行測試案例。如果你的程式通過了所有的測試案例，而且是在規定時間內完成，你的程式碼就會被接受為正確的——解題系統將會顯示 AC 來表示它接受了解答。如果你的程式在一個以上的測試案例中失敗，你的程式將不會被接受——解題系統會在這些情況中顯示 WA（代表 wrong answer，錯誤答案）。最後一種常見的結果是當你的程式跑得太慢，解題系統會顯示 TLE（time-limit Exceeded，超過時間限制）。要注意，TLE 並不代表在不考慮時間的情況下你的程式是正確的：如果你的程式超過預定時間限制，解題系統就不會繼續執行更多測試案例，所以可能會有某些 WA 的錯誤躲藏在 TLE 之後。

在本書出版的時候，我每一道題目的解答都在指定解題系統中的規定時間內通過了所有測試案例。在這個最基本的要求之上，我務求程式碼具有良好的閱讀性，因此優先選擇清楚程度而非速度。這本書的重點在於教導資料結構和演算法，而不是把已經可以完成任務的程式再硬擠出更高的效能。

題目描述的構成

在解決一道題目之前，我們必須非常精準地知道題目要我們做什麼。這個精準度不光是在理解任務本身中是必需的，在讀取輸入或產生輸出的時候也同樣需要。基於這個原因，每一道題目的描述都會由三個部分組成：

問題　在這部分我會提供題目背後的情境，以及要求我們做的事情。請務必仔細看清楚這部分的內容，你才會知道到底要解決什麼問題。有的時候，看錯或者誤解一些看似不重要的字詞就足以導致錯誤的解答。例如，有一道題目要求我們購買「至少」一定數量的蘋果，但是你卻買了「恰好」那個數量的蘋果，如此一來程式在某些測試案例就會失敗。

輸入　題目的作者會提供測試案例，提交的解答必須全部通過才能算是正確的。我們應當從輸入中讀取每一個測試案例，才知道如何處理。要如何知道有多少測試案例？每個測試案例中的各行程式分別是什麼？如果這當中有數目，那麼範圍是多少？如果有字串，允許最大長度是多長？這些資訊都會在這個部分給出。

輸出　如果一個程式產生了正確的答案，卻因為沒有用正確的格式輸出而導致在測試案例中失敗，會讓人很嘔。題目描述中的輸出部分就是在講「我們應該如何產生輸出」。舉例，它會告訴我們，每個測試案例應該產生幾行輸出、每一行輸出應該為何、測試案例之間或最後是否需要插入空行…諸如此類。除此之外，我還會給出題目的時間限制：如果一個程式不能在規定時間內輸出所有測試案例的答案，那麼該程式就不會過關。

那些從官方網站擷取的題目，我會重新改寫其文字敘述，以便全書有較一致的呈現方式。雖然略有調整，但是我的描述所傳達的資訊與官方內容並無二致。

對於本書中大部分的題目，我們都會從標準輸入輸出（standard I/O）中讀取輸入以及寫入輸出（只有第六章中的兩道題目與標準輸入輸出無關）。這意味著我們應該使用 C 語言當中的 scanf、getchar、printf 等函數，而不是直接手動去開啟和關閉檔案。

題目：取餐排隊 *Food Lines*

讓我們用一道範例題目描述來熟悉一下其格式，我將會不時地使用括號來註解，提示重要的細節。當我們讀懂了題目之後，理所當然地也會來解開它。這題與本書其他題目不同，解它所需的程式架構與概念，是我希望你本來就會的；如果你能自行解開這道題目，或是看我解答的時候幾乎沒有問題或完全都懂，那麼我想你已經準備好面對接下來的內容了。萬一你真的卡住了，可能要複習一些程式設計的基礎，或是先練習解一些其他的入門題目，然後再繼續閱讀本書。

這道題目是 DMOJ 題號 `1kp18c2p1`（你可以現在上 DMOJ 的網站搜尋這個題目，以便解題完畢就可以立刻提交答案）。

問題

有 *n* 列的人在等待取餐，每列排隊人數是已知的，*m* 個新來的人會加入最短的那一列（人數最少的那排）。我們的任務是判斷當 *m* 個人加入之後每一列的人數。

（請花點時間去理解上面這段文字。底下會給一個例子，如果有不清楚的地方，請試著把上面文字和下面例子結合起來以補足它。）

假設一共有三列的排隊隊伍，第 1 列有三個人、第 2 列有兩個人、第 3 列有五個人；之後又來了四個人（在繼續往下閱讀之前，請試著推論出在這個情況下會發生什麼事）。第一個人加入了只有兩個人的第 2 列，於是第 2 列就變成有三個人。第二個人會加入有三個人的隊列，可以是第 1 列或第 2 列——假設是第 1 列好了，於是第 1 列就變成四個人。第三個人加入有三個人的第 2 列，於是第 2 列變成四個人。最後第四個人加入有四個人的隊伍，可以是第 1 列或第 2 列——假設是第 1 列，因此第 1 列變成五個人。

輸入

輸入包含一個測試案例，其中第一行包含了兩個正整數：*n* 和 *m*，分別是總列數以及新加入的人數，數值 *n* 和 *m* 至多為 100。第二行包含了 *n* 個正整數，分別為原本各列的人數，每個整數至多為 100。

底下是上述測試案例中的輸入：

---

3 4
3 2 5

（請注意這道題目恰好只有一個測試案例，因此應該讀取到正好兩行的輸入。）

輸出

針對 m 個新加入的每一個人輸出一行數字，以表示他所加入的該列隊伍人數。

上述測試案例的有效輸出將會是：

2
3
3
4

解決測試案例的時間限制是三秒鐘（因為頂多只要處理 100 個新來的人，三秒鐘綽綽有餘，不需要華麗的資料結構或演算法）。

解開問題

對於那些牽涉到資料結構且難以徒手建立的問題，我會先從讀取輸入開始，不然就傾向於把那部分的程式碼留到最後再寫。這麼做的理由是，通常可以用一些樣本數值來測試我們撰寫的函數，等到準備好要解決整道題目時再去煩惱解析輸入的事。

我們所需要維護的關鍵資料是每一列的人數。在這裡，合適的儲存方式會是陣列，其中每一個索引對應一個列。我使用變數名稱 lines 來存放這個陣列。

每一個新來的人都會選擇加入最短的列，因此需要一個輔助函數來告訴我們哪一列最短。程式碼清單 2 給出了這個輔助函數。

```
int shortest_line_index(int lines[], int n) {
  int j;
  int shortest = 0;
  for (j = 1; j < n; j++)
```

```
    if (lines[j] < lines[shortest])
      shortest = j;
  return shortest;
}
```

清單 2：最短列的索引

　　然後，給予一個陣列 lines 以及 n 和 m，我們就可以透過程式碼清單 3 給出的程式碼來解決一個測試案例。

```
void solve(int lines[], int n, int m) {
  int i, shortest;
  for (i = 0; i < m; i++) {
    shortest = shortest_line_index(lines, n);
    printf("%d\n", lines[shortest]);
❶ lines[shortest]++;
  }
}
```

清單 3：解決問題

　　for 迴圈的每一次迭代中，都會呼叫輔助函數來取得最短列的索引，然後列印出該列的長度，接著新來的人加入該列：這就是為什麼必須把該列人數加上一 ❶。

　　剩下的工作就是讀取輸入並呼叫 solve，這部分在程式碼清單 4 中完成。

```
#define MAX_LINES 100

int main(void) {
  int lines[MAX_LINES];
  int n, m, i;
  scanf("%d%d", &n, &m);
  for (i = 0; i < n; i++)
    scanf("%d", &lines[i]);
  solve(lines, n, m);
  return 0;
}
```

清單 4：main 函數

　　把 shortest_line_index、solve 和 main 三個函數整合起來，最上面加上「#include」匯入必要的檔案，就可以得到一個完整解答提交到解題系統了。

提交時務必確認選取正確的程式語言：針對本書程式，你可以選擇 GCC、C99、C11 或任何解題系統所指定的 C 語言編譯器。

如果你想要在提交之前先在本地測試你的程式碼，有幾種方法。由於程式會從標準輸入中讀取，因此其中一個做法就是執行程式然後手動輸入一個測試案例；這對於較小的測試案例來說是可行的，但是一直反覆操作是很累人的，尤其是大型測試案例。更好的做法是把輸入儲存在一個檔案中，然後在命令提示中使用**輸入重導向**（**input redirection**）功能來讓程式從檔案中讀取，而不是從鍵盤讀取。例如，你將一個測試案例存在檔案 food.txt 中，而你編譯過後的程式叫 food，請試著執行：

```
$ food < food.txt
```

這樣做，改變測試案例就很容易了：只要修改 food.txt 的內容然後再用輸入重導向執行一次程式就行了。

恭喜！這是你解決的第一道題目。更重要的是，你現在已經知道本書中各道問題的玩法了，它們的結構都跟我在此提供的題目是相同的。

筆記

「取餐排隊」原出自 2018 年 LKP 競賽第二題，由 DMOJ 代管。

1

雜湊表

本章我們會先解兩道題目，其解答均取決於進行有效搜尋的能力。第一道題目是判斷一個集合中有沒有雪花是　樣的，第二道是判斷哪些英文單詞是複合詞。固然我們要正確解決這些題目，不過同時也會看到一些正確的解答方法實在太慢。我們將深入探討雜湊表這種資料結構，使用它可以達到巨大的效能增進。

在本章最後會看到第三道題目：判斷有多少種方法可以刪掉一個單詞中的一個字母進而得到另外一個單詞。屆時我們會看到盲目地使用新資料結構的風險──每當學會一個新東西，總是忍不住想到處使用它！

題目一：獨特雪花 *Unique Snowflakes*

DMOJ 題號 cc007p2。

問題

有一個雪花的集合，我們必須判斷集合中是否有雪花是一樣的。

一片雪花是由六個整數來表示，其中每個整數代表雪花每一邊晶體的長度。例如，這是一片雪花：

3, 9, 15, 2, 1, 10

雪花也可以包含重覆的整數，像這樣：

8, 4, 8, 9, 2, 8

兩片雪花要怎樣才算是一樣的？讓我們透過幾個例子來整理出定義。

首先，來看下列兩片雪花：

1, 2, 3, 4, 5, 6

和

1, 2, 3, 4, 5, 6

這很明顯是一樣的，因為其中一片雪花的整數與另一片雪花對應位置的整數是相同的。

第二個例子：

1, 2, 3, 4, 5, 6

和

4, 5, 6, 1, 2, 3

這兩片也是一樣的。從第二片雪花的 1 開始，往右會看到 1, 2, 3，然後繞回最左邊會看到 4, 5, 6；把這兩段組合起來就等於第一片雪花。

請把每片雪花看成一個圓形。這兩片雪花之所以一樣，是因為可以從第二片雪花中選擇一個起點並沿著右側讀，得出了第一片雪花。

再來看一個比較刁鑽的例子：

1, 2, 3, 4, 5, 6

和

3, 2, 1, 6, 5, 4

就目前為止的理解，我們會推斷上面兩片雪花是不一樣的。如果從第二片雪花中的 1 開始往右再繞回最左邊接著讀），會得到 1, 6, 5, 4, 3, 2，跟第一片雪花的 1, 2, 3, 4, 5, 6 差得可遠了。

但是，如果從第二片雪花的 1 開始，改成往左走，會得到 1, 2, 3, 4, 5, 6！從 1 開始往左會得到 1, 2, 3，再繞回最右邊接著讀得到 4, 5, 6。

這是辨識兩片雪花一樣的第三種方法：如果沿左讀取兩片雪花數字是相符的，則視為一樣。

將規則統整起來可以得知：如果對應數字完全相同，或是其中一片雪花向右／向左繞一圈讀取的數字與另一片雪花完全相符，就表示兩片雪花是一樣的。

輸入

第一行輸入的是一個整數 n，表示要處理的雪花數量。數量 n 的值介於 1 到 100,000 之間[譯註]。之後的 n 行，每行均表示一片雪花：每行有六個整數，每個整數至少為 0、最大為 10,000,000。

[譯註] 本書中凡是使用「1 到之間」的說法時，均包含 1 和 n 在內。

輸出

輸出將以單行文字表示：

- 若沒有一樣的雪花，印出

  No two snowflakes are alike.

- 若至少存在兩片一樣的雪花，印出

  Twin snowflakes found.

解決測試案例的時間限制為兩秒鐘。

簡化問題

一種解決程式競賽挑戰的通用策略是「先處理簡化版的問題」。現在，先消除題目的部分複雜度來當作暖身。

假設要處理的不是多個整數構成的雪花，而是單一的整數。有一個整數的集合，我們要找出當中有無相同的整數，可以用 C 語言的 == 運算子來測試兩個整數是否相同。我們可以測試所有的整數對，只要找到一對整數是一樣的就停止並輸出：

Twin integers found.

如果沒有找到一樣的整數，則輸出：

No two integers are alike.

寫一個具有兩層迴圈的 identify_identical 函數來比較一對整數，如程式碼清單 1-1 所示。

```c
void identify_identical(int values[], int n) {
  int i, j;
  for (i = 0; i < n; i++) {
❶  for (j = i + 1; j < n; j++) {
      if (values[i] == values[j]) {
        printf("Twin integers found.\n");
        return;
      }
    }
```

```
  }
  printf("No two integers are alike.\n");
}
```

清單 1-1：尋找一樣的整數

透過 values 陣列將每一個整數餵給函數，並傳入陣列中的整數數量 n。

注意：內層的迴圈不是從 0，而是從 i + 1 開始的 ❶。如果從 0 開始，那麼 j 最後會等於 i，拿一個元素跟自己做比較將導致偽陽性的結果。

我們用一個小的 main 函數來測試 identify_identical：

```
int main(void) {
  int a[5] = {1, 2, 3, 1, 5};
  identify_identical(a, 5);
  return 0;
}
```

執行此程式後，將會從輸出中看到函數正確辨識出成對的 1。通常，我不會在書中提供像這樣的測試程式碼，不過重點是，在我們進展的同時，你一定要自己練習寫並測試程式碼。

解決核心問題

現在，試著修改 identify_identical 函數以解決雪花問題。為了做到這一點，需要把程式碼進行兩項擴充：

1. 我們必須一次處理六個整數而不是一個。在這裡採用二維陣列是很理想的：每一列都有六欄來代表一片雪花（每一欄放一個元素）。

2. 如前所述，找出兩片雪花一樣的方法有三種。很不幸，這表示我們不能只用 == 來比較雪花，還必須考慮到「往右走」和「往左走」的判斷準則（更別提在 C 語言裡根本不能用 == 來比較陣列了！）。正確比較雪花將是演算法改寫的重點項目。

一開始，先寫一對輔助函數：一個負責檢查「往右走」，另一個負責檢查「往左走」。這兩個輔助函數各自接受三個參數：第一片雪花、第二片雪花、第二片雪花上的移動起點。

檢查往右走

這是 identical_right 的函數標頭：

```
int identical_right(int snow1[], int snow2[], int start)
```

要判斷這兩片雪花在「往右走」的模式下是否一樣，可以從索引 0 開始掃描 snow1，並同時從索引 start 開始掃描 snow2。如果發現對應的元素不相等，就傳回 0 來表示沒有找到一樣的雪花；如果所有對應的元素都相符就傳回 1。我們可以把 0 理解為 false、1 為 true。

清單 1-2 是我們第一次嘗試對這個函數寫出程式碼。

```
int identical_right(int snow1[], int snow2[],
                    int start) { //有錯誤！
  int offset;
  for (offset = 0; offset < 6; offset++) {
❶ if (snow1[offset] != snow2[start + offset])
    return 0;
  }
  return 1;
}
```

清單 1-2：以往右走模式辨認一樣的雪花（有錯誤！）

你可能已經發現了，這個程式碼並不會按照期望順利執行。問題在於 start + offset ❶。如果有 start = 4 而 offset = 3，start + offset = 7，那麼 snow2[7] 會出問題，因為 snow2[5] 是允許使用的最大索引。

這個程式碼並沒有考慮到，必須在 snow2 上繞回到最左邊。如果程式碼即將使用到有問題的 6 或更大的索引，那就應該把索引減去 6 來重置，並接著使用索引 0 而非 6、使用索引 1 而非 7，依此類推。讓我們在程式碼清單 1-3 中再試一次吧。

```
int identical_right(int snow1[], int snow2[],
                    int start) {
  int offset, snow2_index;
  for (offset = 0; offset < 6; offset++) {
    snow2_index = start + offset;
    if (snow2_index >= 6)
      snow2_index = snow2_index - 6;
```

```
    if (snow1[offset] != snow2[snow2_index])
      return 0;
  }
  return 1;
}
```

清單 1-3：以往右走模式辨認一樣的雪花

　　這樣固然可行[譯註]，不過還是可以再加以改進。這時，很多程式設計師都會考慮做一項改變：使用模數運算了 %。這個 % 運算子會計算餘數，於是 x % y 傳回的是把 x 以 y 做整數除法之後的餘數。例如，6 % 3 會是零，因為拿六除以三是沒有餘數的；而 6 % 4 為二，因為六除以四的餘數是二。

　　這邊可以使用模除來達成繞一圈的行為。請注意到，0 % 6 是零，1 % 6 是一…，5 % 6 是五，因為這些數字都小於 6，所以除以 6 的餘數就會是它自己。而 0 到 5 的數字對應了 snow2 的合法索引，所以幸好 % 保持了它們的原樣。至於造成問題的索引 6，我們可以看到 6 % 6 是零：六剛好整除六，沒有餘數，因此又繞回到了起點；正好就是我們要的繞一圈行為。

　　來用 % 運算子更新一下 identical_right 函數，程式碼清單 1-4 呈現了新的函數。

```
int identical_right(int snow1[], int snow2[], int start) {
  int offset;
  for (offset = 0; offset < 6; offset++) {
    if (snow1[offset] != snow2[(start + offset) % 6])
      return 0;
  }
  return 1;
}
```

清單 1-4：以往右走模式辨認一樣的雪花並運用模數

[譯註]　嚴格來說，這個函數的正確性還需仰賴一個隱含的假設：即 start 的值是介於 0 到 5（含）之間。如果 start 傳入的值不在這個範圍內，則此函數一樣會出錯。當然，因為全部的程式都是我們自己寫的，自然可以確保呼叫它的時候不要傳入錯誤的值（參見清單 1-6），所以本書作者並不糾結於這種唯有從軟體架構角度來看才會計較的細節。類似的隱含假設在本書後續之中都不會特別再指出。

至於要不要使用這個「模數手法」就看你了。它可以節省一行程式碼，而且是許多程式設計師都能識別出來的常見模式，不過它不見得容易套用，即便是應用在同樣地有繞一圈行為的問題上——例如 identical_left。現在就來看一下左移模式。

檢查往左走

函數 identical_left 跟 identical_right 非常相似，只不過要往左走，並繞一圈回到最右邊。往右走的時候需要擔心的是錯誤存取了 6 以上的索引；但現在要擔心的則是存取 -1 以下的索引值。

很可惜，模數解法在這裡是不管用的。在 C 語言裡面，-1 / 6 會是零，剩下的餘數為 -1，因此 -1 % 6 的結果就是 -1，但我們需要的卻是 -1 % 6 為 5。

程式碼清單 1-5 中，提供了 identical_left 函數的程式碼。

```
int identical_left(int snow1[], int snow2[], int start) {
  int offset, snow2_index;
  for (offset = 0; offset < 6; offset++) {
    snow2_index = start - offset;
    if (snow2_index < 0)
      snow2_index = snow2_index + 6;
    if (snow1[offset] != snow2[snow2_index])
      return 0;
  }
  return 1;
}
```

清單 1-5：以往左移動模式識別出一樣的雪花

請注意這個函數跟清單 1-3 之間的相似之處 [譯註]，不同的地方只在於，不是要加上 offest 而是要減去它，以及把檢查 6 的邊界改成檢查 -1 的邊界。

[譯註] 雖然作者並沒有提供，但只要採用正確的算式，一樣可以採用模除的簡化寫法，例如將清單 1-4 中的 snow2[(start + offset) % 6] 改成 snow2[(start - offset + 6) % 6] 即可。

統整起來

利用 identical_right 和 identical_left 這兩個輔助函數，終於可以寫一個能夠辨視有沒有兩個一樣雪花的函數了。清單 1-6 所提供的 are_identical 函數程式碼就是在做這件事，只要從 snow2 中所有可能的起點位置測試往右跟往左移動即可。

```
int are_identical(int snow1[], int snow2[]) {
  int start;
  for (start = 0; start < 6; start++) {
❶ if (identical_right(snow1, snow2, start))
      return 1;
❷ if (identical_left(snow1, snow2, start))
      return 1;
  }
  return 0
}
```

清單 1-6：辨認一樣的雪花

藉著往右走來測試 snow1 和 snow2 是否一樣 ❶；如果根據該準則檢查結果是一樣的話就傳回 1（true），然後再用類似方法檢查往左走 ❷。

到這裡不妨先暫停一下，用幾組雪花對樣本測試 are_identical 函數，先試過再繼續往下進行！

解答一：逐對比較

每當需要比較兩片雪花時，可以用 are_identical 函數取代 ==，比較兩片雪花就跟比較兩個整數一樣容易。

讓我們修改一下稍早的 identify_identical 函數（清單 1-1），改成使用新的 are_identical 函數（清單 1-6）來比較雪花。我們將進行逐對比較，並根據是否找到一樣的雪花來印出對等訊息。清單 1-7 提供了這個程式碼。

```
void identify_identical(int snowflakes[][6], int n) {
  int i, j;
  for (i = 0; i < n; i++) {
    for (j = i + 1; j < n; j++) {
      if (are_identical(snowflakes[i], snowflakes[j])) {
        printf("Twin snowflakes found.\n");
        return;
```

```
    }
   }
  }
  printf("No two snowflakes are alike.\n");
}
```

清單 1-7：找出一樣的雪花

用於雪花的 `identify_identical`，跟清單 1-1 用於整數的 `identify_identical` 幾乎是一字不差，唯一不同是把 `==` 換成了雪花比較函數而已。

讀取輸入

至此，還沒有要提交至解題系統；因為尚未寫出從標準輸入中讀取雪花的程式碼。首先，請複習一下本章一開始的題目描述，我們需要先讀取一行，其中的整數 *n* 表示總共有多少片雪花，然後再讀取 *n* 行，每一行為個別的雪花。

程式碼清單 1-8 為 main 函數，它會處理輸入並呼叫清單 1-7 的 `identify_identical`。

```
#define SIZE 100000

int main(void) {
❶ static int snowflakes[SIZE][6];
  int n, i, j;
  scanf("%d", &n);
  for (i = 0; i < n; i++)
    for (j = 0; j < 6; j++)
      scanf("%d", &snowflakes[i][j]);
  identify_identical(snowflakes, n);
  return 0;
}
```

清單 1-8：解答一的 main 函數

注意，`snowflakes` 陣列是宣告成 static 陣列 ❶。這是因為陣列很大；如果不用 static 陣列的話，它所需要的空間很可能會超過函數可用的記憶體大小。我們使用 static 將它單獨存放在記憶體中分開的部分，空間問題是不用擔心的。不過使用 static 的時候要小心：一般區域變數在每次呼叫函數的時候都會被初始化，但 static 變數則會保留函數上次被呼叫時的值（參見第 xxii 頁的「靜態關鍵字」小節）。

同時也請注意，我設置了 100,000 片雪花的陣列 ❶。你可能會擔心這樣浪費記憶體，但如果輸入只有少數幾片雪花呢？對於程式競賽題目而言，根據題目中最大可能的實例來把記憶體需求寫死，一般來說是沒問題的：反正測試案例本來就很可能會用最大的輸入對你提交的程式進行壓力測試！

函數其餘的部分都是顯而易懂的。我們利用 scanf 來讀取雪花的數量，然後用這個數量控制 for 迴圈的迭代次數；在每次迭代之中，再迭代六次，每次讀入一個整數，然後呼叫 identify_identical 來產生適當的輸出。

把這個 main 函數跟剛才寫的其他函數組合起來，就得到一個可以提交至解題系統的完整程式了。經過測試…你應該會得到一個「超過時間限制」的錯誤。看樣子我們還有更多事情得做！

診斷問題

我們的第一個解答太慢了，以至於出現「超過時間限制」錯誤。問題出在那個雙層 for 迴圈，要把每一片雪花跟全部雪花都比較過一遍，當雪花數量 n 很大的時候，將導致龐大的比較次數。

我們來推算一下程式要進行的雪花比較次數。由於必須兩兩比較，這個問題換個說法就是要問「總共有幾對的雪花」。例如，如果有四片雪花，編號 1、2、3、4，那麼就會進行六次比較：1 跟 2、1 跟 3、1 跟 4、2 跟 3、2 跟 4，以及 3 跟 4。這些組合的構成是先從 n 片雪花中選擇其中一片作為第一片雪花，然後再從剩下的 $n - 1$ 片雪花中選取一片作為第二片雪花。

第一片雪花的 n 種選擇，每一種都有 $n - 1$ 個方式可以選取第二片雪花，因此共有 $n(n - 1)$ 種選項。然而，$n(n - 1)$ 這個數量比實際上多了一倍——例如，它同時包含了 1 跟 2 以及 2 跟 1 的組合。我們的解答只要比較其中一個即可，因此再除以二，即得到 n 個雪花總共需要比較 $n(n - 1)/2$ 次的結果。

乍看之下這不算慢，讓我們試著代入一些 n 的數值到 $n(n - 1)/2$ 當中。代入 10 會得到 $10(9)/2 = 45$，而執行 45 次比較對任何電腦來說都是小菜一碟，不過是幾毫秒之內的事。但如果 $n = 100$ 呢？結果是 4,950，還是沒什麼問題，所以看起來對於較小的 n 都還好。不過題目描述是說可能最多有 100,000 片雪花，試著代入 $n = 100,000$ 到 $n(n - 1)/2$ 當中，會得出 4,999,950,000 次雪花比較次數。如果你在一般的筆電上執行一項含有 100,000 片雪花的測試案

例，大概要花上四分鐘，這實在是太慢了——頂多只能兩秒，幾分鐘是絕對不行的！以今天的電腦來說，保守的經驗法則是，去想像每秒鐘大概可以執行約三千萬個步驟，想在兩秒鐘內執行四十億次的雪花比較是不可行的。

如果展開 $n(n-1)/2$，會得到 $n^2/2 - n/2$，其中最大的次方為 2。演算法開發工程師因此稱呼這樣的演算法為 $O(n^2)$ 演算法或**平方時間演算法（quadratic-time algorithm）**；$O(n^2)$ 讀作「大 O n 平方（big O of squared）」，你可以把它理解成是在說明工作量隨著題目大小成長而增加的比例關係。關於大 O 符號的簡介，請參閱附錄 A。

我們之所以要進行如此大量的比較，是因為陣列中任何地方都有可能出現一樣的雪花。如果有辦法讓一樣的雪花在陣列中靠近一點，就能夠快速判斷是否某一片雪花為一對一樣雪花其中的一片。為了要讓一樣的雪花彼此更靠近，可以試著對陣列進行排序。

雪花排序

在 C 語言程式庫中有一個函數叫 qsort，可以輕易對陣列進行排序。要使用該函數的關鍵需求是要有一個比較函數：該函數接受兩個指向比較元素的指標，並且當第一個元素小於第二個元素傳回一個負整數，兩者相等時傳回 0，第一個大於第二個元素時傳回一個正整數。我們可以用 are_identical 來判斷兩片雪花否一樣；如果是就傳回 0。

所謂的「一片雪花小於或大於另一片雪花」是什麼意思？我們不禁想隨便採用一種規則，例如可能會說，「較小」的雪花是指「它的第一個不同元素比另一片雪花中對應的元素要小」。程式碼清單 1-9 就是採用這種做法。

```
int compare(const void *first, const void *second) {
  int i;
  const int *snowflake1 = first;
  const int *snowflake2 = second;
  if (are_identical(snowflake1, snowflake2))
    return 0;
  for (i = 0; i < 6; i++)
    if (snowflake1[i] < snowflake2[i])
      return -1;
  return 1;
}
```

清單 1-9：排序用的比較函數

不幸的是，用這種方法排序並不能幫助我們解決問題。底下是一個四片雪花的測試案例，在你的筆電上執行很可能會失敗：

```
4
3 4 5 6 1 2
2 3 4 5 6 7
4 5 6 7 8 9
1 2 3 4 5 6
```

第一跟第四片雪花是一樣的——但卻輸出了 No two snowflakes are alike 的訊息。究竟是哪邊出錯了？

原來 qsort 在執行的時候可能會判斷出兩件事情：

1. 第四片雪花比第二片小。

2. 第二片雪花比第一片小。

根據這兩點，qsort 會斷定「第四片雪花比第一片雪花小」，而沒有直接比較第四片和第一片雪花！它是依據「小於」的遞移特性：如果 a 小於 b，且 b 小於 c，那麼就能夠肯定 a 小於 c。由此可見，我們對於「小於」和「大於」的定義確實是有影響的。

很可惜，似乎沒什麼好方法可以在雪花問題上定義「小於」跟「大於」來滿足遞移特性。假如你感到很失望，那麼有件事應該會讓你打起精神來：我們根本不需要用到排序就能發展出更快速的解答。

一般來說，把相似的值透過排序收集起來，是很有用的資料處理技巧，更有甚者，好的排序演算法可以跑得很快——絕對比 $O(n^2)$ 要快，只不過我們在這邊沒辦法用排序就是了。

解答二：減輕工作量

我們已經證實，不管是比較成對的雪花或是試圖將雪花進行排序，都太費事了。為了打造下一個解答，同時也是終極的解答，請朝著「試圖避免去比較明顯不一樣的雪花」這個想法繼續推敲下去。例如，假設有兩片雪花

```
1, 2, 3, 4, 5, 6
```

和

82, 100, 3, 1, 2, 999

那麼這兩片雪花打死也不可能會一樣,因此根本不用浪費時間去比較。

第二片雪花的數字跟第一片的數字差太多了。要設計出一種方法在不直接比較的情況下偵測出雪花的差異,可以先從比較兩片雪花的第一個元素開始,因為 1 跟 82 相差甚大。

再來考慮底下兩片雪花:

3, 1, 2, 999, 82, 100

和

82, 100, 3, 1, 2, 999

這兩片雪花**倒是**一樣的,儘管第一個數字 3 跟 82 相差甚大。

有一個判斷「兩片雪花是否有可能一樣」的快速檢驗法——利用元素的**總和**。當我們把上述兩個例子中的雪花加總時,雪花 1, 2, 3, 4, 5, 6 的總和是 21,而 82, 100, 3, 1, 2, 999 的總和則是 1187;此時可以說,前一片雪花的**代碼**為 21,而後一片雪花的代碼為 1187。

我們要做的是,把「雪花 21」丟到一個容器裡,把「雪花 1187」丟到另一個容器裡,這樣就不用把把兩片拿來比較。可以按照此法分類每一片雪花:將其元素加總,取得一個代碼 x,然後把它與其他代碼同為 x 的雪花存放在一起。

當然,找到代碼同樣為 21 的兩片雪花並不保證它們是一樣的。例如,雪花 1, 2, 3, 4, 5, 6 和 16, 1, 1, 1, 1, 1 都是代碼 21,但是它們顯然並不一樣。

但無所謂,因為這個「總和」規則的作用只是剔除根本不可能一樣的雪花,以避免比較所有的雪花對——也就是解答一沒效率的根源;只比較過濾後(沒有明顯不一樣)的雪花對。

在解答一當中，我們把每一對雪花連續儲存在一個陣列中；第一片雪花放在索引 0，第二片放在索引 1，以此類推。在此要採用不同的儲存策略：用總和代碼來決定雪花在陣列中的位置！也就是說，計算每一片雪花的代碼，並用它來當作索引去儲存該雪花。

必須解決的兩個問題：

1. 給予一片雪花，要如何計算其代碼？

2. 當有好幾片雪花具有相同代碼時，該怎麼做？

先來處理計算代碼的部分。

計算總和代碼

乍看之下，計算代碼好像很簡單，只要把每片雪花的所有數字像這樣加起來就好：

```
int code(int snowflake[]) {
  return (snowflake[0] + snowflake[1] + snowflake[2]
        + snowflake[3] + snowflake[4] + snowflake[5]);
}
```

對多數的雪花來說，這個做法是沒問題的，像是 1, 2, 3, 4, 5, 6 和 82, 100, 3, 1, 2, 999 這種；不過，若是數字很大的雪花，像是

1000000, 2000000, 3000000, 4000000, 5000000, 6000000

計算出來的代碼是 21000000。原本計畫是用代碼當作陣列的**索引**來存放該雪花，那麼這等於得宣告一個具有 2100 萬個元素的陣列來配合這個代碼，可是雪花頂多只有 100,000 片，實在是嚴重浪費記憶體。

所以，還是得維持使用一個有 100,000 個元素的陣列。一樣要計算出雪花的代碼，但必須強迫讓代碼落在 0 到 99999（陣列的最小和最大索引值）之間的整數，其中一種做法就是再次祭出 % 模數運算子。拿一個非負整數模除以 x 就會得到一個 0 到 $x - 1$ 之間的整數。不管雪花總合是多少，只要將它模除以 100,000，就會得到符合陣列條件的一個索引值。

但是這種做法有一個缺點：像這樣進行模數運算，會導致**更多**不同的雪花具有相同的代碼。例如，1, 1, 1, 1, 1, 1 和 100001, 1, 1, 1, 1, 1 的總和並不相等——分別為 6 和 100006，一旦將它們模除以 100,000，兩者都會變成 6。這是一個可以接受的風險：只能希望這種情況不要太常發生，如果真的發生了，就得去執行必要的逐對比較。

現在，計算對雪花加總代碼並進行模數運算，如程式碼清單 1-10 所示。

```
#define SIZE 100000

int code(int snowflake[]) {
  return (snowflake[0] + snowflake[1] + snowflake[2]
          + snowflake[3] + snowflake[4] + snowflake[5]) % SIZE;
}
```

清單 1-10：計算雪花代碼

雪花碰撞

在解答一當中，我們是透過下面的程式碼片段來將雪花儲存在 snowflakes 陣列中的索引 i：

```
for (j = 0; j < 6; j++)
  scanf("%d", &snowflakes[i][j]);
```

之所以可以這樣做，是因為這個二維陣列的每一列，都恰好只儲存一片雪花。

然而，我們現在必須對付形如 1, 1, 1, 1, 1, 1 和 100001, 1, 1, 1, 1, 1 這樣的碰撞。因為它們會具有相同的模數代碼，且該代碼是用來當作雪花在陣列中的索引，因此必須把多片雪花儲存在陣列的相同元素中；也就是說，陣列的每個元素將不再只是單片雪花，而是由零或多片雪花所構成的集合。

將多個元素儲存在同一個位置，有一種方法是利用**鏈結串列**（linked list），這是一種每個元素都連結到下一個元素的資料結構。在此，雪花陣列中的每個元素會指向鏈結串列中的第一片雪花，而其餘的雪花可以透過 next 指標來存取。

我們將使用典型的鏈結串列實作法：每一個 snowflake_node 包含一片雪花，以及一個指向下一片雪花的指標。為了集結節點[譯註]中的這兩個組成部分，我們將使用 struct（結構）。我們也會使用 typedef，以便後面可以把 struct snowflake_node 簡寫為 snowflake_node：

```
typedef struct snowflake_node {
  int snowflake[6];
  struct snowflake_node *next;
} snowflake_node;
```

如此一來勢必得更新 main 和 identify_identical 兩個函數，因為這兩個函數之前使用的是陣列。

新的 main

在程式碼清單 1-11 中，會看到更新過的 main 程式碼。

```
int main(void) {
❶ static snowflake_node *snowflakes[SIZE] = {NULL};
❷ snowflake_node *snow;
  int n, i, j, snowflake_code;
  scanf("%d", &n);
  for (i = 0; i < n; i++) {
❸   snow = malloc(sizeof(snowflake_node));
    if (snow == NULL) {
      fprintf(stderr, "malloc error\n");
      exit(1);
    }
    for (j - 0; j < 6; j++)
❹     scanf("%d", &snow->snowflake[j]);
❺   snowflake_code = code(snow->snowflake);
❻   snow->next = snowflakes[snowflake_code];
❼   snowflakes[snowflake_code] = snow;
  }
  identify_identical(snowflakes);
  // 如果你想當個好寶寶，可以在這邊釋放所有配置的記憶體
  return 0;
}
```

清單 1-11：解答二的 main 函數

[譯註] 本書中在稍後的第二章會正式定義節點（node）的概念，不過在討論鏈結串列的時候，串列中的每個元素也一樣稱為節點。

來看一遍這段程式碼。首先，請注意陣列型別從數量的二維陣列，變成了雪花節點指標的一維陣列 ❶，同時也宣告了 snow ❷，它將指向我們所配置的雪花節點。

我們使用 malloc 來替每一個 snowflake_node 配置記憶體 ❸。一旦讀取並儲存了一片雪花的六個數字 ❹，就利用清單 1-10 中寫的程式來計算雪花的代碼，並暫存在 snowflake_code 之中 ❺。

最後要做的一件事就是把雪花加進 snowflakes 陣列，而這會把節點加到鏈結串列中；我們的做法是，每次都把雪花加到鏈結串列的開頭。首先，把要插入的節點的 next 指標指向串列的第一個節點 ❻，然後再把串列的開頭指向插入的節點 ❼。這裡的順序是有差異的：如果對調這兩行順序，會遺失對鏈結串列中既有元素的存取！

注意，從正確性的角度來看，在鏈結串列中任何一處加入新節點都沒差別，可以加在開頭、尾端或中間──由我們決定，因此應選擇最快的方法，而加在開頭是最快的，因為不用走訪串列；如果要把元素加在鏈結串列的尾端，就需要走訪整個串列。而假如串列有一百萬個元素了，就得沿著 next 指標走一百萬次才能來到尾端──這很花時間！

讓我們透過一個簡短的例子來了解這個 main 函數的運作。測試案例如下：

```
4
1 2 3 4 5 6
8 3 9 10 15 4
16 1 1 1 1 1
100016 1 1 1 1 1
```

一開始 snowflakes 的每一個元素皆為 NULL，也就是空的鏈結串列。隨著東西加入 snowflakes，這些元素會開始指向雪花節點。第一片雪花的數字加起來是 21，所以它會加到索引 21；第二片雪花放在索引 49；第三片雪花也會放在索引 21。此時索引 21 就是有**兩片**雪花的鏈結串列：

16, 1, 1, 1, 1, 1，接著是 1, 2, 3, 4, 5, 6。

那麼第四片雪花呢？再次放在索引 21，如此一來就有一個三片雪花的鏈結串列。順帶一提，有任何一樣的雪花嗎？並沒有！這突顯出一項事實：一

個具有多元素的鏈結串列不足以讓我們宣稱找到一樣的雪花。還是得在這些元素之間逐對比較，才能正確陳述我們的結論；這就是這道謎題的最後一塊拼圖。

新的 identify_identical

我們需要用 identify_identical 在每個鏈結串列中進行全部雪花的逐對比較。清單 1-12 展示了如何實作。

```
void identify_identical(snowflake_node *snowflakes[]) {
  snowflake_node *node1, *node2;
  int i;
  for (i = 0; i < SIZE; i++) {
❶   node1 = snowflakes[i];
    while (node1 != NULL) {
❷     node2 = node1->next;
      while (node2 != NULL) {
        if (are_identical(node1->snowflake, node2->snowflake)) {
          printf("Twin snowflakes found.\n");
          return;
        }
        node2 = node2->next;
      }
❸     node1 = node1->next;
    }
  }
  printf("No two snowflakes are alike.\n");
}
```

清單 1-12：辨認鏈結串列中一樣的雪花

　　首先，將 node1 作為一個鏈結串列中的第一個雪花 ❶，然後用 node2 從 node1 的右邊開始走訪其餘節點，一直到串列尾端，讓鏈結串列中的第一片雪花跟該串列中其他所有雪花進行比較。接下來讓 node1 前進至第二個節點 ❸，然後一樣把第二片雪花跟它右邊的所有雪花比較一遍；重覆這樣的動作，直到 node1 到達鏈結串列的尾端為止。

　　這段程式碼與解答一的 identify_identical（清單 1-7）相似到了有點危險的程度，後者會把全部的雪花都逐對比較一遍。雖然這個程式碼只會在單一的鏈結串列當中進行逐對比較，但要是有人故意設計了一個測試案例，讓全部雪花落在同一個鏈結串列呢？解答效能會不會變得跟解答一同樣糟糕？

請花點時間把解答二提交至解題系統，你應該會發現我們找到的解答有效率得多了！這裡使用的是一種叫「雜湊表」的資料結構，底下將會進一步說明。

雜湊表

雜湊表是由兩個東西組成：

1. 一個陣列，其中的位置稱之為**桶（bucket）**。
2. 一個**雜湊函數（hash function）**，它會接受一個物件並且傳回該物件的代碼、作為陣列中的索引。

由雜湊函數傳回的代碼稱之為**雜湊碼（hashcode）**；換言之，雜湊函數對一個物件傳回的索引是該物件**被雜湊（hashed）**的位置。

仔細觀察清單 1-10 與 1-11 的程式碼，你就會發現我們已經有了這兩樣東西。code 函數就是一個雜湊函數，它接受一片雪花並產生其代碼（介於 0 到 99,999 的數字）；而 snowflakes 陣列就是桶的陣列，每一個桶都包含了一個鏈結串列。

設計雜湊表

要設計一個雜湊表牽涉到許多設計上的決策，我們來討論其中三項。

第一項決策是關於大小。在「獨特雪花」中，我們使用大小為 100,000 的陣列是因為（根據題目描述）那是程式所需要表示的最大雪花數量，否則可以使用較小或更大的陣列。較小的陣列可以節省記憶體，例如在初始化的時候，一個擁有 50,000 個元素的陣列比起 100,000 個元素的陣列，少存了一半的 NULL 值。不過，較小的陣列將會導致更多物件放在相同的桶中。當多個物件放在相同的桶，會發生所謂的**碰撞（collision）**情況，而發生許多碰撞的麻煩在於，會產生很長的鏈結串列。理想狀態下，所有的鏈結串列應該要很短，我們才不用走訪並處理很多元素，而較大的陣列可以避免掉一些碰撞。

總而言之，這裡面臨到記憶體與時間之間的取捨。雜湊表太小，碰撞便猖獗；雜湊表太大，又將產生浪費記憶體的隱憂。

第二項考量是關於雜湊函數。在我們的例子中，雜湊函數是把雪花的數字加總並模除以 100,000。重點在於，這個雜湊函數能夠確保，如果兩片雪花一樣，必定會放在相同的桶中（當然，兩片若不一樣也還是有可能放在相同的桶）。這就是為什麼在同一個鏈結串列內部尋找一樣的雪花，而不是跨串列搜尋。

用雜湊表來解決問題時，使用的雜湊表應該要充分考慮到所謂「兩個物件一樣」的定義。如果兩個物件一樣，就應該要被雜湊至相同的桶。在兩個物件須完全相同才算是「一樣」的前提下，混亂程度可能會使得物件與桶之間的映射關係比辨認雪花來得更加複雜。來看一下程式碼清單 1-13 的 oaat 雜湊函數例子。

```c
#define hashsize(n) ((unsigned long)1 << (n))
#define hashmask(n) (hashsize(n) - 1)

unsigned long oaat(char *key, unsigned long len,
                   unsigned long bits) {
  unsigned long hash, i;
  for (hash = 0, i = 0; i < len; i++) {
    hash += key[i];
    hash += (hash << 10);
    hash ^= (hash >> 6);
  }
  hash += (hash << 3);
  hash ^= (hash >> 11);
  hash += (hash << 15);
  return hash & hashmask(bits);
}

int main(void) {   //oaat 的呼叫範例
  long snowflake[] = {1, 2, 3, 4, 5, 6};
  //2^17 是大於 100000 的最小 2 的冪次方
  unsigned long code = oaat((char *)snowflake,
                            sizeof(snowflake), 17);
  printf("%u\n", code);
  return 0;
}
```

清單 1-13：一個複雜的雜湊函數

要呼叫 oaat 時，需要傳入三個參數：

key	想要雜湊的資料
len	這些資料的長度
bits	希望的雜湊碼位元數

將 2 取 bits 的次方，就能算出雜湊碼的最大可能值。例如，若選用 17，那麼 $2^{17} = 131,072$ 就是雜湊碼的最大值。

這個 oaat 是如何運作的呢？在 for 迴圈中，首先它會把 key 的目前位元組累加起來，這部分有點像我們把雪花的數字加總（清單 1-10）。那些左移（left shift）和互斥或（exclusive or）是用來把 key 加以攪拌用的。雜湊函數透過這樣的攪拌來實作**雪崩效應（avalanche effect）**——這是指，當 key 的位元出現微小變化，會導致其雜湊碼產生很大的變化。除非你刻意為這個雜湊函數製造病態資料[譯註]或是插入大量的 key，否則不太可能得到很多碰撞。這指出了一個重點：對於單一雜湊函數來說，**總是**有一些資料會導致一大堆碰撞，導致雜湊的效能很糟，就算是 oaat 這種新潮的雜湊函數也一樣沒轍。但除非有惡意輸入的擔憂考量，通常只要使用相對好的雜湊函數，這種事就不會發生，而且可以預期雜湊函數會把資料分散開來。

確實，這就是為什麼「獨特雪花」問題的雜湊表解答（解答二）很成功的原因。我們採用了一個好的雜湊函數，能夠把許多不一樣的雪花分配到不同的桶中。由於並沒有要為了對抗攻擊而增強程式的安全性，所以不需要擔心有什麼邪惡之徒鑽研我們的程式碼、設法製造數以百萬的碰撞。

最後一項設計決策，是關於要用什麼當作桶。在「獨特雪花」，我們用一個鏈結串列當作一個桶，利用這種鏈結串列的做法就稱為**鏈結法（chaining）**。

還有另一種方式稱之為**開放定址法（open-addressing）**，每個桶都最多只放一個元素，而且沒有使用鏈結串列。為了解決碰撞，我們會尋遍各個桶，直到找到一個空的桶為止。例如，假設想把一個物件插入編號 50 的桶

[譯註] 病態資料（pathological data）是演算法學中的一個術語，意指會使特定演算法表現得很差的輸入資料。在討論雜湊表的時候，病態資料就會是那種製造出非常多碰撞的資料。

內，但是這個桶已經有放元素了，於是會接著嘗試編號 51、52、53，直到找到空的桶為止。不幸的是，若採用這種簡單的序列，當雜湊表存放了很多元素可能會導致效能變差，所以實務上通常會採用更加細緻的搜尋法。

鏈結法通常比開放定址法更容易實作，所以我們才會在「獨特雪花」中使用它。不過，開放定址法確實有它的優點，包括不使用鏈結串列而節省不少記憶體空間。

為什麼要使用雜湊表？

使用雜湊表會大幅加速「獨特雪花」的執行。在一般筆電上，一個擁有 100,000 個元素的測試案例只需兩秒就能執行完畢！它既不需要對全部的元素做逐對比較，也不需要使用排序，只要稍微處理一些鏈結串列就好。在沒有病態資料的情況下，可以預期每個鏈結串列都只會有少許的元素，因而桶內的逐對比較只會用很少且固定數量的步驟。因此，我們會期待雜湊表提供**線性時間（linear-time）**的解答——像是 n 個步驟（相對於解答一裡頭的 $n(n-1)/2$ 公式）。用大 O 的術語，我們會說期待一個 $O(n)$ 的解答。

每次在解一道題目的時候，如果發現你反覆搜尋某元素，那就可以考慮使用雜湊表。雜湊表會把速度緩慢的陣列搜尋變成快速查表。不同於「獨特雪花」的情形，在解決其他問題時若能先對陣列進行排序，可以使用一種名為二元搜尋法的技巧（會在第六章中討論）在已排序的陣列中快速執行元素搜尋。不過，即便是排序之後再做二元搜尋，其速度也無法與雜湊表相比。

題目二：複合詞 *Compound Words*

來看另一道問題，並且留意一下在過於單純的解法中何處導致了費時的搜尋，然後再把雜湊表丟進去來獲得戲劇性的加速。這一題敘述的步調會比「獨特雪花」要快一些，因為我們現在已經知道重點是什麼了。

這是 UVa 題號 10391。

問題

有一個單詞清單,每一個單詞都是小寫字母的字串,例如 crea, create, open 和 te 的單詞清單;假設這些字串的長度不會太長,而我們的任務是要判斷出單詞清單中的**複合詞**,亦即剛好是由清單上另外兩個字串所組成。在上述例子中,只有字串 create 是一個複合詞,因為它是由 crea 和 te 串接而成。

輸入

輸入是每行一個字串(單詞),依照字母順序排列。最多會有 120,000 個字串。

輸出

題目要求我們依照字母順序輸出所有複合詞,一行一個詞。

解決測試案例的時間限制是三秒鐘。

辨別複合詞

單詞都被讀取之後,我們要如何識別出複合詞呢?想一下 create 這個單詞,它有五種可能方法成為複合詞:

1. 如果 c 是一個單詞,且 reate 是一個單詞。

2. 如果 cr 是一個單詞,且 eate 是一個單詞。

3. 如果 cre 是一個單詞,且 ate 是一個單詞。

4. 如果 crea 是一個單詞,且 te 是一個單詞。

5. 如果 creat 是一個單詞,且 e 是一個單詞。

第一次迭代中,會在單詞清單中尋找 c 和 reate,如果兩個都找到,那麼就是找到了一個複合詞。第二次迭代會在單詞清單中尋找 cr 和 eate,繼續如此操作,直到五種可能都試完為止,而這還只是針對 create 一個單詞而已。還有其他單詞需要檢查,最多會有 120,000 個,這個搜尋工作太過龐大,而且反覆在一長串單詞清單中搜尋非常耗費時間。讓我們用雜湊表加速一下吧!

解答

我們的解答會再次使用雜湊表和鏈結串列；可以想見，也會需要一個雜湊函數。

這裡不會使用類似雪花雜湊函數的東西，因為那會導致 cat 和 act 這種易位構詞（把某單詞的字母順序改變來得到另一個詞）之間的碰撞。本題與「獨特雪花」不同，詞與詞之間的區別不光在於構成的字母，也跟字母的位置有關。當然，有些碰撞是無法避免的，但要盡可能減少它的出現。為了做到這點，我們將祭出清單 1-13 中狂野的 oaat 雜湊函數。

解答將會使用到四個輔助函數。

讀取一行輸入

我們先從能夠讀取一行的輔助函數（清單 1-14）開始。

```
/* 參考 https://stackoverflow.com/questions/16870485 */
char *read_line(int size) {
  char *str;
  int ch;
  int len = 0;
  str = malloc(size);
  if (str -- NULL) {
    fprintf(stderr, "malloc error\n");
    exit(1);
  }
❶ while ((ch = getchar()) != EOF && (ch != '\n')) {
    str[len++] = ch;
    if (len == size) {
      size = size * 2;
❷    str = realloc(str, size);
      if (str == NULL) {
        fprintf(stderr, "realloc error\n");
        exit(1);
      }
    }
  }
❸ str[len] = '\0';
  return str;
}
```

清單 1-14：讀取一行資料

不幸地，題目的規格中並沒有講明每行資料長度的最大限度。

我們不能把單詞的最大長度寫死，例如 16 或甚至 100，因為我們無法掌控輸入，只好希望 read_line 函數接受的初始長度適用於大部分的行。呼叫這個函數的時候，給予 16 這個初始長度，應足以涵蓋大部分的常見英文單詞。我們用 read_line 逐一讀取字元 ❶，直到陣列達到最大長度為止。如果陣列已經填滿但單詞還沒有結束，就用 realloc 把陣列長度擴大成兩倍 ❷，以便製造出更多空間來讀取更多字元。記得用空字元（null character）來將 str 結尾 ❸，否則會成為無效字串！

搜尋雜湊表

接著在程式碼清單 1-15 中建立一個函數，來對給定的單詞進行搜尋。

```
#define NUM_BITS 17

typedef struct word_node {
  char **word;
  struct word_node *next;
} word_node;

int in_hash_table(word_node *hash_table[], char *find,
                  unsigned find_len) {
  unsigned word_code;
  word_node *wordptr;
❶ word_code = oaat(find, find_len, NUM_BITS);
❷ wordptr = hash_table[word_code];
  while (wordptr) {
❸   if ((strlen(*(wordptr->word)) == find_len) &&
        (strncmp(*(wordptr->word), find, find_len) == 0))
      return 1;
    wordptr = wordptr->next;
  }
  return 0;
}
```

清單 1-15：尋找一個單詞

函數 in_hash_table 接受一個雜湊表以及一個要在雜湊表中搜尋的單詞。如果找到了，函數就傳回 1，否則傳回 0。第三個參數 find_len 表示要搜尋的單詞 find 是由多少個字元所組成的。沒有這個參數的話，我們將無法得知需要比較多少個字元。

這個函數的運作原理是先計算一個單詞的雜湊碼 ❶，然後再利用該雜湊碼來找出適合的鏈結串列進行搜尋 ❷。這個雜湊表包含的不是字串本身，而是指向字串的指標，因此在 *(wordptr->word) 前面才多加了一個 * 符號 ❸（等一下研究程式碼清單 1-17 的 main 函數時，你會發現雜湊表包含的確實不是字串，而是字串指標，所以不會儲存到複製的字串副本）。

辨別複合詞

現在我們已經準備好要檢查所有可能的單詞分割，並且判斷該單詞是不是一個複合詞。這就是清單 1-16 在做的事。

```
void identify_compound_words(char *words[],
                             word_node *hash_table[],
                             int total_words) {
  int i, j;
  unsigned len;
❶ for (i = 0; i < total_words; i++) {
    len = strlen(words[i]);
  ❷ for (j = 1; j < len; j++) {
    ❸ if (in_hash_table(hash_table, words[i], j) &&
          in_hash_table(hash_table, &words[i][j], len - j)) {
        printf("%s\n", words[i]);
      ❹ break;
      }
    }
  }
}
```

清單 1-16：辨別複合詞

這個 identify_compound_words 有點像「獨特雪花」中的 identify_identical 函數（清單 1-12）。對於每一個單詞 ❶，它產生了所有可能的分割 ❷，然後去雜湊表中搜尋字首字串（分割點之前的部分）與字尾字串（分割點之後的部分）。我們使用 j 來表示分割點 ❸。第一次的搜尋是針對第 i 個單詞的前 j 個字元，第二次的搜尋則是第 i 個單詞從索引 j 開始之後的部分（其長度為 len - j）。如果兩次的搜尋都成功，那麼這個單詞就是一個複合詞。注意，在這裡使用了 break ❹。沒有它的話，要是一個單詞的合法分割方式不只一種，就會重覆印出這個詞。

你可能會有點意外，這邊同時用了一個雜湊表**和**一個 words 陣列。雜湊表中的節點將指向 words 中的字串，但為什麼要用兩種資料結構？為什麼不能只用雜湊表並捨棄 words 陣列？原因在於題目要求以排序過的方式輸出單詞！雜湊表並不會保留任何排序的狀態——而是將元素打亂。雖然可以再做一次後續處理將複合詞排序，但是這樣等於把已經做過的事情再做一遍。從輸入中讀取單詞的時候，它們就已經排過序了；只要依照 words 陣列的順序走訪這些單詞，就能得到毫不費工的排序。

main 函數

程式碼清單 1-17 中提供了 main 函數。

```
#define WORD_LENGTH 16

int main(void) {
❶  static char *words[1 << NUM_BITS] = {NULL};
❷  static word_node *hash_table[1 << NUM_BITS] = {NULL};
   int total = 0;
   char *word;
   word_node *wordptr;
   unsigned length, word_code;
   word = read_line(WORD_LENGTH);
   while (*word) {
❸    words[total] = word;
     wordptr = malloc(sizeof(word_node));
     if (wordptr == NULL) {
       fprintf(stderr, "malloc error\n");
       exit(1);
     }
     length = strlen(word);
     word_code = oaat(word, length, NUM_BITS);
     wordptr->word = &words[total];
❹    wordptr->next = hash_table[word_code];
❺    hash_table[word_code] = wordptr;
     word = read_line(WORD_LENGTH);
     total++;
   }
   identify_compound_words(words, hash_table, total);
   return 0;
}
```

清單 1-17：main 函數

為了決定雜湊表和 words 陣列的大小，我們使用這段奇怪的程式碼：1 <<
NUM_BITS ❶❷；在清單 1-15 中設置了 NUM_BITS 為 17，而 1 << 17 是計算 2^{17} 的快
捷寫法，其值為 131,072，這是 2 的冪次裡大於 120,000（單詞的最大數量）
最接近的值。oaat 雜湊函數要求元素的數量必須是 2 的冪次，因此採用 2^{17} 作
為雜湊表和 words 陣列的大小。

在宣告資料結構之後，我們就可以用輔助函數去填滿它們。把每一個單
詞存到 words 陣列 ❸，並且儲存一個指向該單詞的指標到雜湊表裡 ❹❺。把每
一個指標加進雜湊表中的技巧跟「獨特雪花」的題目一樣：每一個桶都是一
個鏈結串列，我們把每個指標加到串列的開頭。等所有單詞都讀取完畢，就
呼叫 identify_compound_words 來產生想要的輸出。

總結來說，雜湊表跟 words 陣列的共同合作促成了一個無敵快的實作：雜
湊表讓我們得以快速搜尋，而 words 陣列則是幫我們照順序排列單詞。若是採
用單純解而不使用雜湊表，是會慢上許多的。再次觀察清單 1-16 的程式碼，
並假設我們有 n 個單詞。在使用雜湊表的情況下，每次搜尋 ❸ 只會用很少且
固定數目的步驟；沒有使用雜湊表的話，每一次的搜尋都必須掃描整個 words
陣列，這麼一來就會花上 n 個步驟！就像「獨特雪花」，使用雜湊表的加速
可以獲得從 $O(n^2)$ 到 $O(n)$ 的提升。

題目三：拼字檢查──刪除字母 *Spelling Check--Dclcting a Letter*

有的時候，某些問題看起來好像可以用某種特定方法來解決，因為它們跟其
他問題有相似之處。這裡有一道題目看似適合用雜湊表處理，但仔細推敲後
會發現，雜湊表反而將問題過於複雜化。

這是 Codeforces 題號 39J（拼字檢查）（找到它的最快方法大概是直接
Google「Codeforces 39J」）。

問題

題目中有兩個字串，第一個字串比第二個字串多了一個字元。我們的任務是
要判斷「從第一個字串刪除掉一個字元得到第二個字串」一共有幾種方法。
例如，從 favour 變成 favor 只有一種方法：把 u 從第一個字串中移除。而要從
abcdxxxef 變成 abcdxxef 有三種方法：從第一個字串中移除任何一個 x 字元。

這道題目背後的情境是拼字檢查。第一個字串可能是 bizzarre（一個拼錯的字），而第二個可能是 bizarre（正確的拼法）。在這個例子中，有兩種方式可以修正拼字錯誤——移除掉第一個字串中兩個 z 的其中一個。不過這個題目本身則更一般，而且跟實際的英文單詞或拼字錯誤沒有任何關係。

解決測試案例的時間限制為兩秒鐘。

輸入

輸入為兩行，第一行為第一個字串，第二行為第二個字串。每一個字串都可能長達一百萬個字元。

輸出

如果沒有任何方法可以「從第一個字串中移除一個字元來得到第二個字串」，則輸出 0，否則輸出以下兩行：

- 在第一行，輸出「從第一個字串中移除一個字元來得到第二個字串」的方法數量。

- 在第二行，輸出一個由空格分隔的字元索引清單，用來表示在第一個字串中，將該索引所在的字元移除便能得到第二個字串。題目要求字串的索引從 1 開始算，而不是 0（這有點討厭，不過小心點就好）。

例如，針對這項輸入：

```
abcdxxxef
abcdxxef
```

我們將會輸出

```
3
5 6 7
```

其中 5　6　7 就是第一個字串中三個 x 字元的索引位置，因為我們是從 1 開始計算（而非零）。

思索雜湊表

我花在「尋找構成本書各章題目」上的時間實在是有點難以啟齒。這些題目主宰著我所能教導你的相關資料結構或演算法，所以題目的解答必須在演算法上夠複雜，但題目本身又得夠簡單，以便大家能夠真正理解問題，並掌握相關的細節。當我覺得找到了真正符合本節要求的雜湊表題目，就開始動手解它。

在題目二「複合詞」當中，題目所提供的輸入包含了一個單詞清單。這點很不錯，因為可以直接把清單裡的每一個單詞塞到雜湊表中，然後再用雜湊表去搜尋每一個單詞的字首和字尾。但在題目三，並沒有提供一個單詞清單。我剛開始解這道問題的時候，不以為意地建立了一個雜湊表，然後我把第二個（即較短的）字串的所有字首字尾都新增到雜湊表中；例如單詞 abc，我會新增 a, ab 和 abc（字首）以及 c 和 bc（字尾）。abc 當然也可以算是一個字尾，不過它已經新增過了。有了這個雜湊表，我就開始考慮第一個字串的每一個字元。移除每一個字元相當於把字串分割成一個字首和一個字尾，於是問題就回到了「複合詞」的領域：我們可以用雜湊表來檢查字首跟字尾是否都在雜湊表中。如果都有，那麼移除該字元就會是「從第一個字串移除一個字元來得到第二個字串」的一種方法。

這技巧聽起來很誘人對吧？是不是很想試試看？你甚至可以重覆使用「複合詞」當中的某些程式碼！

不過我卻忘了一件事：每一個字串最多可能長達一百萬個字元。我們肯定無法將所有字首字尾儲存在雜湊表中——因為這樣消耗太多記憶體；於是我試著在雜湊表中使用指標，去指向字首字尾的起點和終點，這樣做解決了記憶體用量的顧慮，但依然得在搜尋雜湊表的時候去比較這些超長字串。在「獨特雪花」和「複合詞」當中，雜湊表的元素都很小：一片雪花有六個整數，而常見英文單詞也不過 16 個字元左右，這些都不是什麼問題。但現在的情況完全不同：可能會有長達一百萬個字元的字串！比較這麼長的字串是非常花時間的。

另一個大量耗費時間的點在於計算字首和字尾的雜湊碼。我們可能會對一個長度為 900,000 的字串呼叫 oaat，然後再對另一個多了一個字元的字串再

呼叫一次，如此一來等於重覆執行第一次呼叫 oaat 的工作，但我們其實只是想把一個字元加入已經雜湊過的字串中而已。

但我還是不死心，我一直覺得這裡就是應該用雜湊表，而沒有考慮任何替代方案。或許那時應該重新看一次題目，但我卻跑去學習**增量雜湊函數**（**incremental hash function**），那是一種可以對那些「與雜湊過元素相似的元素」快速產生雜湊碼的雜湊函數。例如，我已經知道 abcde 的雜湊碼，那麼使用增量雜湊函數來計算 abcdef 的雜湊碼就會非常快，因為它能夠借用先前對 abcde 做過的工作，不用從頭開始。

另一種見解是，如果比較超長字串的成本太高，那就不能比較任何字串。只能期望我們的雜湊函數夠好，運氣也好到能通過測試案例，而且不會發生任何碰撞。如果在雜湊表裡尋找某些元素而且找到符合的項目…嗯，希望是真的符合，而不是運氣不佳的偽陽性結果。假如我們願意做出這種讓步，就可以使用一個相對更簡單的結構，來取代本章一路用到現在的雜湊表陣列了。在陣列 prefix1 中，每個索引 i 提供的是第一個字串中長度為 i 的字首之雜湊值；在其他三個陣列裡面，我們可以對第一個字串的字尾、第二個字串的字首、第二個字串的字尾做類似的處理。

底下是示範如何建立 prefix 陣列的程式碼：

```
// 在 C99 中，long long 是非常大的整數型別
unsigned long long prefix1[1000001];
prefix1[0] = 0;
for (i = 1; i <= strlen(first_string); i++)
  prefix1[i] = prefix1[i - 1] * 39 + first_string[i];
```

其他陣列也可以用類似的方法建立。

在這裡使用無符號整數是很重要的。在 C 語言中，溢位（overflow）在無符號整數上是有充分定義的，但在符號整數上並非如此。如果一個單詞過長，必定會出現溢位問題，所以不能允許任何沒有被定義的行為。

可以發現到，當有了 prefix1[i - 1] 的雜湊值之後，要計算 prefix1[i] 的雜湊值是相當容易的：就只是一個乘法然後加上新的字元而已。為什麼要乘以 39 然後加上字元？為什麼我不用別的東西來當作雜湊函數？老實說，是因

為這樣做會讓 Codeforces 的測試案例沒有出現任何碰撞。是的，我知道這樣說很難讓人滿意。

不過不必擔心：還有更好的方法！為了要找出這個方法，再仔細看一遍題目，不要一頭栽進雜湊表的解答方式。

一個量身打造的解答

讓我們更仔細思考一下稍早的例子：

```
abcdxxxef
abcdxxef
```

假設我們把 f（索引 9）從第一個字串中移除，這會讓第一個字串變成第二個嗎？並不會，所以 9 不會出現在我們的空格分隔索引清單當中。這兩個字串有一長串相同的字首，精確來說是六個字元：abcdxx。在那之後，兩個字串就開始有差異──第一個字串是 x，而第二個字串是 e。如果不去修改這部分，那麼兩個字串根本沒機會相同。f 的位置太右邊，不會成為產生相等字串的刪除選項。

如此便導出第一個觀察心得：如果**最長共同字首**的長度（我們的例子為六，即 abcdxx 的長度）為 p，那麼刪除字元的唯一選項就是那些索引值 $\le p + 1$ 的字元。在我們的例子中，應該考慮刪除 a, b, c, d、第一個 x、第二個 x 和第三個 x；刪除任何在 $p + 1$ 右側的字元都不會修正位於索引 $p + 1$ 的相異字元，因此不可能讓字串變得一樣。

還要注意一點，這些選項裡面只有部分是有效的。例如，從第一個字串中刪除 a, b, c, d 都不會讓它變成第二個字串，只有刪除掉三個 x 的其中一個才會得到第二個字串。因此，在得到了索引值上限（$\le p + 1$）的同時，我們也需要一個下限。

為了思考索引值下限，想一下從第一個字串中移除 a 的時候。這樣做有讓兩個字串相等嗎？沒有，原因跟前一段提到的類似：在 a 的右邊存在著相異的字元，即使刪掉 a 也不可能修正。如果**最長共同字尾**的長度（在我們的例子為四，即 xxef 的長度）為 s，那麼就只需要考慮索引值 $\ge n - s$ 的字元，其中 n是第一個字串的長度。在我們的例子中，這表示只需要考慮 ≥ 5 的索引。而在

前一段中，我們曾爭論過只需要看 ≤ 7 的索引。把資訊統整起來會發現，索引 5, 6, 7 刪除之後會讓第一個字串變成第二個字串。

總結取來，我們所感興趣的索引是從 $n - s$ 到 $p + 1$。對於任何落在這個範圍中的索引，由 $p + 1$ 可以知道在該索引之前，兩個字串是相同的，而由 $n - s$ 則可得知在該索引之後，兩個字串是相同的；由此可知，移除該索引，這兩個字串就一定一樣。倘若這個範圍為空，那就**沒有**索引在刪除之後能讓第一個字串變成第二個字串，此時就要輸出 0；否則，就用一個 for 迴圈來走訪那些索引，並且用 printf 來輸出空格分隔的清單。來看看程式碼吧！

最長共同字首

程式碼清單 1-18 中的輔助函數可以計算兩個字串的最長共同字首長度。

```
int prefix_length(char s1[], char s2[]) {
  int i = 1;
  while (s1[i] == s2[i])
    i++;
  return i - 1;
}
```

清單 1-18：計算最長共同字首

此處 s1 是第一個字串，而 s2 是第二個字串。我們使用 1 來當作字串的起始索引；從索引 1 開始，只要對應字元相等，迴圈就會一直執行（對 abcde 和 abcd 這種情況來說，e 跟 abcd 最後的空字元結尾不相符，i 的值將正確地止於 5）。當迴圈中止後，索引 i 將會是第一個不相符字元的索引，因此最長共同字首的長度就是 i - 1。

最長共同字尾

再來，我們用清單 1-19 來計算最長共同字尾。

```
int suffix_length(char s1[], char s2[], int len) {
  int i = len;
  while (i >= 2 && s1[i] == s2[i - 1])
    i--;
  return len - i;
}
```

清單 1-19：計算最長共同字尾

這個程式碼和清單 1-18 很相似；然而，這次我們不是由左往右比較，而是由右往左。為此，我們需要 len 參數來告訴我們第一個字串的長度，而我們被允許的最終比較是發生在 i == 2。如果 i == 1，那麼我們就會去存取 s2[0]，而這並不是字串中的合法元素！

main 函數

最後，程式碼清單 1-20 是我們的 main 函數。

```
#define SIZE 1000000

int main(void) {
❶   static char s1[SIZE + 2], s2[SIZE + 2];
    int len, prefix, suffix, total;
❷   gets(&s1[1]);
❸   gets(&s2[1]);

    len = strlen(&s1[1]);
    prefix = prefix_length(s1, s2);
    suffix = suffix_length(s1, s2, len);
❹   total = (prefix + 1) - (len - suffix) + 1;
❺   if (total < 0)
❻     total = 0;

❼   printf("%d\n", total);
❽   for (int i = 0; i < total; i++) {
        printf("%d", i + len - suffix);
        if (i < total - 1)
          printf(" ");
        else
          printf("\n");
    }
    return 0;
}
```

清單 1-20：main 函數

首先使用 SIZE + 2 作為兩個字元陣列的大小 ❶。讀取的最大字串長度要求是一百萬，但是需要多一個元素來放空字元結尾；最後還需要再一個元素，因為字串索引是從 1 開始的，0 必須浪費掉。

我們讀取了第一個字串 ❷ 和第二個字串 ❸[譯註]。請注意，我們傳入了每個字串索引 1 的指標：這樣 gets 函數不會把字元從索引 0 開始儲存，而會從索引 1 開始。在呼叫了輔助函數後，去計算可以從 s1 中刪除而得到 s2 的索引數量 ❹；如果這個數量為負 ❺，就將它設置為 0 ❻，這樣 printf 的呼叫才會是正確的 ❼。接著使用一個 for 迴圈 ❽ 來印出正確的索引。我們想從 len - suffix 開始列印，所以就把每個整數 i 都加上 len - suffix。

這樣就搞定了：一個線性時間的解答，沒有複雜的程式碼，也不需要雜湊表。在考慮雜湊表之前先問問你自己，這個問題是不是有什麼地方會讓雜湊表難以發揮？想想看搜尋是不是真的必要，或者，是否有某些特徵讓這個問題打從一開始就用不著搜尋？

摘要

雜湊表是一種資料結構，一種透過組織資料、使得特定操作變快的方法。雜湊表可以加快搜尋某些特定的元素，要讓其他操作也加速，會需要使用到其他的資料結構。例如，在第七章中，我們將會學到堆積（heap），一種可以用來快速識別出陣列中最大或最小值的資料結構。

資料結構是儲存和操作資料的一般性手法。本章中的題目應該能帶給你一些好的直觀判斷、知道什麼時候適合使用雜湊表，因為雜湊表能夠應用的問題比起這邊示範的要多更多，請小心應對因為重覆的緩慢搜尋而阻礙了快捷解答的各種問題。

[譯註] gets 函數在今天往往被視為作廢且不安全的函數，並且常會推薦採用更安全的 fgets 來代替它，因此很多 C 語言的編譯器（包括許多解題系統所使用的）會對程式碼當中用到 gets 發出警告，不過這並不影響解題系統對提交的解答之正確性判定，讀者可以忽略那些警告訊息。

筆記

「獨特雪花」原出自 2007 年加拿大計算機奧林匹亞。

「複合詞」原出自 1996 年九月滑鐵盧區域賽。

「拼字檢查」原出自 2010 年由 Codeforces 舉辦的校園隊伍比賽 #1。那個字首字尾解（在我最終放棄了雜湊表的解答之後使用）出自 https://codcforccs.com/blog/cntry/786 中的筆記。

雜湊函數 oaat（one-at-a-time，一次一個）是由 Bob Jenkins 所提供（參見 http://burtleburtle.net/bob/hash/doobs.html）。

關於雜湊表應用與實作的額外資訊，請參見 Tim Roughgarden 著的《Algorithms Illuminated (Part 2): Graph Algorithms and Data Structures》（2018）。

2

樹與遞迴

在本章中會看到兩道題目，是需要處理並回答跟階層式資料有關的問題——第一道題目是關於跟鄰居收集糖果，第二道題目則是跟查詢族譜樹有關。由於迴圈是處理資料集合的一個自然手段，我們先試著使用它；但很快就會發現這些題目超出了迴圈能夠輕易表達的範疇，而這將啟發一個新的思考方式來解決這類的問題。讀完本章你將學會遞迴——只要問題的解答涉及到一些較小、較簡單的問題解答，就可以使用這項解題技巧。

題目一：萬聖節糖果收集 *Halloween Haul*

DMOJ 題號 `dwite12c1p4`。

問題

想像一下：現在是萬聖節，一個大家會變裝、挨家挨戶討糖果然後吃到肚子痛的節日。在本題當中，你希望以最有效率的方式在一個特定社區收集所有的糖果，這個社區有著奇怪但還算嚴謹的形狀，圖 2-1 展示了一個社區的樣本。

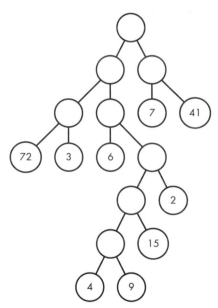

圖 2-1：一個社區的樣本。

　　那些有數字的圓圈代表房屋，數字則代表你拜訪該屋能夠得到的糖果數量，糖果值最多是二位數[譯註]。最上面的圓圈是你的起點位置，沒有數字的圓圈代表街道交叉路口，必須在此決定接下來要往哪裡走。連接圓圈的線為街道，從一個圓圈移動到另一個圓圈相當於走過一條街道。

[譯註] 題目的原始出處更精確限定糖果數值最小為 1、最大為 20。

想像一下你要如何在這個社區移動。從最上面的圓圈開始，如果往右下走，你會來到一個路口；如果繼續從那個圓圈往右下走，就會走到一個屋子並收集到 41 顆糖果。接下來你可以往上走兩條街回到起點位置，這樣總共走了四條街、收集了 41 顆糖果。

但是，你的目標是要收集**所有的**糖果，並且以走最少街道的方式來完成目標。你可以在收集到全部糖果之後就停下來；題目沒有要求必須回到起始的圓圈。

輸入

輸入是剛好由五行組成，每一行最多是 255 個字元的字串，用來描述社區的形狀。

要如何用字串來編碼一張圖表呢？這不像第一章的「獨特雪花」題目，每片雪花不過就是六個整數，這裡又是圓圈、又是連接圓圈的線條，還有圓圈中的糖果數值。

不過還是可以跟「獨特雪花」一樣，先忽略完整題目的一些複雜度來將問題簡化，基於這個緣故，稍後我再來解釋輸入是怎麼給出來的，但可以先預告一下：有一個聰明又緊湊的方法可以用字串來表示這些圖表喔，敬請期待。

輸出

我們的輸出將會是五行的文字，每一行都對應輸入五行中的一行。每一行的輸出都包含了兩個由空格分隔的整數：要獲得所有糖果行走的最少街道數，以及獲得的糖果總數。

解決測試案例的時間限制為兩秒鐘。

二元樹

我把圖 2-1 中那些不是房屋的圓圈加上了字母，變成圖 2-2 的樣子；這些字母跟題目無關、也不會出現在程式碼裡面，只是方便提及每一個圓圈而已。

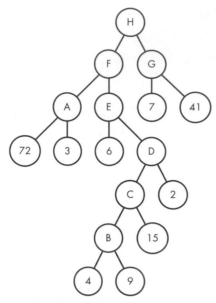

圖 2-2：加上字母標籤的社區樣本。

在「萬聖節糖果收集」問題中，這種特殊社區形狀稱之為**二元樹**（binary tree），「二元」跟「樹」在這裡是重要詞彙，接下來就讓我們來剖析它們的定義吧；先從樹開始。

定義：樹

樹（tree）是一種由**節點**（node，即圓圈）和節點之間的**邊**（edge，即代表**街道的線條**）組成的結構。最上面的節點──圓圈 H ──稱為**根**（root）節**點**。你會常常看到用**頂點**（vertex）這個同義詞術語來稱呼節點；在本書中，我將統一使用「節點」。

樹的各個節點是具有一種父子關係的。例如，我們會說 H 是 F 和 G 的**父**（parent）**節點**，因為有一條從 H 到 F 的邊以及一條從 H 到 G 的邊。我們也會說 F 和 G 是 H 的**子**（child）**節點**，更精確地說，F 是 H 的**左子**（left child）**節點**，G 是 H 的**右子**（right child）**節點**。任何沒有子節點的節點都稱為**葉**（leaf）**節點**；在這道題目當中，那些具有糖果數值的節點（即房屋）就是葉節點。

電腦科學家們在討論樹結構時所使用的大部分術語，都跟家庭樹（族譜）的概念很相似。例如，我們稱 F 和 G 為**兄弟（siblings）**，因為它們有相同的父節點；節點 E 是 H 的一個**子孫（descendant）**，因為從 H 沿著樹往下移動可以走到 E。

一個樹的**高度（height）**是取決於從根節點往下到葉節點所能走訪過的最大邊數。那麼我們的樣本樹高度是多少呢？關於這問題，有一種路徑是這樣的：H → G → 7；這個路徑有兩條邊（H 到 G，以及 G 到 7），因此可以知道高度至少是 2。但是，還有更長的下行路徑！其中一條最長的下行路徑是：H → F → E → D → C → B → 4。這條路徑上一共有六條邊，所以樹的高度為六。你可以檢查一下確定沒有更長的路徑了。

樹具有規則性及可重覆的結構，因此很容易處理。例如，若移除掉根節點 H、以及 H 到 F 與 G 的兩條邊，結果就會得到兩個**子樹（subtree）**，如圖 2-3 所示。

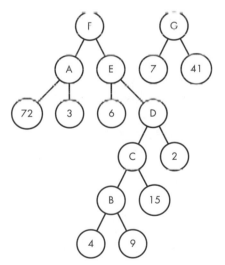

圖 2-3：將樹一分為二。

注意看，這兩個子樹都各自形成一個合理的樹：有根節點、節點與邊，以及適當的結構。我們可以再進一步把這兩個樹分割成更小塊，每一小塊也都會是一個樹。可以想像樹是由一些較小的樹組合而成、那些小樹則由更小的樹組成，以此類推。

定義：二元

在討論樹的部分，**二元**指的是樹中的每個節點最多有兩個子節點。一個二元樹中的給定節點可能有零個子節點、一個子節點或兩個子節點，但不會再多了。事實上這個問題中的二元樹限制又更多了：每一個節點必須剛好有零或兩個子節點——你絕對不會看到節點剛好有一個子節點。像這種非葉節點恰有兩個子節點的二元樹，就稱為**完滿（full）二元樹**[譯註]。

解決一個較簡單的實例

現在，回到樣本樹來解決「萬聖節糖果收集」問題吧。我們需要傳回獲得所有糖果必須走過的最少街道數以及糖果總數。先從糖果總數開始，因為這是比較容易計算的部分。

用手就能算出糖果的總數：只要把房屋節點中的糖果數值加起來就好。這樣會得到 7 + 41 + 72 + 3 + 6 + 2 + 15 + 4 + 9 = 159。

再來，推算你最少要走幾條街才能要收集到全部的糖果。這跟我們如何走訪這個樹真的有關嗎？畢竟你還是得拜訪每一棟房屋——或許最快路線就只是避免多次拜訪同一棟房屋罷了。

讓我們採用「先拜訪左子節點、再去右子節點」的方式來走訪樹看看。在這個策略之下，你會按照下列順序拜訪子節點：H, F, A, 72, A, 3, A, F, E, 6, E, D, C, B, 4, B, 9, B, C, 15, C, D, 2, D, E, F, H, G, 7, G, 41。請特別注意，你最後並不是停在 H 而是房屋 41：完成糖果收集任務之後不需要回到起點。這個

[譯註] 完滿二元樹在不同文獻中又有嚴格二元樹（strict binary tree）、良好二元樹（proper binary tree）或 2-樹（2-tree）等等的不同稱呼。

路徑[譯註]一共有 30 條邊（此路徑共有 31 個節點；一個路徑的邊數永遠都是「節點數減去一」）。那麼 30 條街道是否就是你的最佳解？

其實，還可以更好：最有效率的路線只需要走 26 條街。請試著花一點時間找出這個更好的最佳走訪路徑。跟走 30 條街的走訪方式一樣，必須多次經過非房屋的節點，而且每棟房屋剛好只拜訪一次；不過只要聰明選對**最後**拜訪的房屋，就能少走四條街了。

二元樹表示方法

要用程式碼來產生出解答，會需要使用 C 語言來表示社區樹。你會看到，把代表樹的輸入字串，轉換成代表節點之間關係的明確樹狀結構，方法很簡單。在本節當中，我將提供這些樹狀結構。現在還沒辦法讀取字串並將它們轉換成樹，不過倒是可以用程式碼寫死樹結構，這給了一個開始解決問題的立足點。

定義節點

在上一章解決「獨特雪花」題目時，我們使用了鏈結串列來儲存一鏈的雪花，每一片雪花節點都包含了雪花本身以及指向鏈中下一片雪花的指標：

```
typedef struct snowflake_node {
  int snowflake[6];
  struct snowflake_node *next;
} snowflake_node;
```

我們可以用類似的結構來表示一個二元樹。在我們的社區樹中，房屋擁有糖果數值，而其他節點則沒有。雖然有這兩種類型的節點，可以只用一種節點結構就好。只需要確定房屋節點有正確的糖果數值，甚至不用對非房屋節點進行 candy 的初始化，因為我們根本就不會去看那些數值。

[譯註] 這邊使用到「路徑」（path）一詞的時候並不是圖論意義中的路徑，而是口語上的路徑。圖論中的路徑是節點不可重複，而可以重複的那種物件稱為路途（walk），此一用語在本章稍後也會出現。

這提供了一個起始點：

```
typedef struct node {
  int candy;
  // …我們還要加些什麼？
} node;
```

在鏈結串列中，每一個節點都指向鏈中的下一個節點（或者指向 NULL，如果沒有下一個節點的話），每一個節點都可以讓我們移動到另一個節點。相對來說，樹中每個節點只靠一個 next 指標是不夠的，因為非葉節點會有左子節點和右子節點，所以每一個節點都會需要兩個指標，如程式碼清單 2-1 所示。

```
typedef struct node {
  int candy;
  struct node *left, *right;
} node;
```

清單 2-1：節點結構

顯然這裡並沒有把 parent 包含在內。我們是否也該放個 *parent 進去，以便除了存取一個節點的子節點外也能存取其父節點？這對於某些問題來說會很有用，不過在「萬聖節糖果收集」當中並不需要。我們需要一個往上移動（從子節點到父節點）的方法，但是可以暗中做到這一點、不需要明確跟隨父節點指標；等一下你就會看到了。

建立一個樹

有了 node 型別之後，就可以開始來建立各種樣本樹了。我們會從底部開始、逐步將子樹聯集起來，直到抵達根節點。現在就用樣本樹來示範這個過程是怎麼開始的。

我們從樣本樹底部的節點 4 和 9 開始，然後把它們結合在一個新的父節點底下，建立一個以 B 為根節點的子樹。

以下是節點 4：

```
node *four = malloc(sizeof(node));
four->candy = 4;
four->left = NULL;
four->right = NULL;
```

這是一個房屋節點，所以記得要給它一個糖果數值，同時也別忘了要將它的左右子節點設為 NULL。如果沒有這麼做，它們將維持在未初始化狀態、並指向未指定的記憶體，當要試圖存取它的時候就會出問題。

再來考慮節點 9。這是另外一棟房屋，所以程式碼在結構上是一樣的：

```
node *nine = malloc(sizeof(node));
nine->candy = 9;
nine->left = NULL;
nine->right = NULL;
```

這樣就有兩個節點了；但它們還不是一個樹的一部分，而是單獨在外的結點。可以用一個公共父節點將它們集結起來，就像這樣：

```
node *B = malloc(sizeof(node));
B->left = four;
B->right = nine;
```

節點 B 的 left 指標指向房屋 4，而 right 指標指向房屋 9。它的 candy 成員並沒有初始化，但不妨礙，反正非房屋節點不具備 candy 數值。

圖 2-4 描繪出我們到目前為止所產生的結構。

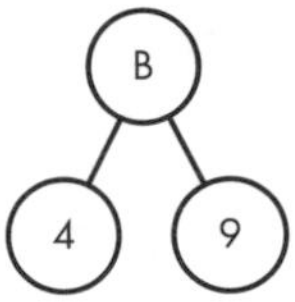

圖 2-4：我們寫死的樹中的前三個節點

在勇往直前去建立 C 子樹之前，先來做一點清理工作。建立一個房屋節點有四件事要做：配置節點的記憶體、設定糖果數值、設定左子節點為 NULL、設定右子節點為 NULL。而建立一個非房屋節點也需要做類似的三件事：配置節點的記憶體、設定左子節點為既有的子樹、設定右子節點為另一

個既有的子樹。我們可以把這些步驟整理成輔助函數，就不必每次都要重打一遍，如程式碼清單 2-2 所示。

```
node *new_house(int candy) {
  node *house = malloc(sizeof(node));
  if (house == NULL) {
    fprintf(stderr, "malloc error\n");
    exit(1);
  }
  house->candy = candy;
  house->left = NULL;
  house->right = NULL;
  return house;
}

node *new_nonhouse(node *left, node *right) {
  node *nonhouse = malloc(sizeof(node));
  if (nonhouse == NULL) {
    fprintf(stderr, "malloc error\n");
    exit(1);
  }
  nonhouse->left = left;
  nonhouse->right = right;
  return nonhouse;
}
```

清單 2-2：建立節點的輔助函數

把之前 four、nine 和 B 的程式碼用這些輔助函數重新寫一次，然後再加入當前所在的節點 15 和 C：

```
node *four = new_house(4);
node *nine = new_house(9);
node *B = new_nonhouse(four, nine);
node *fifteen = new_house(15);
node *C = new_nonhouse(B, fifteen);
```

圖 2-5 描繪出擁有這五個節點的樹。

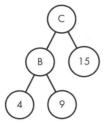

圖 2-5：我們寫死的樹中的前五個節點。

　　特別注意，C 的左子節點是一個非房屋節點（B）而右子節點是一個房屋節點（fifteen）。new_nonhouse 函數允許這種不對稱（一個非房屋子節點和一個房屋子節點）：因為它們都是節點。我們可以隨意把非房屋節點與房屋節點混合使用。

　　到這裡，我們有一個以節點 C 為根節點的五節點子樹，應該可以用 C 來取得樹中儲存的糖果數值（也可以用 B, four, nine, fifteen 來存取樹的一部分，因為這種逐步建立樹的方式留下了一堆節點變數的足跡，不過等一下我們會建立一個函數來將字串轉換成樹，並且只提供樹的根節點，所以在這裡就不使用那些變數來作弊了）。

　　快速練習一下：這個程式碼會印出什麼？

```
printf("%d\n", C->right->candy);
```

　　如果你的答案是 15，答對了！我們存取了 C 的右子節點——即房屋節點 fifteen，然後存取 fifteen 的糖果值。

　　那這個呢？

```
printf("%d\n", C->left->right->candy);
```

　　這應該輸出 9：先往左再往右會從 C 走到 nine。

　　來試試下面這個：

```
printf("%d\n", C->left->left);
```

唉呀！我的筆電得到的數值是 10752944。為什麼呢？原因是我們印出來的是指標的數值，不是糖果數值。這邊要小心一點。

最後，這會印出什麼？

```
printf("%d\n", C->candy);
```

這會產生一個無用的數目。此處印出的是一個非房屋節點的 candy 成員，但只有房屋的 candy 數值才是有意義的值。

現在我們已經準備好要開始攻克這道題目了，請把樣本樹的程式碼寫完再繼續看下面的內容。

收集所有糖果

我們有兩個主要任務：計算收集全部糖果所需的最少街道數，以及計算樹中全部的糖果數。為兩個任務分別寫一個輔助函數，先寫比較簡單的那個——計算糖果總數。該輔助函數會有下面的簽章：

```
int tree_candy(node *tree)
```

這個函數接受一個指標指向樹的根節點，並傳回一個整數代表樹中全部的糖果數量。

如果要處理鏈結串列，可以用類似「獨特雪花」解答中的迴圈；該迴圈的主體會處理當前的節點，然後會用節點的 next 成員前往下一個節點。每一個步驟都只有一個地方要去：繼續沿著鏈結串列往下走。不過二元樹的結構比較複雜，每一個非葉節點都有左邊跟右邊的子樹，而且都必須被走訪過，不然就會漏處理到樹的某一部分！

為了實際展示走訪一個樹的過程，必須回到我們的樣本樹（圖 2-2）：從節點 H 開始，應該先往哪裡走？可以先往右走到 G 再往右走到 41，在那裡收集 41 顆糖果。然後呢？已經走到盡頭，卻還有一大堆糖果沒收集到。記住，一個非葉節點都只儲存它左子節點和右子節點的指標，但沒有父節點的指標，一旦走到 41，就無法回頭走到 G。

重新再來一次：我們要從 H 走到 G，並記錄等一下必須處理 F 子樹──否則沒辦法回到 F 子樹。

抵達了 G 之後，一樣要走到 41，同時記錄等一下必須處理子樹 7。抵達 41 時，發現沒有子樹需要處理，而且已經記錄了兩個待辦子樹（F 和 7）。

接下來可能先選擇處理子樹 7，並得到 41 + 7 = 48 的糖果數。在那之後就處理 F 子樹，在 F 不管決定往哪一邊走，都會導致有一個子樹未被處理，因此必須將它記錄下來。

也就是說，如果我們使用迴圈，在每一個非葉節點都需要做兩件事：選擇其中一個子樹先做處理，並同時記錄另一個待處理的子樹。選擇其中一個子樹表示要跟隨 left 或 right 指標──這沒問題，但是要記錄資訊以便稍後拜訪另一個子樹，就要有點技巧了。我們會需要一個新的工具。

在堆疊上儲存待辦子樹

在任何時間點上，都可以有多個稍後要拜訪的待辦子樹。我們要能夠在該集合中加入新的子樹，準備處理它們時也要能夠移除並傳回子樹。

我們可以用陣列來管理這項記錄工作──定義一個夠大的陣列來存放待辦子樹的參照。使用 highest_used 變數追蹤索引裡面使用的最大索引，告訴我們有多少待辦的子樹。例如，若 highest_used 為 2，表示索引 0, 1, 2 中都有存放待辦子樹的參照、而其餘陣列目前尚未使用；若 highest_used 為 0，那就表示只有索引零被使用到。要表示陣列完全沒有被使用的情況時，會將 highest_used 設為 -1。

我們會將新的元素加到這個陣列的索引 highest_used + 1 中。如果試圖將元素加到其他地方，就必須先把既有的元素往右移動，否則將會覆寫掉其中一個元素！而陣列中最容易移除的元素便是 highest_used；要移除其他的元素都必須將元素往左移，以填補移除元素後造成的空缺。

利用這個方法，假設先加入子樹 F 的參照、再加入子樹 7 的參照，這會把 F 子樹放在索引 0、子樹 7 放在索引 1，而 highest_used 當前的值為 1。接著，當我們想將一個元素從這個陣列中移除時，你覺得哪一個子樹會被移除，F 子樹還是子樹 7？

答案是子樹 7！一般來說，最新加入的元素就是要被移除的那一個。

電腦科學家將這種存取稱為**後進先出**（last-in first-out, LIFO）存取，提供了 LIFO 存取的資料集合稱之為**堆疊（stack）**；把一個元素加入堆疊稱為 **push**，從堆疊中移除一個元素則稱為 **pop**。堆疊的**頂端（top）**是指下一個會被移除的元素；換句話說，堆疊頂端放置的是最新加入的元素。

現實生活中到處都存在著堆疊；例如你洗好了一些盤子，把它們一一放入櫥櫃架上，最後加到（push）架上的盤子就是在堆疊的頂端（top），它也會是你從櫥櫃中拿盤子時移除（pop）的第一個盤子。這就是 LIFO 的基本概念。

堆疊同時也驅動了你在文字處理器中會用到的復原功能。假設你打了一個單詞，接著打第二個單詞、第三個單詞，當你按下復原鍵，第三個單詞會消失，因為那是你最後鍵入的單詞。

實作一個堆疊

讓我們來實作一下堆疊。一開始，把陣列和 highest_used 包裝成一個結構，這樣可以讓堆疊的變數維持在一起，並且能夠隨意建立堆疊（在「萬聖節糖果收集」中只需要一個堆疊，不過你可能會在其他要求使用多個堆疊的場域中使用到這個程式碼）。底下是我們的定義：

```
#define SIZE 255

typedef struct stack {
  node *values[SIZE];
  int highest_used;
} stack;
```

回想一下，每一行輸入最多是 255 個字元，而每一個字元最多代表一個節點，我們需要應付的樹頂多是 255 個節點，因此 values 陣列才設定了 255 個元素的空間。同時，注意 values 中每一個元素都是 node * 型別，也就是指向 node 的指標。我們固然可以不儲存指標、而直接把節點儲存在裡面，不過這樣做記憶體效率比較差，因為樹中的節點在加入堆疊時會先被複製。

我們會對堆疊的每一種操作都建立一個輔助函數。首先，需要一個 new_stack 函數來建立一個新的堆疊；接著，需要 push_stack 和 pop_stack 函數分別進行從堆疊加入和移除元素的工作；最後，is_empty_stack 函數會告訴我們是否堆疊是空的。

清單 2-3 中給出了 new_stack 函數。

```
stack *new_stack(void) {
❶ stack *s = malloc(sizeof(stack));
  if (s == NULL) {
    fprintf(stderr, "malloc error\n");
    exit(1);
  }
❷ s->highest_used = -1;
  return s;
}
```

清單 2-3：建立一個堆疊

首先，配置這個堆疊的記憶體 ❶。然後設定 highest_used 為 -1 ❷；記得，這裡的 -1 指空的堆疊。注意，在此並沒有初始化 s->values 的元素：既然堆疊是空的，其中的值便不相關。

我在清單 2-4 中把 stack_push 和 stack_pop 放在一起，以突顯它們在實作上的對稱性。

```
void push_stack(stack *s, node *value) {
❶ s->highest_used++;
❷ s->values[s->highest_used] = value;
}

node *pop_stack(stack *s) {
❸ node *ret = s->values[s->highest_used];
❹ s->highest_used--;
❺ return ret;
}
```

清單 2-4：堆疊中的 push 和 pop

在 push_stack 當中，首先安排新元素的空間 ❶，然後再把 value 放在那個空出的位置上 ❷。

pop_stack 函數是負責把元素從索引 highest_used 中移除。但如果只做這件事，這個函數就不是很有用——變成我們呼叫它，它替我們移除元素，卻不會告訴我們移除什麼！為了修正這一點，我們把即將移除的元素儲存在 ret 中 ❸，然後將 highest_used 減少一移除該元素 ❹，最後傳回被移除的元素 ❺。

我並沒有在 push_stack 或 pop_stack 中包含錯誤檢查；請注意，如果你試圖加入的元素超過最大數目限制，push_stack 就會失敗——不過可以放心，因為我們有把堆疊設定得跟給定輸入一樣大。同樣地，如果你試圖從一個空堆疊移除元素，pop_stack 也會失敗——但我們會在執行移除前小心檢查堆疊並非是空的。當然，更一般用途的堆疊程式應該寫得更堅固才是！

我們會用 is_empty_stack（清單 2-5）來判斷一個堆疊是否為空，它是用 == 來檢查 highest_used 是否為 -1。

```
int is_empty_stack(stack *s) {
  return s->hightest_used == -1;
}
```

清單 2-5：判斷一個堆疊是否為空

在計算一個樹中的糖果總數之前，先用一個獨立運作的小例子（如清單 2-6 所示）來練習一下我們的堆疊程式碼。鼓勵你花一點時間自己跟蹤這個範例，並預測一下會發生什麼事！然後，實際執行這個程式碼，看看輸出是否符合你的期待。

```
int main(void) {
  stack *s;
  s = new_stack();
  node *n, *n1, *n2, *n3;
  n1 = new_house(20);
  n2 = new_house(30);
  n3 = new_house(10);
  push_stack(s, n1);
  push_stack(s, n2);
  push_stack(s, n3);
  while (!is_empty_stack(s)) {
    n = pop_stack(s);
    printf("%d\n", n->candy);
  }
  return 0;
}
```

清單 2-6：使用堆疊的例子

讓我們來弄清楚這個例子做了些什麼。首先建立一個新的堆疊 s，然後建立三個房屋節點：n1 有 20 顆糖果，n2 有 30 顆糖果，而 n3 有 10 顆糖果。

把這些（只有單一節點的）子樹加入堆疊中：首先加入的是 n1，然後是 n2、再來是 n3。只要堆疊不是空的，就從堆疊中取出元素並印出其糖果數值。元素從堆疊中取出來的順序會跟它們加入的順序相反，因而 printf 讓我們得到 10, 30, 20 的結果。

一個堆疊的解答

現在我們有了持續記錄待辦子樹的方法了：每當做出決定要處理哪一個子樹時，就把另一個子樹放到堆疊中。計算糖果總數的重點就在於，利用堆疊可以加入子樹（幫助我們記得那個子樹）和移除子樹（幫助我們在正確時機點處理子樹）。

當然，也可以使用佇列（queue），這是一種以先進先出（first-in first-out，FIFO）順序傳回元素的資料結構；這樣做會改變拜訪了樹的順序以及加總糖果的順序，但最後的計算結果是一樣的。我選擇使用堆疊是因為實作起來比佇列要容易多了。

現在準備好來用堆疊實作 tree_candy 了。我們需要處理兩種情況：第一，位於非房屋節點時該做什麼；第二，位於房屋節點時該做什麼。

要知道目前節點是否為非房屋節點，可以檢查它的 left 和 right 指標。一個非房屋節點的兩個指標都會是非空值，因為它們會指向某個子樹。若確定位於一個非房屋節點，就把其左子樹的指標儲存到堆疊中，然後往下處理右子樹。處理非房屋節點情況的程式會像這樣：

```
if (tree->left && tree->right) {
  push_stack(s, tree->left);
  tree = tree->right;
}
```

不然的話，如果 left 跟 right 為空值，就表示位於一個房屋節點。房屋節點有糖果，所以第一件工作就是把房屋的糖果數值加到我們的糖果總數中：

```
total = total + tree->candy;
```

這是一棟房屋，沿著樹再往下也無處可去。如果堆疊為空，表示我們已經完成了：一個空的堆疊代表沒有更多待辦子樹要處理；如果堆疊不是空，就需要從堆疊中取出一個子樹並加以處理。處理一個房屋的程式碼如下：

```
total = total + tree->candy;
if (is_empty_stack(s))
  tree = NULL;
else
  tree = pop_stack(s);
```

使用堆疊的 tree_candy 之完整程式如清單 2-7 所示。

```
int tree_candy(node *tree) {
  int total = 0;
  stack *s = new stack();
  while (tree != NULL) {
    if (tree->left && tree->right) {
      push_stack(s, tree->left);
      tree = tree->right;
    } else {
      total = total + tree->candy;
      if (is_empty_stack(s))
        tree = NULL;
      else
        tree = pop_stack(s);
    }
  }
  return total;
}
```

清單 2-7：用堆疊來計算糖果的總數

令為一個樹中的節點數目。每次通過 while 迴圈時，tree 都會指向不同的節點，因此每個節點我們只會拜訪一次；每個節點也只會加入和移出堆疊一次。每個節點都涉及常數數目的步驟，所以在這裡是一個線性時間、或 $O(n)$ 的演算法。

一個完全不一樣的解答

tree_candy 函數是行得通，但不是最簡單的解答，因此我們必須寫一個堆疊的實作，必須追蹤待辦子樹，必須在走到死路的時候回溯至一個待辦子樹上。基於下列兩點，在撰寫跟樹有關的函數時，像這樣使用堆疊可能並不是理想的解決策略：

1. 每當需要往其中一邊走、但之後要回來往另外一邊走的時候，這種堆疊的程式碼會讓我們困住；樹狀結構有一大堆這種模式的問題要處理。

2. 以堆疊為基礎的程式碼，它的複雜度會跟著問題的複雜度一起擴張。用在加總樹中所有糖果上不算太差，但本章稍後要解決的其他相關問題更具有挑戰性，那些問題需要的不僅是待辦子樹的堆疊，還需要追蹤「處理每個子樹」的控制流程資訊。

我們將改寫原來的程式碼，讓它能夠在更高的抽象層次上執行，以便從我們的程式碼和思考過程中完全刪除堆疊。

遞迴定義

我們的堆疊版 tree_candy 函數著眼的是解決問題所需的**特定步驟**：把它們加入堆疊、沿著那個方向走、走到死路時從堆疊中移除、處理完整個樹即停止。我現在要給你另外一種解答是聚焦在問題的**結構**上的，這種方法是利用較小的子問題解答來解決主要問題。這種解答方法包含了兩條規則：

規則一　如果樹的根節點是一個房屋節點，那麼這個樹的糖果總數就會等於該房屋的糖果數量。

規則二　如果樹的根節點是一個非房屋節點，那麼這個樹的糖果總數就會等於其左子樹的糖果總數加上其右子樹的糖果總數。

這種定義叫做**遞迴（recursive）**。如果藉由參考子問題的解答來給出原問題解答，就會定義它是遞迴的，規則二即為具體例子。我們關切的是原始問題——如何解決計算樹中的糖果總數；而根據規則二，可以藉由加總兩個較小問題之答案（左子樹的糖果總數，右子樹的糖果總數）得到我們真正想要的答案。

通常到了這裡，我班上的學生就會開始抓狂了。這樣的描述是能解決什麼東西啊？如果真的可以，又該如何把它寫成程式碼？隨著許多書本和教學課程持續地以「相信就好、不用理解」的神祕感來灌輸遞迴定義，也讓這個問題變得更嚴重；不過這並不需要你放手一搏、魯莽行事。

來完整練習一個小例子，感受一下為什麼這種遞迴定義是正確的吧。

思考一下，由一棟房屋組成的一個樹，而屋內有四顆糖果：

規則一立刻告訴我們這個樹的答案是四。等一下看到這個樹時，只要記得答案是四就好。

好了；現在來看看這個由一棟房屋組成的樹，而屋內有九顆糖果：

規則一可再次適用，它告訴我們答案是九：等一下看到這個樹時，就說答案是九。

接著，來解答一個比較大的樹吧：

這一次，規則一並不適用：這個樹的根節點是一個非房屋節點，而不是房屋節點。幸好規則二上場救援，它告訴我們此處的糖果總數是會是左邊的糖果總數加上右邊的糖果總數。我們已經知道左邊的糖果總數是四了：前面看過的那個樹；同樣地，我們也知道右邊的糖果總數是九：剛才前面也看過那個樹。因此根據規則二，整個樹就有 4 + 9 = 13 顆糖果。請記住這答案，稍後還會再看到這個樹！

繼續進行下一步。底下是另一個一棟房屋的樹，屋內有 15 顆糖果：

規則一告訴我們，這個樹一共有 15 顆糖果，先記下來！

然後來看一個有五個節點的樹：

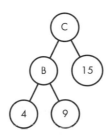

規則二在此適用，因為根節點是一個非房屋節點。我們需要左邊的糖果總數和右邊的糖果總數。已經知道左邊的糖果總數—— 稍早記下的答案是 13，所以不需要再次進入左子樹重新計算，因為已經知道答案了；同時，也知道右邊的糖果總數是 15。於是根據規則二，這個樹共有 13 + 15 = 28 顆糖果。

你可以用同樣的邏輯來找出更大的樹中的糖果總數，如同在這個例子所做的，先解決較小的子樹、然後再去處理大樹。這個過程中，規則一或規則二總有一個適用，而且當需要用到較小子樹答案時，答案都是已知的。

現在我要把規則一和規則二寫成 C 語言函數了；請看程式碼清單 2-8。

```
int tree_candy(node *tree) {
❶ if (!tree->left && !tree->right)
      return tree->candy;
❷ return tree_candy(tree->left) + tree_candy(tree->right);
}
```

清單 2-8：使用遞迴來計算糖果總數

注意到規則一和規則二在此是如何直接呈現。我們有一個 if 陳述式，當左右子樹為 NULL 時，其中的條件為真 ❶，而沒有子樹就表示 tree 是一個房屋節點。因此應該套用規則一，確實我們就是這麼做的；傳回房屋節點 tree 的糖果總數。如果規則一不適用，我們就會知道 tree 是一個非房屋，用規則

二來進行實作，並傳回左子樹的糖果加上右子樹的糖果 ❷…不過，先暫停一下。

　　規則二在這裡是如何運用的？透過對左子樹呼叫 tree_candy 函數來得到左子樹的糖果總數。右子樹做法也一樣：為了得到右子樹的糖果總數，我們對右子樹呼叫了 tree_candy 函數——可是我們已經在 tree_candy 函數裡面了！

　　在一個函數內部呼叫它自己，稱為**遞迴呼叫（recursive call）**。一個做了遞迴呼叫的函數，就稱其使用了**遞迴**。此處你能犯的最大錯誤，就是試圖去追蹤電腦執行遞迴時在做些什麼；我不會給出「電腦如何管理這些遞迴呼叫」的低階細節（你只要知道它用了一個堆疊來追蹤待辦的函數呼叫；跟我們之前使用堆疊來解決 tree_candy 是非常類似的！基於這個理由，我們的遞迴程式碼跟堆疊版程式碼一樣，是 $O(n)$ 的解答）。

　　我一天到晚看到因為試圖手動追蹤遞迴呼叫而深陷泥沼的情況，這是抽象層次上的錯誤。不用多想，只要讓電腦去執行就好，就像你不假思索地讓電腦執行迴圈或函數呼叫一樣。

　　下面是我建議對遞迴程式碼的理解方式：

- 如果樹的根節點是一棟房屋，傳回其糖果數量。

- 否則，樹的根節點就是一個非房屋。傳回左子樹的糖果總數加上右子樹的糖果總數。

　　撰寫遞迴程式碼是很容易犯錯的；其中一種常見的錯誤是，不經意地把應該傳回的資訊丟掉了。下方的瑕疵程式碼便呈現了這樣的錯誤：

```
int tree_candy(node *tree) { // 有錯誤！
  if (!tree->left && !tree->right)
    return tree->candy;
❶ tree_candy(tree->left) + tree_candy(tree->right);
}
```

　　這個錯誤，在於沒有回傳任何東西 ❶，因為沒有使用 return 關鍵字。我們應該傳回兩者的和，而不是把它丟棄。

　　另一個常見的錯誤是，遞迴呼叫的對象並不是當前問題的子問題。請看這個例子：

```
int tree_candy(node *tree) { // 有錯誤！
  if (!tree->left && !tree->right)
    return tree->candy;
❶ tree_candy(tree);
}
```

再次看到 return 的陳述式 ❶。要是我告訴你，「得到一個樹中糖果總數的辦法、就是計算該樹的糖果總數」，你一定會想罵人——但這就是該陳述式的規則。對於根節點是非房屋節點的樹，這個函數不會運作：它會持續地以待辦函數呼叫消耗記憶體，直到程式當機為止。

遞迴：牛刀小試

在繼續解決「萬聖節糖果收集」問題之前，先仿照 tree_candy 的精神再來練習寫兩個遞迴函數吧。

首先，給予一個指向完滿二元樹根節點的指標，傳回樹中的節點數目。如果該節點是一個葉節點，那麼這個樹就只有一個節點，正確的傳回值是 1，否則它就是一個非葉節點，樹的節點數會是「1（這個節點）+ 左子樹的節點數 + 右子樹的節點數」。也就是說，其兩條規則如下：

規則一　如果樹的根節點是葉節點，那麼樹的節點數為 1。

規則二　如果樹的根節點是非葉節點，那麼樹的節點數等於 1+ 左子樹的節點數 + 右子樹的節點數。

規則一被稱為是**基本情況（base case）**，無須遞迴就可以直接解決。而規則二則被稱為是**遞迴情況（recursive case）**，因為它的解答需要較小的子問題以遞迴方式解決。每一個遞迴函數都需要至少一個基本情況和至少一個遞迴情況：基本情況告訴我們問題很簡單的時候怎麼辦，而遞迴情況告訴我們問題不簡單的時候該怎麼辦。

把這些規則轉換成程式碼，即給出清單 2-9 中的函數。

```
int tree_nodes(node *tree) {
  if (!tree->left && !tree->right)
    return 1;
  return 1 + tree_nodes(tree->left) + tree_nodes(tree->right);
}
```

清單 2-9：計算節點的數目

再來，讓我們寫一個函數來傳回樹的葉節點數目。如果該節點是一個葉節點，傳回 1；如果是非葉節點，那麼此節點本身就**不是**葉節點，所以不用被計算。我們要算的只有左子樹中的葉節點數以及右子樹中的葉節點數。程式碼如清單 2-10 所示。

```
int tree_leaves(node *tree) {
  if (!tree->left && !tree->right)
    return 1;
  return tree_nodes(tree->left) + tree_nodes(tree->right);
}
```

清單 2-10：計算葉節點的數目

此程式碼和清單 2-9 的唯一差異就是最後一行沒有「1 +」。遞迴函數通常都很相似，但是計算的對象卻可能大不相同！

走最少街道

我已經扯很遠了，所以你可能會想要再看一遍題目描述來重新掌握問題。現在知道了要怎麼產生糖果的總量，但這只是題目要求的兩項輸出之一，還需要輸出「收集全部糖果必須走的最少街道數」。你如果猜到會用遞迴來搞定這部分，我也不會給你糖果獎勵啦！

計算街道數目

我在前面的圖 2-2 中給出一個 30 條街道的路途，並且要你找出一個更好的，或者該說是 26 條街道的最佳路途。這個最佳路途利用了一個事實——只要收集到最後一顆糖果就可以終止步行，因而可少走四條街道；因為題目描述並沒有要求走回樹的根節點。

如果我們**真的**走回到樹的根節點呢？會得到錯誤答案沒錯，因為多走了不必要的路。不過呢，走回根節點會把問題簡化許多，這一點也沒錯，因為不用考慮「要怎麼巧妙得到行走最少街道數」的棘手問題（畢竟最後要走回到根節點，所以不用精心設計最後要拜訪哪一棟房屋才好）。也許可以先（藉由返回根節點）超出最小值、然後再減去多走的哪幾條街道？那就來賭一把！

照著 tree_candy 的相同策略，定義基本情況和遞迴情況。

當樹的根節點是一棟房屋時該怎麼做——從那棟房屋開始走、最後回到該房屋，要走幾條街道？答案是零！不需要走任何街道。

如果根節點是一個非房屋要怎麼做呢？回去看一下圖 2-3，我在那裡把樹一分為二。假定我們知道走遍 F 子樹所需的街道數以及走遍 G 子樹所需的街道數；這可以用遞迴方法計算出來。把 H 點和其兩條邊加回去：現在必須多走幾條街？從 H 到 F 要走一條街，接著走完 F 子樹，再從 F 走一條街回到 H。G 也是類似：從 II 到 G，接著走完 G 子樹，再從 G 走回 H。這代表除了透過遞迴得到的街道數，我們多走了四條街道。

下面是我們的兩條規則：

規則一　如果樹的根節點是房屋節點，走過的街道數即為零。

規則二　如果樹的根節點是非房屋節點，走過的街道數即為「左子樹走過的街道數 + 右子樹走過的街道數 +4」。

到這個階段，你應該比較上手、知道如何把這種規則轉換成程式碼了。清單 2-11 提供了一個實作。

```
int tree_streets(node *tree) {
  if (!tree->left && !tree->right)
    return 0;
  return tree_streets(tree->left) + tree_streets(tree->right) + 4;
}
```

清單 2-11：計算走回到根節點的街道數目

如果你在圖 2-2 中從 H 開始走、收集到所有糖果、最後再回到 H，你會走過 32 條街道。不管你怎麼走，只要每棟房屋都拜訪一次，並且沒有不必要的重複，都會得到 32 條的結果[譯註]。而不需要走回到根節點的情況下，最少行走街道數是 26，因為 32 - 26 = 6，走回根節點比正確答案多走了六條街道。

因為題目沒有要求回到根節點，所以合理的安排會是，讓最後拜訪的房屋離根節點愈遠愈好。例如，在有 7 顆糖果的房屋結束絕不是個好主意，因為距離 H 只有兩條街——看看遠遠落在最底下的房屋 4 和 9，它們將是作為

[譯註]　這個數目即為樹的邊數的兩倍，因為每一條邊都恰好走過兩次。

終點的最佳選擇。例如，如果路途終止於 9，就會少走六條街道：9 到 B、B 到 C、C 到 D、D 到 E、E 到 F，以及 F 到 H。

我們的計畫就是，要讓路途終止在「距離根節點街道數最多」的房屋上。如果該房屋距離根節點六條街，就表示從根節點到某個葉節點間存在一個六條邊的路徑，這正好就是樹的高度的定義！假如可以計算樹的高度——當然是用遞迴囉——那麼就把 tree_streets 得到的數值減去高度，這會讓我們停在離根節點最遠的房屋上，進而省下最大的街道數。

快速一提，其實不需要知道哪一棟房屋最遠，甚至也不用知道要怎麼走才能終止於該房屋上，我們只需要說服自己，真的**可以**建構出這樣的路途讓該棟房屋成為終點站。我用圖 2-2 來做個簡短論證，希望這樣足以說服得了你。從 H 開始，比較 F 子樹和 G 子樹的高度，然後完整走完高度較小的子樹——此處為 G。接下來對 F 子樹重複這個過程，比較 A 子樹和 E 子樹的高度，然後完整走完 A 子樹（因為它的高度小於 E 子樹）。繼續進行下去，直到走遍所有子樹[譯註]，如此一來，你拜訪的最後一個房屋就會是離 H 最遠的房屋。

計算樹的高度

繼續來看 tree_height 以及「規則一與規則二遞迴方法」之另一種體現方式。

一個只有單一房屋的樹高度為零，因為它沒有任何邊讓我們走訪。

對於一個根節點為非房屋的樹，請再次參考圖 2-3：F 子樹的高度為五，而 G 子樹的高度為一；我們可以用遞迴解決這些子問題。在加入 H 之後，原本的樹的高度，就是五和一的最大值再加上一，因為從 H 連出的邊使得通往各個葉節點的邊數都增加了一。

這些分析給出下面的兩條規則：

規則一　如果樹的根節點是一個房屋節點，那麼樹的高度為零。

規則二　如果樹的根節點是一個非房屋節點，那麼樹的高度為左子樹高度與右子樹高度之最大值再加上一。

[譯註]　如果過程中遇到兩個子樹高度一樣，隨便挑一個走完，再繼續對剩下的那個進行即可。

請參考清單 2-12 的程式碼，輔助函數 max 可以告訴我們兩個數目之最大值為何；除此之外，tree_height 就沒什麼特別的了。

```
int max(int v1, int v2) {
  if (v1 > v2)
    return v1;
  else
    return v2;
}

int tree_height(node *tree) {
  if (!tree->left && !tree->right)
    return 0;
  return 1 + max(tree_height(tree->left), tree_height(tree->right));
}
```

清單 2-12：計算樹的高度

現在我們有了計算糖果總數的 tree_candy，以及計算最少街道數的 tree_streets 和 tree_height。把這三個放在一起，可以建立一個解決給定問題的函數；見程式碼清單 2-13。

```
void tree_solve(node *tree) {
  int candy = tree_candy(tree);
  int height = tree_height(tree);
  int num_streets = tree_streets(tree) - height;
  printf("%d %d\n", num_streets, candy);
}
```

清單 2-13：解決給定樹的問題

試著對第 46 頁「建立一個樹」小節所建立的樹呼叫這個函數。

讀取輸入

我們已經非常接近終點了，但還沒有完成。是的，如果手上有樹就能解決問題，但回想一下，這個問題的輸入並不是樹，而是一行一行的文字。我們必須將每一行文字轉換成樹，才能祭出 tree_solve 來對付它。終於要公布「樹如何用文字表示」的方法了。

以字串來表示一個樹

我會透過幾個例子來讓你看到一行文字是如何對應到樹之上。

首先，只有一棟房子的樹就只用糖果數值的文字來表示。例如，這個樹（其節點的糖果數值為四）：

只表示成

4

根節點為非房屋節點的樹則是（遞迴地！）如下表示，依序為：一個左括號、第一個較小的樹、一個空格、第二個較小的樹、右括號。這裡第一個較小的樹就是左子樹，第二個較小的樹是右子樹。例如，有三個節點的樹：

會像這樣表示：

(4 9)

同樣地，這裡有一個五個節點的樹：

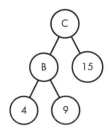

會像這樣表示：

((4 9) 15)

其中，左子樹為 (4 9) 而右子樹為 15。

把這些寫成規則的話，會像是這樣：

規則一　如果文字是整數 c 的數字，這個樹就是一個有 c 顆糖果的房屋節點。

規則二　如果文字是以一個左括號開頭，那麼這個樹的根節點就是非房屋節點。在左括號之後，文字會包含這個樹的左子樹、一個空格、這個樹的右子樹、以及一個右括號。

讀取非房屋節點

我們的目標是要寫出 read_tree 函數，具有如下的簽章：

```
node *read_tree(char *line)
```

它接受一個字串，並傳回對應的樹。

先從規則二來開始實作，因為規則一涉及到一些把字元轉換成整數的複雜工程。

規則二，即遞迴規則，需要去呼叫 read_tree 兩次：一次是讀取左子樹、另一次是讀取右子樹。來看看我們能寫出多少：

```
node *tree;
tree = malloc(sizeof(node));
if (line[0] == '(') {
❶ tree->left = read_tree(&line[1]);
❷ tree->right = read_tree(???);
   return tree;
}
```

我們先為樹的根節點配置好記憶體，然後執行一次遞迴呼叫來讀取左子樹 ❶。傳入 line 的索引 1 之指標，遞迴呼叫接收到的字串就不會包含位於索引 0 的左括號。可是，我們在下一行遇到麻煩了 ❷。要從哪裡開始讀取右子樹？這等於是在問，左子樹裡面有幾個字元？我們哪知道啊！固然可以另外寫一個函數來推算出左子樹的終點在哪裡，例如，可以計算左右括號的數目直到它們相等為止；只不過這麼做感覺上很浪費：既然 read_tree 已經成功地

把左子樹讀取完了，這個遞迴呼叫肯定知道子樹的終點在哪裡吧？只要有辦法把那則資訊傳回來給原本的 read_tree 呼叫，就可以用它來判斷第二次遞迴呼叫要傳入字串的哪個位置了。

在遞迴函數中增加一個參數，對於這類問題來說是一種強大的通用做法。每當遞迴呼叫有一些資訊沒有透過傳回值傳達，或是需要沒有被傳入的資訊，就該考慮增加一個參數。如果該參數是一個指標，它可以同時用於傳入額外的資訊至遞迴呼叫、以及接收資訊。

針對不同用途，我們希望能夠告訴遞迴呼叫字串從哪裡開始，同時也希望遞迴呼叫能夠在結束執行時告訴我們應該從字串的哪裡繼續處理下去。為了做到這一點，需要增加一個整數指標參數 pos；不過，我們不想把這個參數加進 read_tree，因為 read_tree 的呼叫者與這個額外參數無關。呼叫者只是要傳入一個字串，對於實作內部所使用的 pos 參數並不在意。

我們會讓 read_tree 維持原樣，只有 line 參數。而 read_tree 會呼叫 read_tree_helper，因為 read_tree_helper 函數才具有 pos 參數並且促成遞迴。

清單 2-14 給出 read_tree 的程式碼。它傳入一個指向 0 的指標給 read_tree_helper，因為索引 0（字串的開頭）就是我們想要開始處理的位置。

```
node *read_tree(char *line) {
  int pos = 0;
  return read_tree_helper(line, &pos);
}
```

清單 2-14：用一個指向 int 的指標呼叫輔助函數

現在我們準備好再次嘗試實作規則二了：

```
node *tree;
tree = malloc(sizeof(node));
if (line[*pos] == '(') {
❶ (*pos)++;
   tree->left = read_tree_helper(line, pos);
❷ (*pos)++;
   tree->right = read_tree_helper(line, pos);
❸ (*pos)++;
   return tree;
}
```

在呼叫這個函數的時候，pos 會指向樹的第一個字元，所以一開始讓 pos 前進一個字元來跳過左括號 ❶，pos 就完美定位在左子樹的開頭處了。接著執行遞迴呼叫來讀取左子樹，該遞迴呼叫將會更新 pos 到左子樹之後的字元索引。而由於左子樹之後有一個空格，因此跳過那個空格 ❷。現在，定位在右子樹的開頭處了，用遞迴方式抓出右子樹，並且跳過右括號 ❸，這個右括號與一開始跳過的左括號是成對的 ❶。跳過右括號很重要，因為這個函數要負責處理整個子樹，包括它的右括號在內；如果漏掉了這個最後跳過，那麼呼叫此函數的對象就會從右括號開始接手、而非預期中的空格。在跳過右括號之後，最後一件工作就是把樹傳回。

讀取房屋節點

搞定了規則二之後，接下來解決規則一。在我們有所進展之前，必須把部分的字串轉換成整數。先另外寫一個小程式，以確定能夠做到這一點。它會接受代表一個房屋節點的假定字串，然後印出其糖果數值。如果稍不謹慎，很可能會得到莫名其妙的結果，很意外吧？先聲明：我們在清單 2-15 當中就犯了粗心大意的錯。

```
#define SIZE 255

int main(void) { // 有錯誤！
  char line[SIZE + 1];
  int candy;
  gets(line);
  candy = line[0];
  printf("%d\n", candy);
  return 0;
}
```

清單 2-15：讀取糖果數值（有錯誤！）

執行這個程式並且鍵入數字 4 看看。

你應該會看到輸出了 52。再執行一次並且鍵入數字 9，你會看到 57。再用 0 去執行一次，會看到 48。最後，把 0 到 9 的數字都輸入一次，應該會看到每次的輸出都偏移了 0 所產生的輸出；如果 0 輸出 48，那麼 1 就會輸出 49，2 會輸出 50，3 會輸出 51，以此類推。

我們在這裡所看到的，其實是每一個數字的字元代碼。關鍵點在於整數的代碼是連續的，因此可以藉由減去零的字元代碼來把整數放在正確範圍內；做了這個修正之後，就會得到清單 2-16 的程式碼。試試看！

```c
#define SIZE 255

int main(void) {
  char line[SIZE + 1];
  int candy;
  gets(line);
  candy = line[0] - '0';
  printf("%d\n", candy);
  return 0;
}
```

清單 2-16：讀取糖果數值

這個小程式可以用在個位數的整數上，不過「萬聖節糖果收集」的規格要求我們要能處理兩位數的糖果整數。假設先讀取數字 2，然後讀取數字 8，而我們想把這兩個數字結合起來以得到整數 28，只需要把第一個數字乘以 10（得到 20）然後再加上八（得到總和 28）。清單 2-17 是另一個小的測試程式，用來檢查是不是做對了這個部分。這裡先假設有一個二位數的字串。

```c
#define SIZE 255

int main(void) {
  char line[SIZE + 1];
  int digit1, digit2, candy;
  gets(line);
  digit1 = line[0] - '0';
  digit2 = line[1] - '0';
  candy = 10 * digit1 + digit2;
  printf("%d\n", candy);
  return 0;
}
```

清單 2-16：讀取二位數的糖果數值

以上就是規則一所需要的全部內容了，於是我們可以寫出：

```c
-- 省略 --
  tree->left = NULL;
  tree->right = NULL;
❶ tree->candy = line[*pos] - '0';
```

```
❷ (*pos)++;
  if (line[*pos] != ')' && line[*pos] != ' ' &&
      line[*pos] != '\0') {
  ❸ tree->candy = tree->candy * 10 + line[*pos] - '0';
  ❹ (*pos)++;
  }
  return tree;
```

首先，把左右子樹設為 NULL，畢竟我們是要建立一個房屋節點。然後取出一個字元並且把它轉換成一個數字 ❶，然後跳過該數字 ❷。假如這個糖果數值只有一位數，就是已經正確儲存了其數值；如果是二位數，那就需要把它的第一個數字乘以 10 再加上第二個數字。如果此刻沒有看到右括號、空格或字串尾端的空字元結尾，那麼它肯定是第二個數字。當第二個數字出現時，把它整合至我們的糖果數值 ❸ 並且跳過該數字 ❹。

清單 2-18 把我們的規則二和規則一的程式碼整理在一起。

```
node *read_tree_helper(char *line, int *pos) {
  node *tree;
  tree - malloc(sizeof(node));
  if (tree == NULL) {
    fprintf(stderr, "malloc error\n");
    exit(1);
  }
  if (line[*pos] == '(') {
    (*pos)++;
    tree->left = read_tree_helper(line, pos);
    (*pos)++;
    tree->right = read_tree_helper(line, pos);
    (*pos)++;
    return tree;
  } else {
    tree->left = NULL;
    tree->right = NULL;
    tree->candy = line[*pos] - '0';
    (*pos)++;
    if (line[*pos] != ')' && line[*pos] != ' ' &&
        line[*pos] != '\0') {
      tree->candy = tree->candy * 10 + line[*pos] - '0';
      (*pos)++;
    }
    return tree;
  }
}
```

清單 2-18：把字串轉換成樹

剩下來的工作就是建構一個簡潔的 main 函數來讀取並解決每一個測試案例！用清單 2-19 即可。

```
#define SIZE 255
#define TEST_CASES 5

int main(void) {
  int i;
  char line[SIZE + 1];
  node *tree;
  for (i = 0; i < TEST_CASES; i++) {
    gets(line);
    tree = read_tree(line);
    tree_solve(tree);
  }
  return 0;
}
```

清單 2-19：main 函數

為什麼要使用遞迴？

我們不一定總是可以輕易就知道「遞迴是否能提供一個乾淨解答」，但其中一個徵兆是：每當問題可以透過「結合較小的子問題解答」來解決，那你就該試試遞迴。本章所有的遞迴程式中，都是恰好透過解決了兩個子問題來解決更大的問題。具有兩個子問題的這類問題是很常見的，但一個問題也有可能會需要解決三個、四個或更多的子問題。

然而，你要怎麼在一開始就知道，將問題分解成子問題能幫助你解決原本的問題，又要怎麼知道那些子問題為何呢？我們會在第三章回顧這些問題，屆時會以在這裡學到的東西為基礎去研究記憶法與動態規劃。在這期間思考一下，如果有人把子問題的解答告訴你，你是否就能輕易解決問題。回想一下樹中糖果總數的計算，這個問題本身並不容易，但要是有人告訴你左子樹的糖果總數跟右子樹的糖果總數了呢？那麼這問題就簡單了。如果知道一個問題的子問題解答後問題就會變簡單，等於在強烈暗示要使用遞迴。

繼續來看另外一道遞迴幫得上忙的題目。在你閱讀題目的描述時，試著辨認出遞迴會在哪裡派得上用場，以及為什麼會派上用場。

題目二：子孫的距離 *Descendant Distance*

現在我們將從二元樹進一步通往更一般的樹，其中的節點有更多的子節點。

這是 DMOJ 題號 ecna05b。

問題

在這道題目中，有一個家族樹以及一個特定距離 d。每一個節點的「分數」是指與它距離 d 之下具有的子孫數目。我們的任務是要輸出具有最高分數的那些節點；待會我在「輸出」一節中會精確說明有幾個節點。

要理解我所謂的「特定距離的子孫」，請參見圖 2-6 中的家族樹。

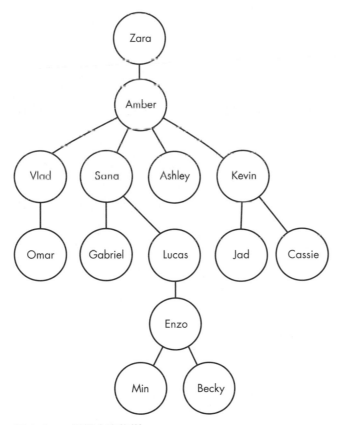

圖 2-6：一個樣本家族樹。

來思考一下 Amber 的節點；Amber 有四個小孩，所以她有四個距離一的子孫。Amber 還有五個孫子，即五個位於與她距離二的子孫。把這個概念進一步推廣，我們可以說，對於任何節點，距離 d 的子孫數目就是從該節點往下走恰好 d 條邊到達的節點數量。

輸入

輸入的第一行會給出測試案例的數目，而每個測試案例均由下面幾行組成：

- 包含了兩個整數 n 和 d 的一行：整數 n 告訴我們這個測試案例還有幾行資料，而 d 則指定關注的子孫距離。

- n 行資料用來建立樹。每一行都包含了：一個節點的名字、一個整數 m、以及這個節點的 m 個子節點名字；而每個名字長度最多為十個字元。這些資料可能會以任何順序出現——並沒有要求父節點一定會列在子節點之前。

任何測試案例最多有 1,000 個節點。

底下是產生圖 2-6 樣本樹的可能輸入，求解在距離 2 有最多子孫的節點：

```
1
7 2
Lucas 1 Enzo
Zara 1 Amber
Sana 2 Gabriel Lucas
Enzo 2 Min Becky
Kevin 2 Jad Cassie
Amber 4 Vlad Sana Ashley Kevin
Vlad 1 Omar
```

輸出

每個測試案例的輸出都包含兩個部分。

首先，會輸出這一行：

```
Tree i:
```

其中，第一個測試案例的 i 就是 1，第二個測試案例是 2，依此類推。

再來，輸出分數高的那些名字（其中，一個節點的分數為與它距離 d 之子孫數目），由高到低排序。當有兩個以上名字的距離 d 子孫數目一樣，將它們依照字母順序輸出。

下列規則將決定輸出多少個名字：

- 如果只有三個（含）以下的名字擁有距離 d 的子孫，就將它們全部輸出。

- 如果有三個以上的名字擁有距離 d 子孫，先輸出分數最高的前三名，將它們依序設為 n_1、n_2 和 n_3，然後再輸出分數跟 n_3 一樣的其他名字。例如，距離 d 的子孫數目分別為 8, 8, 5, 5, 5, 2, 2，我們會輸出五個名字：也就是距離 d 子孫數目為 8, 8, 5, 5, 5 的那幾個。

對於每個需要輸出的名字，輸出一行包含有名字、然後是一個空格、然後是與它距離 d 的子孫數目。

每一項測試案例的輸出之間要以一個空行分隔開來。

上面樣本輸入的輸出如下：

```
Tree 1:
Amber 5
Zara 4
Lucas 2
```

解決所有測試案例的時間限制為一秒鐘。

讀取輸入

這個問題和「萬聖節糖果收集」的一個有趣差異在於，不再是處理二元樹了；在這裡，一個節點可以有任意個子節點。我們必須改變節點結構，因為 left 和 right 指標已經不再適用。取而代之，我們將使用一個子節點的 children 陣列以及一個整數 num_children 來記錄儲存在陣列中的子節點數目。同時還會有一個 name 成員來儲存節點的名字（Zara、Amber 等等），以及計算子孫數目時會用到的 score 成員。清單 2-20 給出了此種節點結構。

```
typedef struct node {
  char *name;
  int num_children;
  struct node **children;
  int score;
} node;
```

清單 2-20：節點結構

　　在「萬聖節糖果收集」中，樹是當成遞迴定義的表達式來儲存的，從而利用遞迴讀取左右子樹。但在這裡並非如此：節點是以任意順序出現的。例如，我們可能會看到輸入像是這樣

```
Zara 1 Amber
Amber 4 Vlad Sana Ashley Kevin
```

在知道 Amber 的子節點之前，就先得知關於 Zara 的子節點（包括 Amber）了。不過，我們同樣也可能會看到

```
Amber 4 Vlad Sana Ashley Kevin
Zara 1 Amber
```

先得知 Amber 的子節點再看到 Zara 的！

　　我們知道當讀取完成時，從檔案中讀取到那些節點以及它們的父子關係會形成一個樹；然而，這不保證我們在處理輸入的過程中都只會有一個樹。例如，可能會讀入下列這兩行

```
Lucas 1 Enzo
Zara 1 Amber
```

　　這告訴我們 Enzo 是 Lucas 的子節點，Amber 是 Zara 的子節點，到目前為止只知道這麼多。這裡有兩個不相連的樹，必須等到讀入更多資料才能連接這些子樹。

　　根據這些理由，當我們讀取資料時，想維持單一而相連的樹是行不通的，反而應該維持一個節點指標的陣列。每當看到一個之前沒看過的名字出現，就建立一個新的節點、並且加入一個指向該節點的指標到陣列當中。因此，一個可以搜尋陣列的輔助函數將會很有用，它可以判別一個名字有沒有出現過。

尋找一個節點

清單 2-21 實作了 find_node 函數。其中 nodes 參數是一個節點指標的陣列，num_nodes 提供了陣列中的指標數目，而 name 則是我們要搜尋的名字。

```
node *find_node(node *nodes[], int num_nodes, char *name) {
  int i;
  for (i = 0; i < num_nodes; i++)
    if (strcmp(nodes[i]->name, name) == 0)
      return nodes[i];
  return NULL;
}
```

清單 2-21：尋找一個節點

　　一個陣列的**線性搜尋（linear search）**是將每個元素逐一進行搜尋的方式。在我們的函數當中，使用線性搜尋來逐一搜尋 nodes，然後…等一下！不是在搜尋陣列嗎？這根本就是量身打造的雜湊表領域嘛（參見第一章）。我鼓勵你試著自己改用雜湊表比較一下前後效能。不過，為了讓事情簡單化，況且最多只有 1,000 個節點，繼續用這個（慢速的）線性搜尋就好。

　　我們將陣列中的每個名字與想要的名字進行字串比較。如果 strcmp 傳回 0，表示字串是相等的，因此傳回對應節點的指標；如果來到陣列尾端還是沒找到該名字，就傳回 NULL 以表示未找到名字。

建立一個節點

當一個名字在陣列中找不到的時候，就要建立一個該名字的節點，這需要呼叫 malloc，後面會看到 malloc 在程式其他地方也會使用到。基於這個理由，我寫了一個輔助函數 malloc_safe，需要的時候可以隨時使用它。請看清單 2-22：它只是一個普通的 malloc 再加上錯誤檢查。

```
void *malloc_safe(int size) {
  char *mem = malloc(size);
  if (mem == NULL) {
    fprintf(stderr, "malloc error\n");
    exit(1);
  }
  return mem;
}
```

清單 2-22：malloc_safe 函數

清單 2-23 中的 new_node 輔助函數利用 malloc_safe 來建立一個新節點。

```c
node *new_node(char *name) {
  node *n = malloc_safe(sizeof(node));
  n->name = name;
  n->num_children = 0;
  return n;
}
```

清單 2-23：建立一個節點

我們配置新節點的記憶體，並設定節點的 name 成員，接著設定節點的子節點數為 0。這裡使用零的原因是，我們可能不知道節點究竟有多少子節點。舉例，假設讀取到樹之第一行是

```
Lucas 1 Enzo
```

由上可知 Lucas 有一個子節點，但不知道 Enzo 有幾個子節點。new_node 的呼叫者在取得了該資訊之後，可以將這個子節點數設為新的數值。對 Lucas 來說，可以馬上設置（因為訊息是已知的），但對於 Enzo 則是不能（因為訊息未知）馬上設置。

建立一個家族樹

現在我們準備好要讀取並建立樹，清單 2-24 中給出了這個函數。此處 nodes 是一個節點指標的陣列，其記憶體空間由呼叫者進行配置；而 num_lines 則指出要讀取的行數。

```c
#define MAX_NAME 10

int read_tree(node *nodes[], int num_lines) {
  node *parent_node, *child_node;
  char *parent_name, *child_name;
  int i, j, num_children;
  int num_nodes = 0;
❶ for (i = 0; i < num_lines; i++) {
    parent_name = malloc_safe(MAX_NAME + 1);
    scanf("%s", parent_name);
    scanf("%d", &num_children);
❷ parent_node = find_node(nodes, num_nodes, parent_name);
    if (parent_node == NULL) {
```

```
      parent_node = new_node(parent_name);
      nodes[num_nodes] = parent_node;
      num_nodes++;
    }
    else
  ❸ free(parent_name);

❹ parent_node->children = malloc_safe(sizeof(node) * num_children);
❺ parent_node->num_children = num_children;
    for (j = 0; j < num_children; j++) {
      child_name = malloc_safe(MAX_NAME + 1);
      scanf("%s", child_name);
      child_node = find_node(nodes, num_nodes, child_name);
      if (child_node == NULL) {
        child_node = new_node(child_name);
        nodes[num_nodes] = child_node;
        num_nodes++;
      }
      else
        free(child_name);
  ❻ parent_node->children[j] = child_node;
    }
  ]
  return num_nodes;
}
```

清單 2-24：把資料列轉換成樹

　　外層的 for 迴圈 ❶ 對每個 num_lines 行輸入執行一次迭代。每一行都有一個父節點的名稱以及一個（或一個以上）了節點名稱；先處理父節點。我們配置記憶體，讀取父節點的名稱及其子節點數目。接著，使用 find_node 輔助函數來判斷之前是否看過這個節點 ❷。如果還沒有，就用 new_node 輔助函數建立一個新節點，將新節點的指標存到 nodes 陣列中，並將節點的數目加一。如果該節點已經存在 nodes 陣列之中，就釋放掉 parent_name 的記憶體，因為不會再使用到 ❸。

　　接下來，為這個父節點的子節點指標配置記憶體 ❹，並儲存子節點的數目 ❺。然後，開始處理子節點；每一個子節點的處理方式都跟父節點類似。一旦子節點存在並且成員都設定好了，就把該子節點的指標存到父節點的 children 陣列中 ❻。注意，子節點的程式碼並不像父節點那樣會配置任何記憶體或設置其數目。如果之前看過這個子節點名稱，那麼它的子節點在第一次看到這個名稱時就已經設定完成；但如果是第一次看到這個名稱，等到取得

子節點的資訊後再去做設定；若是這個子節點為葉節點，它的子節點數目會維持初始值 0。

最後，傳回樹的節點數，在處理每一個節點的時候會用到它。

一個節點的子孫數目

我們需要為每一個節點計算與它距離 d 的子孫數目，以求出擁有最多子孫的節點。對於本節來說，比較適當的目標是去計算單一節點距離 d 的子孫數目。來寫出這個函數：

```
int score_one(node *n, int d)
```

其中 n 是我們希望計算距離 d 子孫數目的節點。

如果 d 為 1，我們會想要知道 n 的子節點數。很簡單：我們已經在每個節點中儲存了 num_children，所以只要把它傳回即可：

```
if (d == 1)
  return n->num_children;
```

如果 d 大於 1 的話又如何？或許你可以先試著用這種比較熟悉的二元樹情境來思考看看。底下又再次看到「萬聖節糖果收集」的二元樹（圖 2-2）：

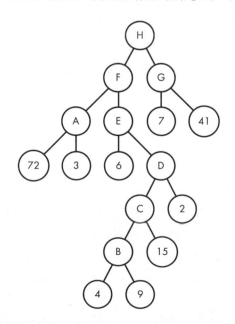

假設有一個二元樹中的一個節點，我們想知道它位於某距離的子孫數目。如果知道它的左子樹在該距離上的子孫數目以及它的右子樹在該距離上的子孫數目，請問這有用嗎？

並沒有。舉例來說，假設我們想知道與 H 距離 2 的子孫數目，而跑去計算與 F 距離 2 的子孫數目以及與 G 距離 2 的子孫數目；但這一點幫助也沒有，因為那些節點跟 H 的距離是 3 ！我們並不在乎距離 3 有幾個節點啊。

該如何修正才對？應該是去計算與 F 距離 1 的子孫以及與 G 距離 1 的子孫！這些節點才是與 H 的距離為 2。

因此，對於任意的 d，要計算與一個節點距離 d 的子孫數目，就得計算與左子樹距離 d - 1 的子孫數目以及與右子樹距離 d - 1 的子孫數目。

在家族樹的脈絡中，一個節點可以擁有兩個以上的子節點，所以將此概念稍加推廣：距離 d 的子孫數目，即為每一個子樹距離 d - 1 的子孫數目總和。

底下又出現一些規則了。對於節點 n：

規則一　如果 d 等於一，那麼距離 d 的子孫數目等於 n 的子節點數。

規則二　如果 d 大於一，那麼距離 d 的子孫數目等於 n 的各子樹距離 d - 1 的子孫數目總和。

對應的程式碼如清單 2-25 所示。

```
int score_one(node *n, int d) {
  int total, i;
  if (d == 1)
    return n->num_children;
  total = 0;
  for (i = 0; i < n->num_children; i++)
    total = total + score_one(n->children[i], d - 1);
  return total;
}
```

清單 2-25：單一節點的子孫數目

全部節點的子孫數目

要計算全部節點距離 d 的子孫數目，只需把 score_one 放到一個迴圈中（清單 2-26）。

```c
void score_all(node **nodes, int num_nodes, int d) {
  int i;
  for (i = 0; i < num_nodes; i++)
    nodes[i]->score = score_one(nodes[i], d);
}
```

清單 2-26：所有節點的子孫數目

這裡就是使用到 node 結構中 score 成員的地方：在這個函數執行完之後，score 會取得每個節點指定距離之子孫數目。現在只要推算出哪些節點擁有最高分數就行了！

節點排序

在第一章，那個註定失敗的雪花排序嘗試（見「診斷問題」一節），曾經讓我們用到 C 語言中的 qsort 函數；可以在這裡應用 qsort 來排序節點。題目要求將距離 d 的子孫數目由高到低排序，如果節點距離 d 的子孫數目相等，就照字母順序排列。

要使用 qsort，我們必須寫下一個比較函數——它接受兩個指向元素的指標，並且當第一個元素小於第二個時傳回一個負整數、當兩者相等時傳回 0、而當第一個整數大於第二個整數時傳回一個正整數。我們的比較函數在清單 2-27 中給出。

```c
int compare(const void *v1, const void *v2) {
  const node *n1 = *(const node **)v1;
  const node *n2 = *(const node **)v2;
  if (n1->score > n2->score)
    return -1;
  if (n1->score < n2->score)
    return 1;
  return strcmp(n1->name, n2->name);
}
```

清單 2-27：排序用的比較函數

任何像這樣的 qsort 比較函數，都具有相同的簽章：它接受兩個 void 的指標。這兩個指標都是 const，用以表示不應該對於它們指向的元素做任何改變。

無型別指標必須先做轉換（cast），才能對它們進行比較或是存取其中底層的元素。請記得，qsort 呼叫 compare 時用的是指向陣列中兩個元素的指標，不過由於我們的陣列是一個指標陣列，被傳入 compare 的其實是兩個指向「指向元素的指標」的指標。因此，首先要把無型別指標轉換成 const node** 型別，然後再用 * 運算子來取得型別為 const node* 的 n1 值和 n2 值。現在，可以用 n1 和 n2 來作為節點的指標了。

先比較各節點中儲存的分數，這些分數將以計算距離 d 的子孫數目先儲存起來。如果 n1 的子孫分數比 n2 多，就傳回 -1 以表示 n1 應排在 n2 之前。類似的做法，如果 n1 距離 d 的子孫數目比 n2 少，就傳回 1 來表示 n1 應該排在 n2 之後。

如此一來，要執行到最後一行的唯一辦法，就是 n1 和 n2 有相同數目的距離 d 子孫數，而我們就是要在這裡透過排序節點的名稱來打破平分的僵局。利用 strcmp 來完成這件工作，當第一個字串在字母順序上小於、等於或大於第二個字串時，它會分別傳回負一、零和正一。

輸出資訊

對節點進行過排序之後，要輸出的那些名字就會在 nodes 陣列的開頭。清單 2-28 展示了產生此輸出的函數。

```
void output_info(node *nodes[], int num_nodes) {
  int i = 0;
❶ while (i < 3 && i < num_nodes && nodes[i]->score > 0) {
    printf("%s %d\n", nodes[i]->name, nodes[i]->score);
    i++;
  ❷ while (i < num_nodes &&
           nodes[i]->score == nodes[i - 1]->score) {
      printf("%s %d\n", nodes[i]->name, nodes[i]->score);
      i++;
    }
  }
}
```

清單 2-28：輸出節點

變數 i 會計算已經輸出的節點數。外層的 while 迴圈 ❶ 是由三個條件所控制，這三個條件共同決定了我們是否能夠再輸出更多節點。如果這三個條件都為真，就是需要再輸出更多，因此進入該 while 迴圈的內部。接著印出關於當前節點的資訊，並且將 i 增加，以便查看下一個節點。再來，只要這個新節點跟前一個節點平分，就繼續輸出節點，不用理會「最多三個節點」的規則。內層 while 迴圈 ❷ 的條件表現了這個邏輯：如果還有更多節點、且當前節點之分數與前一個節點相等，就進入內層 while 迴圈並印出相關節點的資訊。

main 函數

剩下的工作就只是把這些函數組合起來，並加入處理測試案例的邏輯。清單 2-29 中展示了這個過程。

```
#define MAX_NODES 1000

int main(void) {
  int num_cases, case_num;
  int n, d, num_nodes;
❶ node **nodes = malloc_safe(sizeof(node) * MAX_NODES);
  scanf("%d", &num_cases);
  for (case_num = 1; case_num <= num_cases; case_num++) {
❷   printf("Tree %d:\n", case_num);
    scanf("%d %d", &n, &d);
    num_nodes = read_tree(nodes, n);
    score_all(nodes, num_nodes, d);
    qsort(nodes, num_nodes, sizeof(node*), compare);
    output_info(nodes, num_nodes);
❸   if (case_num < num_cases)
      printf("\n");
  }
  return 0;
}
```

清單 2-29：main 函數

首先配置記憶體，以便容納一個測試案例最大節點數所需之指標 ❶，然後讀取測試案例的數目，並且對每個測試案例進行迭代。記住，每個案例需要兩項輸出：關於測試案例編號的資訊，以及關於相關節點的資訊。第一項只要呼叫一次 printf 即可 ❷；至於第二項，要依靠稍早的那些函數：讀取樹的輸入、解決每個節點的問題、將節點進行排序，然後輸出需要的資訊。

在程式碼的底下有一項檢查，它會告訴我們是否已經來到最後一個測試案例 ❸，如此便能在測試案例之間輸出一個空白列。

總結

遞迴解答可說是優秀、簡單、乾淨、容易設計、容易理解、又容易證明其正確性⋯

好啦，至少在你讀過夠多關於遞迴的材料、並且跟夠多的遞迴熱愛者聊過的話，你是會這樣想的。專家們會怎麼想是很明顯的，但至於我的學生們嘛，我倒是觀察到一件事，遞迴在「被教授的方式」與「被學到的方式」之間存在著斷層，要能欣賞專家的觀點是需要時間跟練習的。如果你覺得遞迴的解答很難設計、也很難信賴，別擔心，繼續加油！許多老師和作者介紹遞迴時，也都有他們各自的途徑和範例。相對於本書中任何其他主題，我格外鼓勵你多看看關於遞迴的額外資料，以補充我在此所提供的。

在下一章中，我們將繼續使用遞迴，對一個不同類別的問題來進行最佳化。

筆記

「萬聖節糖果收集」原出自 2012 DWITE 程式設計競賽第一回合；「子孫的距離」原出自 2005 ACM 北美中東部區域程式設計比賽。

若想看一整本討論遞迴的書，可參考 Eric Roberts 所著的《Thinking Recursively with Java》（Wiley 出版，2005）。

3

記憶法與動態規劃

在本章中，我們將研究四道看起來可以用遞迴解決的題目。你將看到的，雖然理論上是可以使用遞迴，但實務上將導致工作量爆炸、進而使得問題無法被解決。不過不用擔心：你將會學到兩個強大而相關的技巧——即記憶法（memoization）和動態規劃（dynamic programming），它們將引導出驚人的效能增進，把耗費數小時甚至數日的執行時間縮減至數秒之內。這些技巧並非僅限用於我為本章所選的四道題目，一旦你學會了這些技巧，將能夠解決數以百計的程式設計問題。如果你只打算讀本書中的一章，那就讀這章吧。

題目一：漢堡狂熱 *Burger Fervor*

這是 UVa 題號 10465。

問題

有一個名叫荷馬辛普森（Homer Simpson）的男子很喜歡大吃大喝，他有 t 分鐘可以吃漢堡並喝啤酒。漢堡有兩種類型，一種必須花上 m 分鐘，另外一種要花 n 分鐘。

荷馬喜歡漢堡勝過啤酒，所以他會想要把 t 分鐘全部用在吃漢堡上。然而，這樣做未必永遠可行；舉例，如果 $m = 4$、$n = 9$、而 $t = 15$，那麼並不存在一種 4 分鐘和 9 分鐘的漢堡組合可以剛好讓他吃上 15 分鐘。在這種情況下，他會盡可能花最多的時間去吃漢堡，然後用喝啤酒來填補剩下的時間。我們的任務是要判斷荷馬能吃的漢堡數量。

輸入

我們會一直讀取測試案例直到沒有更多輸入為止。每一個測試案例由三個整數組成的一行輸入來表示：m 表示吃第一種漢堡要花的分鐘數，n 表示吃第二種漢堡會花上的分鐘數，t 表示荷馬花在吃漢堡和喝啤酒的總分鐘數。整數 m, n, t 的值都小於 10,000。

輸出

對每一個測試案例：

- 如果荷馬花了剛好 t 分鐘吃漢堡，輸出他所能吃的漢堡之最大數目。
- 否則，在最大化荷馬吃漢堡時間的前提下，輸出荷馬所能吃的最大漢堡數、一個空格、然後是剩餘的分鐘數（這段時間他會用來喝啤酒）。

解決全部測試案例的時間限制為三秒鐘。

產生一個計畫

讓我們先來思考幾個不同的測試案例。第一個：

4 9 22

在這個例子，吃第一種漢堡要花 4 分鐘（$m = 4$），第二種漢堡要花 9 分鐘（$n = 9$），而荷馬總共有 22 分鐘可以用（$t = 22$）；這是一個荷馬可以把全部的時間用吃漢堡來填滿的例子。他能吃的最大漢堡數量為三，所以這個測試案例的正確輸出就是 3。

荷馬應該吃掉的三個漢堡分別是一個四分鐘漢堡和兩個九分鐘漢堡，總共讓他花了 $1 \times 4 + 2 \times 9 = 22$ 分鐘，恰好符合題目要求。不過要注意，題目**並沒有**要求我們指出他所吃下的不同種類漢堡數；只要求輸出漢堡總數。底下當我提供各種漢堡的數目時，只是為了給出證據，以顯示所提議的輸出真的可行。

下面是另一個測試案例：

4 9 54

這裡的正確輸出是 11，由九個四分鐘漢堡和兩個九分鐘漢堡得到。和前面的 4 9 22 測試案例不同，荷馬在此有多種方法可以剛好花 54 分鐘來吃漢堡。例如，他也可以吃六個九分鐘漢堡——同樣填滿了 54 分鐘——不過請記得，如果可以完整填滿 t 分鐘，那我們想輸出的是漢堡的**最大**數目。

如同題目描述中提到的，荷馬未必總是能夠用吃漢堡來完全填滿 t 分鐘。我們來研究一下前面給的例子，作為下一個測試案例：

4 9 15

荷馬在這裡應該要吃多少個漢堡？他最多可以吃三個漢堡，方法是吃三個四分鐘漢堡。如果他這麼做，總共會花 12 分鐘，必須將剩下的 15 - 12 = 3 分鐘拿來喝啤酒。所以，他吃了三個漢堡，並且有三分鐘時間喝啤酒——我們這樣有解決題目嗎？

沒有喔！仔細再看一遍題目描述，並且放大這部分：「在最大化荷馬吃漢堡時間的前提下，輸出他所能吃的漢堡最大數目」。也就是說，當荷馬無法以吃漢堡填滿全部的時間時，他想要先最大化他吃漢堡的**時間**、然後再最大化他在該時間中能吃的漢堡數目。因此，對於測試案例 4 9 15 的正確輸出應該是 2 2 才對：第一個 2 代表他吃了兩個漢堡（一個四分鐘漢堡和一個九分鐘漢堡，總共 13 分鐘），而第二個 2 則是他必須花 2 分鐘（15 - 13）來喝啤酒。

在 4 9 22 和 4 9 54 的測試案例中，分別要求我們解決 22 分鐘和 54 分鐘的問題，而我們發現在這兩個情況中，確實都有辦法可以把全部時間用來吃漢堡，因而可以直接宣稱這是答案並將它輸出。然而，在 4 9 15 的案例中，我們卻發現沒辦法用吃漢堡填滿 15 分鐘，該怎麼辦？

一種想法是，我們接著可以試著用四分鐘和九分鐘漢堡來剛好填滿 14 分鐘。如果我們成功了，就可以得到答案：回報荷馬在 14 分鐘恰好能吃的最大漢堡數目，後面跟著 1，即荷馬花在啤酒上的時間，這樣會最大化荷馬用來吃漢堡的時間。我們已知，用剛剛好 15 分鐘來吃漢堡是不可能的，所以 14 分鐘就會是接下來的最佳選項。

來看看 14 分鐘行不行。有辦法用四分鐘漢堡和九分鐘漢堡剛好填滿 14 分鐘嗎？不行！跟 15 分鐘的情況一樣，沒辦法。

我們倒是可以用吃兩個漢堡來填滿 13 分鐘：一個四分鐘漢堡和一個九分鐘漢堡；剩下的兩分鐘讓荷馬拿來喝啤酒。這就證實了 2 2 是正確的輸出。

總結起來，我們的計畫就是，判斷荷馬是否可以剛好用 t 分鐘來吃漢堡。如果可以，任務就完成了：回報他可以吃的最大漢堡數目。如果不行，就判斷荷馬是否可以恰好用 $t - 1$ 分鐘吃漢堡。如果可以，任務完成，回報他能吃的最大漢堡數目以及花一分鐘喝啤酒；若是不行，繼續嘗試 $t - 2$ 分鐘、然後是 $t - 3$ 分鐘，以此類推，直到可以完全用吃漢堡來填滿時間為止。

刻劃最佳解

考慮 4 9 22 這個測試案例。不管提議作為解答的漢堡啤酒組合為何，最好要剛好用掉 22 分鐘，而且實際上可以用四分鐘漢堡和九分鐘漢堡達成。像這樣遵守問題規則的解答，我們稱之為**可行的**（feasible）解答。而沒有遵守規則

的嘗試性解答則稱為**不可行的**（infeasible）解答；例如，要荷馬花 4 分鐘吃漢堡、18 分鐘喝啤酒是可行的，但要荷馬花 8 分鐘吃漢堡、18 分鐘喝啤酒則是不可行的，因為 8 + 18 並非 22。要荷馬花 5 分鐘吃漢堡、17 分鐘喝啤酒也是不可行的，因為沒辦法用四分鐘和九分鐘的漢堡來組合出 5 分鐘。

「漢堡狂熱」是一個**最佳化問題**（optimization problem）；一個最佳化問題是關於在所有可行解當中選出一個**最佳**（optimal，即最好的）解答。一道問題可能會有很多品質不一的可行解，有些非常糟糕，例如喝 22 分鐘的啤酒，有些則會是最佳的解答，還有一些是接近但不完全是最佳解——它們可能相差了一兩分鐘或一兩個漢堡。我們的目標就是快刀斬亂麻、辨認出一個最佳解。

假設我們正在解決的一個情況是，第一種漢堡要花上 m 分鐘來吃、第二種漢堡要花上 n 分鐘來吃，且必須剛好花 t 分鐘。

如果 $t - 0$，那麼正確輸出就是 0，因為填補零分鐘要吃零個漢堡。所以我們接下來會把重點放在 t 大於零的時候要怎麼做。

我們來想一下 t 分鐘的最佳解必須是什麼樣子吧。當然，不可能知道一些特定細節，像是「荷馬先吃一個四分鐘漢堡、然後吃一個九分鐘漢堡、再吃一個九分鐘漢堡…」。現在根本都還沒做任何事來解題，所以想得到這種程度的細節是在做白日夢。

然而，有件事倒是講得出來、而且不是白日夢。起先它看起來非常空洞，所以就算你搞不懂我幹嘛特地說出來我也不會怪你，但同時又如此強大，其核心中藏著適用於無數最佳化問題的解題策略。

那我要講囉。假設荷馬可以用吃漢堡恰好填滿 t 分鐘，那麼他所吃的最後一個漢堡、也就是剛好在第 t 分鐘吃完的那個漢堡，一定是 m 分鐘漢堡或 n 分鐘漢堡。

最後一個漢堡怎麼可能會是別的東西？荷馬能吃的就只有 m 分鐘和 n 分鐘漢堡，所以最後一個漢堡就只有兩種選擇，因此最佳解尾端也一定只有這兩種選擇。

如果我們知道荷馬在一個最佳解中吃的最後一個漢堡是 m 分鐘漢堡，就會知道他還有 $t - m$ 分鐘必須使用，而且必須用漢堡填滿 $t - m$ 分鐘、不能喝啤

酒：記得嗎，我們假定荷馬可以把 *t* 分鐘全部花在吃漢堡上。如果可以最佳使用 *t* - *m* 分鐘，且荷馬吃了最大數量的漢堡，那麼就有了原本 *t* 分鐘問題的一個最佳解了；把在 *t* - *m* 分鐘中可吃掉的漢堡數加上一個 *m* 分鐘漢堡，來填滿剩下的 *m* 分鐘。

再來，如果知道荷馬在一個最佳解中吃掉的最後一個漢堡是一個 *n* 分鐘漢堡呢？那麼他就還有 *t* - *n* 分鐘必須使用。再一次，由於 *t* 分鐘必須全部用於吃漢堡，我們知道荷馬必定可以在前 *t* - *n* 分鐘內只吃漢堡；如果能夠最佳運用這 *t* - *n* 分鐘，就可得到原本 *t* 分鐘問題的一個最佳解。把在 *t* - *n* 分鐘中吃掉的漢堡數加上一個 *n* 分鐘漢堡來填滿剩下的 *n* 分鐘。

現在簡直要變成一場鬧劇了。我們剛剛假定知道最後一個漢堡是什麼！但，根本不可能知道這一點。我們只能知道最後一個漢堡要嘛是 *m* 分鐘漢堡、要嘛是 *n* 分鐘漢堡，但肯定不會知道究竟是哪一種。

而最奇妙的事實就在於，並不需要知道。我們可以假設最後一個漢堡是 *m* 分鐘漢堡，並在此前提下最佳化解決問題，接著再用另外一個選項——假定最後一個漢堡是 *n* 分鐘漢堡，並在此前提下最佳化解決問題。在第一個情況中，有一個要求最佳解的 *t* - *m* 分鐘子問題；而在第二個情況中，有一個要求最佳解的 *t* - *n* 分鐘子問題。每當可以把一個問題的解答用子問題的解答來進行描繪時，就可以像第二章那樣試試用遞迴方法。

解答一：遞迴

來嘗試一個遞迴解。首先，寫一個輔助函數剛好解決 *t* 分鐘問題。完成了這部分，就來寫一個函數解決 *t* 分鐘、*t* - 1 分鐘、 *t* - 2 分鐘的問題，以此類推，直到完全用漢堡填滿某種分鐘數為止。

輔助函數：解決指定的分鐘數

每一個問題和子問題的實例都具有三個參數：*m*, *n* 和 *t*。因此，我們會寫一個這樣的函數：

```
int solve_t(int m, int n, int t)
```

如果荷馬可以剛好花 t 分鐘吃漢堡，那就傳回他能吃的漢堡之最大數目。如果無法剛好花 t 分鐘吃漢堡——亦即必須至少花一分鐘喝啤酒——就傳回 -1。傳回 0 以上的數值表示只用漢堡就解決了問題；傳回值 -1 表示問題不能只靠漢堡來解決。

如果我們呼叫 solve_t(4, 9, 22)，預期會得到傳回值為 3：三就是荷馬在恰好 22 分鐘所能吃掉的最大漢堡數目。如果我們呼叫 solve_t(4, 9, 15)，預期會得到傳回值 -1：不存在四分鐘和九分鐘的漢堡組合是剛好 15 分鐘的。

我們已經準備好 *t* = 0 的時候該做什麼事了：在此情況有零分鐘可花，能讓荷馬吃零個漢堡：

```
if (t == 0)
  return 0;
```

這是遞迴的基本情況。為了實作這個函數其餘的部分，我們需要上一節的分析。記得，要解決 *t* 分鐘的問題，需要去思考荷馬吃的最後一個漢堡；也許是 *m* 分鐘漢堡，要檢查這種可能性必須去解決 t - m 分鐘子問題。當然，只有在至少還有 *m* 分鐘可用的情況下，最後一個漢堡才有可能是 *m* 分鐘漢堡。這些邏輯可以寫成如下的程式碼：

```
int first;
if (t >= m)
  first = solve_t(m, n, t - m);
else
  first = -1;
```

我們使用 first 來儲存 t - m 子問題的最佳解，其中 -1 代表「無解」。如果 t >= m，那麼最後一個漢堡就有機會是 *m* 分鐘漢堡，因此，進行一次遞迴呼叫來計算荷馬在恰好 t - m 分鐘能吃的最佳漢堡數目。該遞迴呼叫在有解的情況會傳回一個大於 -1 的數目，無解時則傳回 -1。如果 t < m，不用進行遞迴呼叫：設置 first = -1 來示意 *m* 分鐘漢堡不會是最後一個漢堡，且不能用於一個 t 分鐘的最佳解中。

如果最後一個漢堡是 *n* 分鐘漢堡呢？此種情況的程式碼和 *m* 分鐘漢堡的情況很類似，這回使用 second 變數來取代 first：

```
int second;
if (t >= n)
  second = solve_t(m, n, t - n);
else
  second = -1;
```

讓我們來整理一下目前的進展：

- 變數 first 是 t - m 子問題的解答。如果它是 -1，我們就無法用漢堡填滿 t - m 分鐘；如果是其他的值，就是給出了荷馬恰好 t - m 分鐘所能吃掉的最佳漢堡數。

- 變數 second 是 t - n 子問題的解答。如果它是 -1，我們就無法用漢堡填滿 t - n 分鐘；如果是其他的值，就是給出了荷馬在剛剛好 t - n 分鐘吃掉的最佳漢堡數。

有可能 first 和 second 兩者都是 -1。變數 first 的值為 -1 意味著 m 分鐘漢堡不可能是最後一個漢堡，而 second 的值為 -1 則代表 n 分鐘漢堡不可能是最後一個漢堡。如果最後一個漢堡既不可能是 m 分鐘漢堡、也不可能是 n 分鐘漢堡，那就沒有選項了，因此必須斷定 t 分鐘的問題無解：

```
if (first == -1 && second == -1)
  return -1;
```

不然，如果 first 或 second 其中一個或兩者都大於 -1，代表至少有一個 t 分鐘的解答。在這個情況下，我們會選取 first 或 second 的最大值，以選出子問題中較好的解答。若是把該最大值加一，加入最後那一個漢堡，就會得到原本 t 分鐘問題的最大解了：

```
return max(first, second) + 1;
```

清單 3-1 中給出了完整的函數。

```
int max(int v1, int v2) {
  if (v1 > v2)
    return v1;
  else
    return v2;
}
```

```
int solve_t(int m, int n, int t) {
  int first, second;
  if (t == 0)
    return 0;
  if (t >= m)
❶ first = solve_t(m, n, t - m);
  else
    first = -1;
  if (t >= n)
❷ second = solve_t(m, n, t - n);
  else
    second = -1;
  if (first == -1 && second == -1)
❸ return -1;
  else
❹ return max(first, second) + 1;
}
```

清單 3-1：解決 t 分鐘的問題

　　不管我能不能說服你相信這個函數是正確的，都值得花點時間來感受一下這個函數實際上在做什麼。

　　我們先來看 solve_t(4, 9, 22)。對應於 first 的遞迴呼叫 ❶ 會去解 18 分鐘（22 - 4）的子問題，該遞迴會傳回 2，因為二就是荷馬剛好 18 分鐘能吃掉的漢堡之最大數目。對應於 second 的遞迴呼叫 ❷ 會去解 13 分鐘（22 - 9）的子問題，該遞迴也會傳回 2，因為二也是荷馬恰好 13 分鐘能吃掉的漢堡之最大數目。也就是說，在這個情況中 first 和 second 都是 2；而把最後一個四分鐘或九分鐘漢堡吃掉之後，會得到原本 22 分鐘問題的解答為 3 ❹。

　　現在試著解 solve_t(4, 9, 20)。對應於 first 的遞迴呼叫 ❶ 會去解 16 分鐘（20 - 4）的子問題並傳回結果為 4，但對應於 second 的遞迴呼叫 ❷ 會如何？唔，那個呼叫會去解 11 分鐘（20 - 9）的子問題，但光靠吃四分鐘和九分鐘的漢堡沒辦法耗完 11 分鐘！所以第二個遞迴呼叫傳回 -1。first 和 second 的最大值就會是 4（即 first 的值），因此傳回 5 ❹。

　　目前為止，我們看到了一個例子是「兩個遞迴呼叫都對子問題給出了相同的解答」，還有一個例子是「只有一個遞迴呼叫給出了子問題的解答」。現在再來看一個例子：遞迴呼叫都有傳回子問題的解答——但是其中一個比另一個更好！考慮 solve_t(4, 9, 36)，對應於 first 的遞迴呼叫 ❶ 傳回 8，即荷

馬剛好 32 分鐘（36 - 4）能吃掉的漢堡最大數目；對應於 second 的遞迴呼叫 ❷ 傳回 3，即荷馬剛好 27 分鐘（36 - 9）能吃掉的漢堡最大數目。8 和 3 的最大值為 8，因此傳回整體的解答為 9 ❹。

　　最後，來試試 solve_t(4, 9, 15)。對應於 first 的遞迴呼叫 ❶ 被要求解決 11 分鐘（15 - 4）的問題，由於用這兩種漢堡不可能完成，於是傳回 -1。對應於 second 的遞迴呼叫 ❷ 也是類似的結果：不可能剛好解決 6 分鐘（15 - 9）的問題，所以它也會傳回 -1。由此可知，沒有任何方法可以解決恰好 15 分鐘的問題；所以傳回 -1 ❸。

solve 與 main 函數

回想一下第 89 頁的「產生一個計畫」一節中，如果可以用吃漢堡恰好填滿 *t* 分鐘，就輸出漢堡的最大數目；否則荷馬就必須至少花一分鐘喝啤酒。為了推算出他在喝啤酒上要花幾分鐘，我們會嘗試去解 *t* - 1 分鐘、*t* - 2 分鐘…直到找到了一個可以被吃漢堡填滿的分鐘數。正好，solve_t 函數可以把 t 參數設定成任何我們想要的數值。先從給定的 t 值開始，然後再對 t - 1、t - 2 等等進行呼叫。我們這個計畫形成了程式碼清單 3-2。

```
void solve(int m, int n, int t) {
  int result, i;
❶ result = solve_t(m, n, t);
   if (result >= 0)
     ❷ printf("%d\n", result);
   else {
     i = t - 1;
❸  result = solve_t(m, n, i);
     while (result == -1) {
       i--;
❹   result = solve_t(m, n, i);
     }
❺  printf("%d %d\n", result, t - i);
   }
}
```

清單 3-2：解答一

　　首先，我們來解恰好 t 分鐘的問題 ❶。假如得到了一個至少為零的結果，就輸出漢堡最大數目 ❷ 並停止。

如果荷馬不可能用正好 t 分鐘吃漢堡，就把 i 設為 t - 1，因為 t - 1 是我們應該嘗試的下一個最佳可能分鐘數，然後用這個新的 i 值去解題 ❸。如果得到 -1 的值就是成功了，而 while 迴圈就會被跳過。如果沒有成功，那麼 while 迴圈就會一直執行下去，直到成功解決一個子問題為止。在 while 迴圈之中，持續遞減 i 的值並解決對應的較小子問題 ❹。這個 while 迴圈遲早會停止；例如，我們肯定可以用漢堡來填滿零分鐘。一旦脫離 while 迴圈，就是找到了可以被漢堡填滿的最大分鐘數 i 了。此時，result 將儲存漢堡最大數目，而 t - i 是剩餘的分鐘數，因此，要將兩個值都輸出 ❺。

就這樣囉。我們在 solve_t 中用了遞迴來解決剛好 t 的問題；對不同類型的測試案例測試了 solve_t，而且看起來都很好。至於無法用來解恰好 t 問題並不是問題：我們在 solve 裡面使用迴圈，從最大到最小逐一嘗試不同分鐘數。現在只需要一個小的 main 函數來讀取輸入並且呼叫 solve；如清單 3-3 的程式碼。

```
int main(void) {
  int m, n, t;
  while (scanf("%d%d%d", &m, &n, &t) != -1)
    solve(m, n, t);
  return 0;
}
```

清單 3-3：main 函數

啊，真是和諧的一刻啊！我們現在準備好把解答一提交給解題系統了。請立刻去做，我會等你的⋯一直等⋯。

解答二：記憶法

解答一失敗了，不是因為不正確，而是因為它太慢了。如果你把解答一提交給解題系統，會得到「超過時間限制」的錯誤訊息。這讓我們想起了「獨特雪花」解答一得到的「超過時間限制」錯誤，當時的效率低下肇因於做了多餘工作；而在這邊，我們馬上就會看到，此處的效率低下並不是因為做了多餘工作，而是不斷反覆又反覆地做了必要工作。

題目描述裡面說，t 可能是任何小於 10,000 的分鐘數。那麼，下面的測試案例應該不會是個問題才對：

---

4 2 88

變數 m 和 n 的值——即 4 跟 2 ——都非常地小，變數 t 的值 88 與 10,000 相比也一樣非常地小。你可能既驚訝又失望，我們的程式碼對這個測試案例竟然可能沒辦法在題目限制的三秒鐘內完成。在我的筆電上，它花了大約 10 秒鐘，在這種小不點案例上竟然就花了 10 秒。既然我們都進行到這裡了，不妨嘗試稍微大一點的測試案例：

---

4 2 90

我們只是把 t 從 88 改成 90 而已，但這個小小變更竟然對執行時間產生了不成比例的影響：我的筆電花了 18 秒左右在這個測試案例——幾乎是 88 案例的兩倍！若將 t 值改成 92，執行時間又增加了一倍，以此類推。不管電腦有多快，即便 t 值只有 100 都不太可能在合理時限內跑完程式。根據這個走勢推測下去，根本無法想像當 t 值破千以上、程式碼要多久才能跑完。像這種「問題大小固定增加卻導致執行時間加倍」的演算法，稱為**指數時間演算法**（exponential-time algorithm）。

我們已經證實了程式碼很慢——但原因為何？什麼造成效率低下的？

來看一下給定的 m, n, t 測試案例。我們的 solve_t 函數有三個參數，但是只有第三個參數 t 有改變。因此，solve_t 只有 $t + 1$ 種不同的呼叫方式。例如，如果測試案例中的 t 為 4，那麼只可能以 t 值為 4, 3, 2, 1, 0 的方式去呼叫 solve_t，而一旦我們用了某個 t 值（例如 2）去呼叫 solve_t，就沒有理由再對它進行相同的呼叫：已經知道答案了，就不用再執行遞迴呼叫來再次計算同樣的答案。

計算函數呼叫次數

我準備將解答一加入一些程式碼來計算 solve_t 被呼叫了幾次；清單 3-4 給出了新的 solve_t 和 solve 函數。我加入一個全域變數 total_calls，在進入程式時

初始化為 0，而每次呼叫 solve_t 時它都會增加 1。這個變數是 long long 型別的，因為不管是 long 還是 int 都不足以捕捉函數呼叫的爆炸。

```c
unsigned long long total_calls;

int solve_t(int m, int n, int t) {
  int first, second;
❶ total_calls++;
  if (t == 0)
    return 0;
  if (t >= m)
    first = solve_t(m, n, t - m);
  else
    first = -1;
  if (t >= n)
    second = solve_t(m, n, t - n);
  else
    second = -1;
  if (first == -1 && second == -1)
    return -1;
  else
    return max(first, second) + 1;
}

void solve(int m, int n, int t) {
  int result, i;
❷ total_calls = 0;
  result = solve_t(m, n, t);
  if (result >= 0)
    printf("%d\n", result);
  else {
    i = t - 1;
    result = solve_t(m, n, i);
    while (result == -1) {
      i--;
      result = solve_t(m, n, i);
    }
    printf("%d %d\n", result, t - i);
  }
❸ printf("Total calls to solve_t: %llu\n", total_calls);
}
```

清單 3-4：插入監控的（instrumented）解答一 [譯註]

[譯註] 插入監控（instrumentation）是指把程式加上一些監控用的程式碼，使得我們可以在執行的同時收集一些跟執行本身有關的資訊，以了解程式的效能和狀態變化等等。

在 solve_t 的一開始，我們把 total_calls 加 1 ❶ 來計算這個函數的呼叫次數。在 solve 當中，我們把 total_calls 初始化為 0 ❷ 以便在處理每個測試案例之前重設這個呼叫計數。對每一個測試案例，程式碼會印出 solve_t 被呼叫的總次數 ❸。

如果給予這個輸入：

```
4 2 88
4 2 90
```

我們將會得到這個輸出：

```
44
Total calls to solve_t: 2971215072
45
Total calls to solve_t: 4807526975
```

我們進行了數十億次的瘋狂呼叫，但裡頭其實只有 88 或 90 個是相異的。因而可以斷定，同樣的子問題被重複解決了非常多次。

記住我們的答案

在這邊直觀解釋一下之所以有那麼驚人的呼叫次數。假設我們呼叫了 solve_t(4, 2, 88)，它會執行兩次遞迴呼叫：一次是 solve_t(4, 2, 86)、另一次是 solve_t(4, 2, 84)，到目前為止都還好。現在考慮一下 solve_t(4, 2, 86) 的呼叫會發生什麼事；它自己也會執行兩次遞迴呼叫，第一次是 solve_t(4, 2, 84)──恰好就是 solve_t(4, 2 88) 會進行的其中一個遞迴呼叫！因此 solve_t(4, 2, 84) 的工作執行了兩次，但實際上一次就夠了！

然而，這個莽撞的重複只不過是剛開始而已。思考一下那兩次的 solve_t(4, 2, 84) 呼叫；用前一段的邏輯來論證，這兩次呼叫各自都會導致兩次 solve_t(4, 2, 80) 的呼叫，於是總共變成四次。再度強調，一次就夠了！

倘若我們有辦法在第一次計算完之後記住答案的話，本來一次就夠了啦。如果在第一次計算 solve_t 之後記住這個答案，就可以在再次需要用到它的時候直接查看。

要記住，而不要重新推算。這是稱之為記憶法（memorization）技巧的格言。記憶法是源於記憶（memorize）這個單詞，意思是像在寫備忘錄（memo）那樣把東西儲存起來。確實，這個詞不好唸，不過還算普遍使用。

要使用記憶法有兩個步驟：

1. 宣告一個夠大的陣列、足以放下所有可能的子問題解答。在「漢堡狂熱」中，t 小於 10,000，所以一個有 10,000 個元素的陣列就已足夠。通常這個陣列會命名為 memo，將 memo 的元素初始化成某個保留的值，讓該值代表「未知的值」。

2. 在遞迴函數的一開始，加入程式碼來檢查子問題的解答是否已解決。這需要去檢查 memo 的對應索引：如果該處有「未知的值」，那麼我們就必須現在解決這個子問題；否則，答案已經儲存在 memo 中了，我們直接傳回它，不用再執行更多遞迴。每解決了一個新的子問題，就將它的解答儲存在 memo 之中。

讓我們來用記憶法擴充一下解答一吧。

實作記憶法

合適宣告與初始化 memo 陣列的位置會是在 solve 裡面，因為那是每一個測試案例會觸發的第一個函數。我們用 -2 這個值來代表未知的值：不能使用正數，因為那會跟漢堡數目混淆，也不能用 -1，因為我們已經用 -1 來代表「沒有可能的解」。更新過後的 solve 函數如程式碼清單 3-5 所示。

```
#define SIZE 10000

void solve(int m, int n, int t) {
  int result, i;
❶ int memo[SIZE];
  for (i = 0; i <= t; i++)
    memo[i] = -2;
  result = solve_t(m, n, t, memo);
  if (result >= 0)
    printf("%d\n", result);
  else {
    i = t - 1;
    result = solve_t(m, n, i, memo);
    while (result == -1) {
      i--;
```

```
    result = solve_t(m, n, i, memo);
  }
  printf("%d %d\n", result, t - i);
 }
}
```

清單 3-5：解答二，實作了記憶法

我們用測試案例可能的最大大小去宣告了 memo 陣列 ❶，然後迭代 0 到 t 去設定該範圍中的每個元素為 -2。

在呼叫 solve_t 時也要做一個很小但很重要的改變。現在傳入 memo；如此一來，solve_t 便能檢查 memo，看看當前的子問題是否已經解決、如果還沒就更新 memo。

更新過的 solve_t 程式碼展示於清單 3-6。

```
int solve_t(int m, int n, int t, int memo[]) {
  int first, second;
❶ if (memo[t] != -2)
    return memo[t];
  if (t == 0) {
    memo[t] = 0;
    return memo[t];
  }
  if (t >= m)
    first = solve_t(m, n, t - m, memo);
  else
    first = -1;
  if (t >= n)
    second = solve_t(m, n, t - n, memo);
  else
    second = -1;
  if (first == -1 && second == -1) {
    memo[t] = -1;
    return memo[t];
  } else {
    memo[t] = max(first, second) + 1;
    return memo[t];
  }
}
```

清單 3-6：實作了記憶法，解決 t 分鐘問題

這邊的作戰計畫跟清單 3-1 的解答一是一樣的：如果 t 是 0，解決基本情況；否則解決 t - m 分鐘和 t - n 分鐘並且採用較佳的那一個。

至此我們就裝配好了記憶法。之所以能夠達成大幅縮減時間，是因為我們檢查了 t 的解答是否已經在 memo 陣列之中 ❶，如果是就直接傳回儲存的結果。不用再去管最後一個漢堡是 *m* 還是 *n* 分鐘的了，也不需要遞迴，只要立刻從函數中傳回即可。

如果在 memo 中沒有找到答案，那麼就有工作要做了。這工作跟之前是一樣的，除了這個部分：每次準備把解答傳回之前，先把它儲存在 memo 中。在每一個 return 陳述式之前，把要傳回的值儲存在 memo 裡面，好讓程式取得其記憶。

測試我們的記憶法

我已經透過兩件事向你證明了解答一註定是失敗的：很小的測試案例也會化上很長的時間來執行，以及執行效率之所以那麼慢是因為做了過多的函數呼叫。那麼，解答二在這些度量之上又是如何呢？

用這個曾經擊敗解答一的輸入來測試看看解答二：

```
4 2 88
4 2 90
```

在我的筆電上，執行時間短到幾乎察覺不出來。

總共執行了多少次函數呼叫？我鼓勵你把解答二用我對解答一做的插入監控方法（清單 3-4）。若你那樣做並且用上述輸入去執行，應該會得到以下輸出：

```
44
Total calls to solve_t: 88
45
Total calls to solve_t: 90
```

當 t 為 88 呼叫了 88 次，當 t 為 90 呼叫了 90 次。解答二跟解答一的差異就好像黑夜與數十億個白晝那樣，從一個指數時間演算法變成了線性時間演算法；更精確一點說，我們現在有了 $O(t)$ 的演算法，其中 *t* 是測試案例中的分鐘數。

是時候提交到解題系統了；如果你提交了解答二，你將會看到我們通過了所有的測試案例。

這絕對是一個里程碑，但還不是荷馬跟漢堡們的結局。

解答三：動態規劃

藉由突顯解答二中遞迴之用意，我們將從記憶法橋接到動態規劃。請看清單 3-7 的 solve_t；它跟清單 3-6 中的程式碼完全一樣，差別僅在於我現在只特別標出了兩個遞迴呼叫。

```
int solve_t(int m, int n, int t, int memo[]) {
  int first, second;
  if (memo[t] != -2)
    return memo[t];
  if (t == 0) {
    memo[t] = 0;
    return memo[t];
  }
  if (t >= m)
❶ first = solve_t(m, n, t - m, memo);
  else
    first = -1;
  if (t >= n)
❷ second = solve_t(m, n, t - n, memo);
  else
    second = -1;
  if (first == -1 && second == -1) {
    memo[t] = -1;
    return memo[t];
  } else {
    memo[t] = max(first, second) + 1;
    return memo[t];
  }
}
```

清單 3-7：解決 t 分鐘問題，聚焦在遞迴呼叫上

在第一個遞迴呼叫 ❶ 的時候，可能會發生兩種非常不一樣的情況：第一種情況是，遞迴呼叫發現它的子問題解答有在 memo 裡面而立刻傳回；第二種情況是遞迴呼叫沒有在 memo 裡面找到子問題的解答，於是它自己又展開了遞迴呼叫。這些對於第二個遞迴呼叫 ❷ 也都是成立的。

當執行一次遞迴呼叫、且該遞迴呼叫在 memo 中找到其子問題解答，我們不禁會去想為何要執行這個呼叫。遞迴呼叫會做的事情不過就是檢查 memo 並且傳回，而這種事我們自己也會做；可是一旦子問題的解答不在 memo 中，遞迴呼叫就真的是必要的了。

假設可以完美地安排，讓 memo 陣列永遠存有需要查看的下一個子問題解答，那麼當我們想知道 t 是 5 的最佳解，答案就在 memo 中。如果 t 是 18 呢？也是在 memo 裡。透過將子問題答案永遠存放在 memo 中，我們就不需要遞迴呼叫了；直接去查看答案就好。

這是記憶法和動態規劃的不同之處。使用了記憶法的函數會執行遞迴呼叫來解決子問題，而該子問題也許已經解答過、也許沒有——無論如何，在遞迴呼叫傳回時就一定會得到解答。然而，一個使用了**動態規劃（dynamic programming）**的函數則會安排好工作、使得子問題事先就已被解決。

於是我們沒理由再使用遞迴；直接查看解答就好了。記憶法使用了遞迴來確保子問題被解決了，但動態規劃則是確保解決的問題不需要使用遞迴。

我們的動態規劃解答捨棄了 solve_t 函數，並且在 solve 當中系統化地對所有 t 值進行解答；參見程式碼清單 3-8。

```
void solve(int m, int n, int t) {
  int result, i, first, second;
  int dp[SIZE];
❶ dp[0] = 0;
  for (i = 1; i <= t; i++) {
❷  if (i >= m)
❸    first = dp[i - m];
    else
      first = -1;
❹  if (i >= n)
      second = dp[i - n];
    else
      second = -1;
    if (first == -1 && second == -1)
❺    dp[i] = -1;
    else
❻    dp[i] = max(first, second) + 1;
  }

❼ result = dp[t];
  if (result >= 0)
```

```
      printf("%d\n", result);
    else {
      i = t - 1;
      result = dp[i];
      while (result == -1) {
        i--;
      ❽ result = dp[i];
      }
      printf("%d %d\n", result, t - i);
    }
  }
```

清單 3-8：解答三，使用動態規劃

　　動態規劃陣列的標準名稱為 dp。也可以叫作 memo，因為它跟備忘表的用途是一樣的，但我們就沿用一般習慣用法 dp。在宣告該陣列之後，先解決基本情況、並且明確地將「零分鐘的最佳解就是吃零個漢堡」的事實儲存起來 ❶。接著，我們用一個迴圈控制子問題解決的順序；在此，從最小的分鐘數（1）一直到最大的分鐘數（t）來解決子問題。變數 i 決定了要解決哪一個子問題。在這個迴圈當中有我們熟悉的檢查步驟，去檢查 m 分鐘漢堡是否有可能是最後一個漢堡 ❷；如果有，就到 dp 陣列中查看 i - m 的子問題解答 ❸。

　　注意，我們只是在陣列中查看數值而已 ❸，沒有用到任何遞迴。之所以可以這樣做是因為我們知道，由於 i - m 是小於 i、i - m 的子問題早就解決了。這就是為什麼我們要照著由小到大的順序來解決子問題：較大的子問題會需要用到較小子問題的解答，所以必須確定那些較小的子問題都已經先解決了。

　　下一個 if 陳述式 ❹ 跟前一個 ❷ 很像，而它處理的是最後一個漢堡為 n 分鐘漢堡的情況。跟前面一樣，用 dp 陣列查看子問題的解答；我們知道 i - n 子問題已經解決了，因為 i - n 的迭代比當前的 i 迭代更早發生。

　　現在需要的兩個子問題都有解答了，剩下的步驟就是把對應於 i 的最佳解存到 dp[i] ❺ ❻。

　　一旦從 0 到 t 解決了子問題，完成 dp 陣列建構，就可以任意查看子問題的解答。我們只要直接查看子問題 t 的解答 ❼，有解答時印出答案，沒有解答則逐一查看較小的子問題解答 ❽。

在繼續往下之前，先來看一個 dp 陣列的例子。對於這個測試案例：

---

4 9 15

最後 dp 陣列的內容會是

索引	0	1	2	3	4	5	6	7	8	9	10	11	12	13	14	15
數值	0	-1	-1	-1	1	-1	-1	-1	2	1	-1	-1	3	2	-1	-1

我們可以追蹤清單 3-8 的程式碼來確認這每一個子問題的解答。例如 dp[0]，亦即荷馬在零分鐘內能吃的最大漢堡數目，就是 0 ❶。而 dp[1] 是 -1，因為兩項測試 ❷❹ 都失敗了，也就是我們儲存了 -1 ❺。

作為最後一個例子，讓我們逆向思考一下 dp[12] 是如何得到 3 的值。既然 12 大於 4，第一項測試是通過的 ❷，因此設定 first 為 dp[8] ❸，其值為 2。相同的概念，12 大於 9，所以第二項測試也通過 ❹，因此設定 second 為 dp[3]，其值為 -1。first 和 second 的最大值便為 2，所以我們設定 dp[12] 為 3，即該最大值再加一。

記憶法與動態規劃

我們一共透過四個步驟解決「漢堡狂熱」。一，描繪出最佳解的必然樣貌；二，寫出一個遞迴解；三，加入記憶法；四，明確地由小到大解決子問題來消除掉遞迴。這四個步驟提供了攻克許多其他最佳化問題的通用計畫。

步驟一：最佳解的結構

第一個步驟是要顯示出，如何把一個問題的最佳解分解成較小子問題的最佳解。在「漢堡狂熱」中，我們藉由討論荷馬吃的最後一個漢堡達成這個目標。最後一個是 *m* 分鐘漢堡嗎？那就變成要填滿 *t - m* 的子問題。如果是 *n* 分鐘漢堡呢？就變成要填滿 *t - n* 分鐘的問題。當然，我們並不知道是哪一種，但可以藉由解出兩個子問題來找出答案。

在這種討論中，通常都沒有明確提到，「問題的最佳解」不僅需要包含子問題的一個解答，還需要包含這些子問題的**最佳**解答。讓我們更清楚說明這一點。

在「漢堡狂熱」中，當我們假設一個最佳解的最後一個漢堡是 m 分鐘漢堡時，會主張「$t-m$ 子問題的一個解答」為「整體 t 問題的部分解答」。更精確來說，t 的最佳解必然包含了 $t-m$ 的最佳解：如果沒有，那麼 t 的解答根本不會是最佳解，因為改用 $t-m$ 的更佳解就可以改進 t 的解答！類似的論證可以用來顯示，如果一個最佳解的最後一個漢堡是 n 分鐘漢堡，那麼剩下的 $t-n$ 分鐘應該由 $t-n$ 的最佳解填滿。

讓我來用一個例子稍微釐清一下這些敘述。假設 $m=4$、$n=9$ 而 $t=54$，最佳解的值為 11，且存在最後一個漢堡為九分鐘漢堡的最佳解 S。我宣稱：S 一定是由這個九分鐘漢堡以及一個 45 分鐘的最佳解所組成的。45 分鐘的最佳解是 10 個漢堡；如果 S 在前 45 分鐘內使用了一個非最佳解，那麼 S 就不會是 11 個漢堡的最佳解例子。例如，若 S 在前 45 分鐘內使用了一個非最佳的 5 個漢堡解答，那麼它總共只會有 6 個漢堡！

當一個問題的最佳解是由子問題的最佳解所組成，我們會說該問題具有**最佳子結構（optimal substructure）**。如果一個問題具有最佳子結構，那麼本章的技巧就很有可能是適用的。

我曾經讀過並聽過人們宣稱：用記憶法或動態規劃來解決最佳化問題太公式化，一旦你看過一道這樣的問題就等於看過所有問題，當新問題出現你隨便都會解。我卻不這麼認為；那種觀點掩蓋掉了其中的兩大挑戰——刻劃出最佳解的結構，以及在一開始辨視出這樣做會有用。在本章中，藉由使用記憶法和動態規劃再多解決幾道問題，會讓我們在這些挑戰上大有進展。能夠利用這些途徑解決的問題是如此地廣泛，因而讓我覺得，唯一的前進之道就是盡量練習多一點問題並加以泛化應用。

步驟二：遞迴解

步驟一不只是暗示我們記憶法和動態規劃能導出答案，同時也遺留下了解決問題的遞迴途徑。為了解決原本的問題，應該去嘗試一個最佳解的各種可能性，並且利用遞迴去找尋子問題的最佳解。在「漢堡狂熱」中，我們曾經主張一個 t 分鐘的最佳解可能會是「一個 m 分鐘漢堡和一個 $t-m$ 分鐘的最佳解」或「一個 n 分鐘漢堡和一個 $t-n$ 分鐘的最佳解」。因此，必須先解決 $t-m$ 分鐘和 $t-n$ 分鐘的子問題，因為它們是比 t 小的子問題，我們用遞迴

來解決它們。一般來說,遞迴呼叫的次數取決於有多少可能的最佳解候選數量。

步驟三:記憶法

如果我們在步驟二成功了,就會獲得問題的正確解答。然而,如同在「漢堡狂熱」中看到的一樣,這樣的解答有可能會耗費難以想像的時間來執行,癥結在於相同的子問題將一而再地重複解決,這是由於一種**重疊子問題(overlapping subproblems)**的現象所導致。誠然,如果沒有重疊子問題,那麼到這裡就可以停止了:光是用遞迴就已經夠好了。回想一下第二章中解決的那兩道題目;我們只用遞迴就解決了問題,而之所以能成功是因為每個子問題都只會被解決一次。例如,在「萬聖節糖果收集」一題,我們計算了樹中的糖果總數,其兩個子問題為找出左右子樹的糖果總數。這兩個問題是獨立的:在解決左子樹的子問題時,不可能需要用到關於右子樹的資訊,反之亦然。

如果子問題沒有重疊,我們可以只用遞迴就好;而當子問題重疊時,就該用上記憶法。如同「漢堡狂熱」,記憶法是指,我們第一次解決一個子問題的時候將解答儲存起來,之後每當需要用到該解答,就不用重新計算而是直接查看。是的,子問題仍然是重疊的,但是如今它們只會被解決一次,就像第二章那樣。

步驟四:動態規劃

有很大的機會是,步驟三給出的解答已經夠快了;這樣的解答還是用到遞迴,不過不用擔心會重複執行工作。我在下一個段落會解釋,有的時候我們會想要消除遞迴。只要能夠在較大的子問題之前先系統化解決較小的子問題,就可以做到這一點。這就是動態規劃:用迴圈來取代遞迴,明確地由小到大依序解決所有子問題。

那麼,哪一個做法比較好呢:是記憶法還是動態規劃?對於很多問題來說,它們的效率大致相同,但在這些案例,你應該用自己覺得比較順手的那一個;我個人的選擇會是記憶法。接下來我們會看到一個例子(題目三),它的 memo 和 dp 表具有多維度,在這種問題中,我經常在弄對 dp 表的所有基本情況與邊界上碰到困難。

可以視情形使用記憶法來解決子問題。例如，思考「漢堡狂熱」其中一個測試案例——有一種要花兩分鐘吃的漢堡和一種要花四分鐘吃的漢堡，時間是 90 分鐘。記憶法絕對不會去解奇數分鐘的子問題，例如 89、87 或 85，因為這些子問題不可能從 90 減去二和四的倍數得來；反之，動態規劃可解決直到 90 的所有子問題。這樣的差異似乎比較看好記憶法；確實，如果大量的子問題空間從來沒有被用到，記憶法可能會比動態規劃還要快[譯註]。然而，這必須跟遞迴程式碼固有的執行開銷（很多的函數呼叫與傳回）取得平衡。如果你願意，不妨針對一個問題試試寫出兩種解答的程式碼，看看誰比較快吧！

你應該常聽到這種說法，說記憶法解答是**由上而下**（top-down）的解答，而動態規劃是**由下而上**（bottom-up）的解答。之所以說「由上而下」，是因為在解決大的子問題時，會往下遞迴至較小的問題；而在「由下而上」的解答中，則是從最底下——最小的子問題——開始一路往上去計算。

記憶法和動態規劃對我來說深具吸引力，它們能解決無數的問題；我沒看過任何其他的演算法設計技巧能夠與它們相提並論。許多我們在本書中學到的工具，像是第一章的雜湊表，提供了很有價值的加速，但其實就算沒有用到那些工具也能夠解決很多的問題實例——也許所花的時間不為解題系統接受，但實務上還是堪用。可是記憶法和動態規劃則不是這樣：它們昇華了遞迴的概念，把慢到不行的演算法變成快到不行。我希望可以藉由本章其餘的內容推你入這個坑，讓你在讀完本章之後不會就此停住。

[譯註] 其實這個問題是可以藉由分析題目的特性來獲得很大程度的解決。對於「漢堡狂熱」來說，我們可以先求出 m 和 n 的最大公因數 d（例如 4 和 2 的最大公因數為 2），此時易看出只有當 t 是 d 的倍數的時候，才有可能用 m 和 n 分鐘的漢堡來恰好填滿 t 分鐘（因為，不管 m 和 n 如何累加，其結果都逃不出 d 的倍數）。於是，我們在執行動態規劃的時候，只要去解那些整除 d 的 i 即可，其他都可以直接代入代表無解的 -1，如此即可大幅減少真正被執行的運算量。不過，這樣改進之後，比起記憶法來說仍然有可能還是稍微多做了幾次的計算；一般來說，要藉由這種分析來讓動態規劃做到和記憶法完全一樣的解題量是很困難的。然而，由於遞迴呼叫也有其固有開銷在，充分最佳化過的動態規劃也是可能會勝過記憶法的。

題目二：守財奴 *Moneygrubbers*

在「漢堡狂熱」中，我們只需要考慮兩個子問題就可以解決問題了。這裡的題目二中會看到，每個子問題都需要各自再做更多工作。

這是 UVa 題號 10960。

問題

你想要買蘋果，於是前往一家蘋果店。該店提供蘋果的單價——例如，$1.75。該店同時也有 m 種定價方案，其中每一種方案具有一個數目 n、以及購買 n 顆蘋果所需的價格 p。例如，其中一種定價方案可能標示「三顆蘋果售價 $4.00」，另一種方案可能是「兩顆蘋果售價 $2.50」。你想要購買**至少 k 顆**蘋果，而且想以最便宜的價格買到。

輸入

我們會一直讀取測試案例，直到沒有更多輸入為止。每一個測試案例包含了下面幾行：

- 第一行為一顆蘋果的單價，以及用來表示這個測試案例的定價方案數量，m。數目 m 最多為 20。
- m 行，每一行有一個數目 n、以及購買 n 顆蘋果的總價 p。數目 n 介於 1 到 100 之間。
- 最後一行包含了一些整數，其中每一個整數 k 都介於 0 到 100 之間，代表想購買的蘋果數目。

輸入中的每一個價格都是恰好有兩位小數的浮點數。

在題目描述中，我給的例子是一顆蘋果單價為 $1.75，同時給出兩種定價方案：三顆蘋果 $4.00 以及兩顆蘋果 $2.50。假設我們想要判斷購買至少一顆蘋果以及至少四顆蘋果的最低價格，這個測試案例的輸入就會是：

```
1.75 2
3 4.00
2 2.50
1 4
```

輸出

對於每一個測試案例，做如下的輸出：

- 一行包含 Case c:，其中 c 是測試案例的編號（從 1 開始）。

- 對於每一個整數 k，輸出一行包含有 Buy k for $d，其中 d 是我們能買到至少 k 顆蘋果的最低價格。

下面是上述樣本輸入的輸出：

```
Case 1:
Buy 1 for $1.75
Buy 4 for $5.00
```

解決測試案例的時間為三秒鐘。

刻劃出最佳解

題目描述指定，我們希望盡量以最便宜的價格買**至少** k 顆蘋果。這表示「恰好買 k 顆蘋果」並不是唯一的選項：可以買超過 k 顆——如果那樣更便宜的話。一開始，先試圖解決恰好 k 顆蘋果，有點像是在「漢堡狂熱」中解決恰好 t 分鐘的情況。當時，有找到一個方法，可以讓我們在需要的時候，從恰好 t 分鐘移動到較小的分鐘數上；希望在這邊也能做類似的事情，先從 k 顆蘋果開始找出其最低價格，然後是 k + 1、k + 2，以此類推。如果沒有爆掉的話啦⋯

在我們回想起本章章名、直接跳入記憶法和動態規劃之前，先好好確定是否真的需要用到這些工具。

何者較划算：用 $4.00 買三顆蘋果（方案一）或是 $2.50 買兩顆蘋果（方案二）？可以透過計算各方案每顆蘋果的成本，來試圖回答問題。在方案一中，每顆蘋果是 $4.00 / 3 = $1.33，而方案二中，每顆蘋果是 $2.50 / 2 = $1.25。看起來方案二比方案一還划算。我們同時也假設可以用 $1.75 買一顆蘋果。因此我們有了每顆蘋果的成本，從最便宜排到最貴分別是：$1.25，$1.33，$1.75。

現在，假設我們**正好**想要買 k 顆蘋果；在每一個步驟中用單顆成本最低的，直到買到了 k 顆蘋果——這樣的演算法如何？

如果我們在上述案例恰好想買四顆蘋果，那麼會先從方案二開始，因為它能讓我們買到最划算的蘋果單價。使用一次方案二將使我們花 $2.50 買兩顆蘋果，還剩兩顆蘋果要買。可以再次使用方案二，再花 $2.50 買兩顆蘋果（現在總共有四顆蘋果）。我們花了 $5.00 買四顆蘋果，確實，這無法再改進了。

請注意，因為一個演算法很直觀、或者它剛好可以用在一個測試案例上，並不代表它通常一定正確。使用了「可購買最佳蘋果單價」的演算法是有瑕疵的，且可以用其他測試案例來證明。請試著找出一個這樣的測試案例，再繼續往下！

其中一個案例如下：假定我們想要買的是三顆蘋果，而不是四顆。再次從方案二開始，花了 $2.50 買了兩顆蘋果，此時只剩一顆蘋果需要買──而唯一方法就是花 $1.75 買一顆蘋果。如此一來總共花了 $4.25 ──但是有更好的方法存在，亦即，可以直接用方案一，花 $4.00：是的，這個蘋果單價比方案二高，但是卻能讓我們不用花更高的單價再多買一顆蘋果。

我們可能曾有一股念頭，想要把演算法加上一些規則來試圖修正這個問題，例如「如果有一種定價方案的蘋果數量恰好是我們需要的就使用之」。可是呢，假如剛好想買三顆蘋果，那麼很容易透過加入一種新方案來打破這個擴充的演算法，像是「三顆蘋果售價 $100.00」。

使用記憶法與動態規劃的時候，我們會把最佳解中的所有可能性嘗試一遍，然後從中選出一個最好的。在「漢堡狂熱」中，荷馬最後要吃的應該是 *m* 分鐘漢堡還是 *n* 分鐘漢堡？我們不知道，於是就兩種都試。相較之下，**貪婪演算法**（greedy algorithm）是一種不會去嘗試多種選項的演算法：它只會嘗試其中一個。上面利用「最划算的蘋果單價」策略，就是貪婪演算法的一種例子，因為它在每一個步驟中都會去選擇要怎麼做，而不會去考慮其他選項。有些時候貪婪演算法是可行的[譯註]，而且通常會比一個可行的動態規劃演算法執行速度更快、也更容易實作；一個有效的貪婪算法可能會比一個有

[譯註] 關於貪婪演算法在第六章中會有更多說明；而最經典的貪婪演算法例子則例如 Kruskal 演算法。用通俗的說法，想像一下我們有若干房屋（其任意兩棟之間的距離為已知），我們想要牽電線去連接全部的房屋，且希望電線總長度愈短愈好。此時，Kruskal 演算法說「只要在『不產生迴圈』的前提下每次都挑選距離最短的兩棟房屋來連接、一直做到無法繼續為止即可」。這是一個標準的貪婪演算法：它每個步驟所做的選擇都是唯一的，且總是直覺地採用「看似最能達到目標的局部選項」。

效的動態規劃算法來得好。不過對於這個問題來說，顯然貪婪演算法都不夠強大——不管是用於上面案例的那一個還是其他你能想得到的貪婪演算法。

在「漢堡狂熱」中，我們曾討論過，如果有可能花 t 分鐘來吃漢堡，一個最佳解的最後一個漢堡不是 m 分鐘漢堡就是 n 分鐘漢堡。對於現在的這個問題，我們也想說出類似的東西，即：一個購買 k 顆蘋果的最佳解最後面一定只有少數幾種可能性。因此就宣稱：如果可用的定價方案為方案一、方案二…方案 m，那麼我們所做的最後一件事，一定是 m 種定價方案中的其中一種。不可能有其他辦法，是吧？

唔，倒也不盡然，在一個最佳解中所能做的最後一件事可能是買一顆蘋果，我們永遠都有這個選項。不同於「漢堡狂熱」要解決兩個子問題，這邊則是得解決 $m + 1$ 個子問題：m 種定價方案的每一種，以及買單顆蘋果。

假設買 k 顆蘋果的一個最佳解，是以花 p 元買 n 顆蘋果作為結尾，那麼我們就需要買 $k - n$ 顆蘋果，然後將此購買金額加上 p。重點在於，我們需要確立：k 顆蘋果的整體最佳解會包含一個 $k - n$ 顆蘋果的最佳解，而這就是記憶法與動態規劃中所要求的最佳子結構。跟「漢堡狂熱」一樣，最佳子結構在此是成立的；如果一個 k 的解答並沒有用到 $k - n$ 的最佳解，那麼該解答就不可能是 k 的最佳解：若改用 $k - n$ 的最佳解來取代，結果一定會更好。

當然，我們並不知道解答的最後應該怎樣做才能讓它成為最佳解。是用方案一、方案二、方案三，還是一顆一顆買？誰知道呢，這就像任何記憶法與動態規劃的演算法，總之就是全部都試一遍然後挑選最好的。

看遞迴解之前，請注意，對於任何數目 k，永遠可以找到一個恰好買 k 顆蘋果的方法，不管是一顆、兩顆還是五顆，都可以恰好買那個數量，原因在於永遠都有「只買一顆」的選項，而且要做幾次都行。相較之下，「漢堡狂熱」存在著 t 值、使得 t 分鐘無法被可用漢堡來填滿。基於這個差異，在這邊我們不用擔心會出現「處理較小子問題的遞迴呼叫找不到解答」的情況。

解答一：遞迴

如同「漢堡狂熱」，第一件事就是要寫一個輔助函數。

輔助函數：解決指定的蘋果數

我們來寫一個 solve_k 函數，它的任務就跟我們在「漢堡狂熱」中寫的 solve_t 是類似的。這個函數的標頭如下：

```
double solve_k(int num[], double price[], int num_schemes,
               double unit_price, int num_items)
```

每一個參數分別為：

Num	蘋果數目的陣列，每個元素對應一種定價方案。例如，如果有兩種定價方案，第一種是三顆蘋果而第二種是兩顆蘋果，則此陣列為 [3, 2]。
Price	價格的陣列，每個元素對應一種定價方案。例如，如果有兩種定價方案，第一種要價 4.00 而第二種要價 2.50，則此陣列為 [4.00, 2.50]。注意，num 和 price 加起來給了我們定價方案的所有相關資訊。
num_schemes	定價方案的數量。就是測試案例中的 m 數值。
unit_price	蘋果的單價。
num_items	我們想要購買的蘋果數目。

函數 solve_k 會傳回購買剛好 num_items 顆蘋果的最低價格。

清單 3-9 中給出了 solve_k 的程式碼。除了研究這個程式碼本身之外，我強烈鼓勵你拿它來跟「漢堡狂熱」中的 solve_t（清單 3-1）比較。你發現了什麼不同之處嗎？為什麼會有這些差異？記憶法和動態規劃的解答有著共用的程式碼架構，如果能掌握該架構，就能專注於針對特定問題的不同之處。

```
❶ double min(double v1, double v2) {
     if (v1 < v2)
       return v1;
     else
       return v2;
   }

   double solve_k(int num[], double price[], int num_schemes,
```

```
                   double unit_price, int num_items) {
     double best, result;
     int i;
❷ if (num_items == 0)
   ❸ return 0;
   else {
   ❹ result = solve_k(num, price, num_schemes, unit_price,
                       num_items - 1);
   ❺ best = result + unit_price;
     for (i = 0; i < num_schemes; i++)
     ❻ if (num_items - num[i] >= 0) {
       ❼ result = solve_k(num, price, num_schemes, unit_price,
                           num_items - num[i]);
       ❽ best = min(best, result + price[i]);
       }
         return best;
   }
 }
```

清單 3-9：解決 num_items 個項目

從 min 這個小函數 ❶ 開始：我們會需要用它來比較解答，並且選取較小的一個。在「漢堡狂熱」中，我們使用了類似的 max 函數，因為想得到漢堡的最大數量，在此想求得的是最低價格。有些最佳化問題是**最大化問題（maximization problem**，如「漢堡狂熱」），另一些則是**最小化問題（minimization problem**，如「守財奴」）──要小心閱讀題目的描述，確定你是朝著正確的方向最佳化！

被問及 0 顆蘋果的解答時應該怎麼辦 ❷？傳回 0 ❸，因為買零顆蘋果的最低價格恰好是 $0.00。我們的基本情況就是像這樣：在「漢堡狂熱中」花費零分鐘，以及購買零顆蘋果。跟一般的遞迴一樣，任何最佳化問題至少要有一個基本情況。

如果不是處於基本情況，那麼 num_items 會是一個正整數，需要找出恰好購買那麼多顆蘋果的最佳方法。變數 best 就是用來追蹤目前所找到的最好（成本最低）選項。

其中一個選項是去解 num_items - 1 顆蘋果的最佳解 ❹，然後加上最後一顆蘋果的成本 ❺。

我們現在碰到了此問題與「漢堡狂熱」的巨大結構差異：遞迴函數裡面有迴圈。在「漢堡狂熱」中，我們不需要使用迴圈，因為只有兩個子問題要

試，先試第一個然後再試第二個就解決了；可是在這裡，每一種定價方案都有一個子問題，而每一種都必須嘗試。首先檢查當前的定價方案是否可能使用 ❻：如果其蘋果數目不大於我們需要的數目，那麼就可以用它來試。把這個定價方案中的蘋果數目移除之後得到了一個子問題，於是執行一次遞迴呼叫來解決它 ❼（這就很像在稍早的遞迴呼叫中減去了一顆蘋果 ❹）。如果該子問題的解答加上當前定價方案的價格之後，成為目前為止的最佳選項，就依樣更新 best 變數 ❽。

solve 函數

我們最佳地解決了恰好 k 顆蘋果，但題目的敘述中有這樣一則細節是我們還沒觸及的：「你想要購買至少 k 顆蘋果，而且是以最便宜的價格買到」。為什麼「恰好 k 顆蘋果」跟「至少 k 顆蘋果」的差異很重要？你能否找到一個測試案例是「買 k 顆蘋果以上反而比買 k 顆蘋果更便宜」？

　　這裡有個測試案例：假設一顆蘋果的單價是 \$1.75，另外有兩種定價方案：方案一說可以用 \$3.00 買四顆蘋果，方案二說可以用 \$2.00 買兩顆蘋果。現在，我們想要買至少三顆蘋果。這個測試案例表示成題目的輸入會是這樣：

```
1.75 2
4 3.00
2 2.00
3
```

　　你買三顆蘋果的最便宜價格是花費 \$3.75：一顆蘋果 \$1.75，加上兩顆蘋果 \$2.00（使用方案二）。而實際上，買四顆蘋果的價格反而比買三顆還要低；最便宜的方法就是使用一次方案一直接購買四顆蘋果，這樣只花 \$3.00。那麼，此案例的正確輸出會是：

```
Case 1:
Buy 3 for $3.00
```

　　（這有點讓人困惑，因為我們實際上買了四顆蘋果、不是三顆，但在這裡輸出 Buy 3 是正確的。永遠輸出被要求購買的數目，不管是不是為了省錢而買了更多顆。）

這裡所需要的，類似「漢堡狂熱」中 solve 函數（清單 3-2）。當時，我們逐一嘗試愈來愈小的數值，直到找到解答為止。在此，將嘗試愈來愈大的數值，並且持續追蹤過程中的最小值。底下是其程式碼的第一次嘗試：

```
double solve(int num[], double price[], int num_schemes,
            double unit_price, int num_items) {
  double best;
  int i;
❶ best = solve_k(num, price, num_schemes,
                unit_price, num_items);
❷ for (i = num_items + 1; i < ???; i++)
    best = min(best, solve_k(num, price, num_schemes,
                            unit_price, i));
  return best;
}
```

我們將 best 初始化成購買恰好 num_items 顆蘋果的最佳解 ❶，然後用一個 for 迴圈嘗試愈來愈大的蘋果數目 ❷。然後這個 for 迴圈會停在…呃，糟了，我們怎麼知道什麼時候停止是安全的？我們是被要求買 3 顆蘋果，但最便宜的方法或許是買 4 顆、5 顆甚至 20 顆。在「漢堡狂熱」中沒有這個問題，因為當時是朝著零往下迭代，而不是往上。

一個能拯救我們的觀察是，一個定價方案中的蘋果數目最多為 100。為什麼這一點能幫得上忙呢？

假設題目要我們購買至少 50 顆蘋果，有沒有可能買 60 顆蘋果是最划算的？當然有可能！也許 60 顆蘋果的最佳解中，最後一次定價方案是 20 顆蘋果，我們就會將那 20 顆蘋果跟一個 40 顆蘋果的最佳解結合起來，得到 60 顆蘋果數目。

再次假設我們要買 50 顆蘋果，有沒有可能會需要買到 180 顆蘋果呢？思考一下剛好購買 180 顆蘋果的最佳解吧。我們使用的最後一次定價方案頂多是 100 顆蘋果，所以在使用該定價方案之前，我們至少已經買了 80 顆蘋果，而且顯然花費比買了 180 顆蘋果更便宜，關鍵在於，80 仍然是大於 50！因此，買 80 顆蘋果比買 180 顆蘋果更便宜[譯註]，所以買 180 顆蘋果不可能會是「至少想買 50 顆」的最佳做法。

[譯註] 更精確的說法應為「存在某種至少買了 80 顆蘋果的買法比買 180 顆更便宜」，因為我們並沒有說該定價方案一定就是 100 顆。

事實上，對於 50 顆蘋果來說，需要考慮的最大購買數量就是 149。如果購買了 150 顆或 150 顆以上的蘋果，那麼移除掉最後一次的定價方案必定能給出買 50 顆以上蘋果更便宜的方法。

題目的輸入規格中，不僅限制了定價方案的蘋果數目至多 100，也限制了要購買的數量至多 100。因此，當我們被要求買 100 顆蘋果，應該考慮的最大購買蘋果數是 100 + 99 = 199。加入這項觀察之後，將導致清單 3-10 中的 solve 函數[譯註]。

```
#define SIZE 200

double solve(int num[], double price[], int num_schemes,
             double unit_price, int num_items) {
  double best;
  int i;
  best = solve_k(num, price, num_schemes,
                 unit_price, num_items);
  for (i = num_items + 1; i < SIZE; i++)
    best = min(best, solve_k(num, price, num_schemes,
                             unit_price, i));
  return best;
}
```

清單 3-10：解答一

現在，只差一個 main 函數，就可以準備提交至解題系統了。

main 函數

就來寫一個 main 函數吧；參見清單 3-11。它並非完全自給自足——不過只需要加入一個輔助函數 get_number 即可，下面會加以說明。

```
#define MAX_SCHEMES 20

int main(void) {
  int test_case, num_schemes, num_items, more, i;
  double unit_price, result;
  int num[MAX_SCHEMES];
```

[譯註] 當然，依照程式碼清單 3-10 的寫法，不管輸入的是多少、迴圈都會一路檢查到 199 為止。從前述討論中我們知道，一個同樣正確而且顯然更有效率的迴圈條件會是 i < num_items + 100，不過針對題目的時間限制要求，作者的做法也已經足夠。

```
    double price[MAX_SCHEMES];
    test_case = 0;
❶ while (scanf("%lf%d", &unit_price, &num_schemes) != -1) {
      test_case++;
      for (i = 0; i < num_schemes; i++)
      ❷ scanf("%d%lf", &num[i], &price[i]);
  ❸ scanf(" ");
    printf("Case %d:\n", test_case);
    more = get_number(&num_items);
    while (more) {
      result = solve(num, price, num_schemes, unit_price,
                     num_items);
      printf("Buy %d for $%.2f\n", num_items, result);
      more = get_number(&num_items);
    }
  ❹ result = solve(num, price, num_schemes, unit_price,
                   num_items);
  ❺ printf("Buy %d for $%.2f\n", num_items, result);
  }
  return 0;
}
```

清單 3-11：main 函數

　　一開始我們會先試著讀取輸入中的下一個測試案例的第一行 ❶。接下來的 scanf 呼叫是位於一個巢狀迴圈中，而它會讀取每種定價方案的蘋果數目與價格。第三個 scanf ❸ 負責讀取定價方案資訊最後一行的換行字元。讀入該換行之後，就會位於包含「被要求購買的品項數目」那一行的開頭。我們不能完全不假思索地呼叫 scanf 來讀取那些數目，因為必須要能夠停在換行之處；底下我在說明 get_number 輔助函數中會指出這一點。該函數會在還有更多數目要讀取的時候傳回 1，而在讀取到該行上最後一個數目的時候傳回 0。這解釋了迴圈底下的程式碼 ❹❺：當迴圈因為已經讀取了該行最後一個數目而終止時，我們仍然必須解決最後一個測試案例。

　　函數 get_number 的程式碼展示在清單 3-12 中。

```
int get_number(int *num) {
  int ch;
  int ret = 0;
  ch = getchar();
❶ while (ch != ' ' && ch != '\n') {
    ret = ret * 10 + ch - '0';
    ch = getchar();
```

```
  }
❷ *num = ret;
❸ return ch == ' ';
}
```

清單 3-12：取得一個整數的函數

這個函數利用跟列表 2-17 相仿的途徑來讀取一個整數數值。在遇到空白或換行之前，迴圈會一直執行 ❶，當迴圈終止，將讀取到的儲存在傳入這個函數的指標參數中 ❷。在此，使用指標參數而不是傳回該值，是因為傳回值有別的用途：要指出這是否為該行的最後一個數目 ❸。也就是說，如果 get_number 傳回 1（因為它在讀取數目之後找到了一個空白），那就表示該行還有更多數目；如果傳回 0，則表示這是該行上的最後一個整數。

現在我們已經有了完整的解答，但其效能就跟冰河流動的速度一樣慢。即使是很小的測試案例也會久到不行，因為不管怎樣都會一路往上算到 199 顆蘋果。

好吧，就來給它記憶到飽吧。

解答二：記憶法

「漢堡狂熱」進行記憶法的時候，我們在 solve（清單 3-5）中引入了 memo 陣列，那是因為每次呼叫 solve 都是要處理獨立的測試案例。但在「守財奴」中，我們有一行輸入是每一個整數指示了要購買的蘋果數目，而每一個都必須解決。在處理完一個測試案例之前把 memo 陣列丟掉是很浪費的！

於是，我們在 main 裡面宣告並初始化 memo；更新過的函數可見清單 3-13。

```
int main(void) {
  int test_case, num_schemes, num_items, more, i;
  double unit_price, result;
  int num[MAX_SCHEMES];
  double price[MAX_SCHEMES];
❶ double memo[SIZE];
  test_case = 0;
  while (scanf("%lf%d", &unit_price, &num_schemes) != -1) {
    test_case++;
    for (i = 0; i < num_schemes; i++)
```

```
        scanf("%d%lf", &num[i], &price[i]);
    scanf(" ");
    printf("Case %d:\n", test_case);
❷   for (i = 0; i < SIZE; i++)
❸     memo[i] = -1;
    more = get_number(&num_items);
    while (more) {
      result = solve(num, price, num_schemes, unit_price,
                     num_items, memo);
      printf("Buy %d for $%.2f\n", num_items, result);
      more = get_number(&num_items);
    }
    result = solve(num, price, num_schemes, unit_price,
                   num_items, memo);
    printf("Buy %d for $%.2f\n", num_items, result);
  }
  return 0;
}
```

清單 3-13：main 函數，實作了記憶法

我們宣告了 memo 陣列 ❶，並且將 memo 的各個元素設為 -1（即「未知」值）❷❸。注意，每一個測試案例只會初始化 memo 一次。另外一項改變就是，把 memo 加入成為 solve 呼叫時的新參數。

新的 solve 程式碼如清單 3-14 所示。

```
double solve(int num[], double price[], int num_schemes,
             double unit_price, int num_items, double memo[]) {
  double best;
  int i;
  best = solve_k(num, price, num_schemes, unit_price,
                 num_items, memo);
  for (i = num_items + 1; i < SIZE; i++)
    best = min(best, solve_k(num, price, num_schemes,
                             unit_price, i, memo));
  return best;
}
```

清單 3-14：解答二，實作了記憶法

除了在參數列表的最後增加一個新參數 memo 之外，我們也把 memo 傳遞給 solve_k 的呼叫，就這樣。

最後，來看一下為了記憶 solve_k 所需要的改變：我們會在 memo[num_items] 中儲存要購買剛好 num_items 顆蘋果的最低價格。參見清單 3-15。

```
double solve_k(int num[], double price[], int num_schemes,
               double unit_price, int num_items, double memo[]) {
  double best, result;
  int i;
❶ if (memo[num_items] != -1)
    return memo[num_items];
  if (num_items == 0) {
    memo[num_items] = 0;
    return memo[num_items];
  } else {
    result = solve_k(num, price, num_schemes, unit_price,
                     num_items - 1, memo);
    best = result + unit_price;
    for (i = 0; i < num_schemes; i++)
      if (num_items - num[i] >= 0) {
        result = solve_k(num, price, num_schemes, unit_price,
                         num_items - num[i], memo);
        best = min(best, result + price[i]);
      }
    memo[num_items] = best;
    return memo[num_items];
  }
}
```

清單 3-15：解決 num_items 個品項，實作了記憶法

記得我們在使用記憶法解決問題時，第一件事就是去檢查解答是否為已知 ❶。如果 num_items 的子問題有儲存 -1 以外的值，就將它傳回；否則就跟任何記憶函數一樣，在傳回之前先把新的子問題解答儲存在 memo 中。

我們已經抵達了這個問題的一個自然中止點了：這個記憶解可以提交至解題系統，而且應該會通過所有測試案例。但如果你想要再練習一下動態規劃，此處就是一個讓你把記憶解轉換成動態規劃解的最好時機點！否則的話，我們就先到此為止了。

題目三：冰球世仇 *Hockey Rivalry*

前兩道題目都使用了一維的 memo 或 dp 陣列，我們來看一道題目的解答會需要使用到二維陣列。

我住在加拿大，所以我想這一整本書總得要講到冰上曲棍球吧。冰上曲棍球是一種有點像足球的團體運動…但真的有在進球。

這是 DMOJ 題號 cco18p1。

問題

野雁隊比了 n 場比賽，每一場會有下面兩種結果之一：野雁隊贏球（W）或野雁隊輸球（L），不會有平手的結果。對於每一場比賽，我們知道贏輸結果，而且也知道進球得分數。例如，我們可能知道他們第一場比賽贏了球（W），且在該場比賽中共得了四分（因此對手得分數一定少於四分）。老鷹隊也比了 n 場比賽，而且跟野雁隊的規則一樣，每一場比賽只有贏或輸的結果。再一次，對於他們的每一場比賽，我們都知道是贏或輸以及得分數。

這兩支球隊所參加的比賽，有些是這兩支隊伍交鋒，但還有其他的球隊，有些則是跟其他球隊進行比賽的。

我們並不知道誰跟誰比賽。可能知道野雁隊贏了某一場比賽並且在該比賽中得了四分，但是不知道他們的對手是誰──有可能是老鷹隊，但也可能是其他的球隊。

一場**世仇賽**（**rivalry game**）是指野雁隊對上老鷹隊的比賽。

我們的任務是要判斷在世仇賽中可能的最大進球數。

輸入

輸入包含一個測試案例，其資訊分布在五行中，如下：

- 第一行包含了 n，即各隊比賽的場數。n 介於 1 到 1,000 之間。
- 第二行包含了一個長度為 n 的字串，其中每一個字元為 W（贏球）或 L（輸球）。這一行告訴我們野雁隊每一場比賽的結果；例如，WLL 表示野雁隊贏了第一場比賽、輸掉第二場比賽、也輸掉第三場比賽。

- 第三行包含了 n 個整數，給出野雁隊在每一場比賽中的進球得分數。例如，4 1 2 表示野雁隊在第一場比賽得了四分，第二場比賽得了一分，第三場比賽得了兩分。
- 第四行跟第二行類似，告訴我們老鷹隊的每一場比賽結果。
- 第五行跟第三行類似，告訴我們老鷹隊每一場比賽的進球得分數。

輸出

輸出為單一一個整數：在可能的世仇賽中最大的進球得分數。

解決測試案例的時間限制為一秒鐘。

關於世仇

在跳進最佳解的結構之前，先用一些測試案例確認我們弄懂題目問什麼。

從這個案例開始：

```
3
WWW
2 5 1
WWW
7 8 5
```

這裡不可能有**任何**的世仇賽。一場世仇賽跟任何比賽一樣，其中一隊必須贏球、另外一隊必須輸球──但是野雁隊贏了全部比賽、老鷹隊也贏了全部比賽，可見野雁隊和老鷹隊不可能對戰。既然這裡面不可能有世仇賽，那麼世仇賽就沒得分數，因此正確的輸出便是 0。

現在，讓老鷹隊輸掉全部的比賽吧：

```
3
WWW
2 5 1
LLL
7 8 5
```

現在，裡面有世仇賽了嗎？答案仍然是沒有！野雁隊以兩分贏得了第一場比賽，假使這場比賽是世仇賽，就必須是老鷹隊輸球、且老鷹隊得分少於兩分的一場比賽。由於老鷹隊最低得分是五分，因此老鷹隊的三場比賽都不可能是跟野雁隊第一場比的世仇賽。以此類推，野雁隊以五分贏了第二場比賽，但是老鷹隊輸掉的三場比賽得分數都沒有在四分以下，也就是說，野雁隊的第二場比賽也不是世仇賽。同樣的分析顯示出，野雁隊的第三場比賽一樣不會是世仇賽。再一次，0 就是正確的輸出。

讓我們來看一些不是零的例子吧。這邊有一個：

```
3
WWW
2 5 1
LLL
7 8 4
```

我們把老鷹隊的最後一場比賽得分數從五分改成四分，這便足以產生一場可能的世仇賽！精確地說，野雁隊的第二場比賽，即野雁隊以五分獲勝的比賽，有可能會是跟老鷹隊第三場比的世仇賽，其中老鷹隊以四分落敗。該場比賽共有九次進球，所以此處的正確輸出便是 9。

再來考慮這個案例：

```
2
WW
6 2
LL
8 1
```

來看兩隊的最後一場比賽：野雁隊以兩分獲勝，老鷹隊以一分落敗；這有可能是一場世仇賽，總得分數為三。兩隊的第一場比賽則不可能是世仇賽（野雁隊以六分獲勝，而老鷹隊不可能以八分輸掉同一場比賽），因此無法再增加更多進球了。那麼 3 是正確的輸出嗎？

不是喔！我們將最後一場比賽拿來配對是很糟的選擇，應該要拿野雁隊的第一場比賽來跟老鷹隊的第二場比賽配對才對，這樣也可能是世仇賽，且總共有七次進球。這回我們做對了：正確的輸出是 7。

再多看一個例子。看我的答案之前請試著推算出最大值：

```
4
WLWW
3 4 1 8
WLLL
5 1 2 3
```

正確的輸出是 20，由兩場世仇賽得出：野雁隊第二戰對上老鷹隊第一戰（這裡有 9 次進球），以及野雁隊第四戰對上老鷹隊第四戰（這裡有 11 次進球）[譯註]。

刻劃出最佳解

考慮這則問題的一個最佳解：一個能夠最大化世仇賽進球得分數的解答。這樣的最佳解可能會是什麼樣子？假設各隊的比賽都從 1 開始編號到 n 好了。

選項一。一種選項是，最佳解使用了野雁隊的最後一戰 n 以及老鷹隊的最後一戰 n 來作為世仇賽。該比賽有若干得分數，稱之為 g 好了。接著便可以將這兩場比賽去除掉，然後再最佳化解決由「野雁隊前 n - 1 場比賽跟老鷹隊前 n - 1 場比賽」構成的了問題。將該子問題的解答加上 g，就是整體最佳解。然而要注意，只有當這兩場 n 號比賽真的為世仇賽，這個選項才能用。例如，如果兩隊在該場比賽都是 w，它就不可能是世仇賽，於是選項一不適用。

記得前一節當中的這個測試案例嗎？

```
4
WLWW
3 4 1 8
WLLL
5 1 2 3
```

[譯註] 眼尖的讀者可能會有一個疑惑：為什麼我們不能把野雁隊第一戰再拿去跟老鷹隊第三戰配對、造出第三場可能的世仇賽，使得答案再增加五次進球？這部分作者在此遺漏解釋了：原因在於比賽的順序。假如我們已經選擇了把野雁隊第二戰和老鷹隊第一戰配對，由於野雁隊的第一戰比第二戰更早發生，那場比賽在時間軸上自然不可能會是老鷹隊的第三戰（因為那發生在老鷹隊的第一戰之後）。也就是說，在我們提議的最終配對之中，想像我們把配對的組合連線，那麼將會有一個隱藏的限制是，這些連線不能有交叉發生（否則就有時間軸錯亂的問題）。

這是選項一的一個例子：我們將兩隊最右邊的得分（8和3）配對，然後再去求剩下比賽的子問題最佳解。

選項二。另外一種選項是最佳解跟最後一場比賽無關。這種情況中，我們直接去掉野雁隊的第 *n* 戰和老鷹隊的第 *n* 戰，然後最佳化解決由「野雁隊前 *n* - 1 場比賽跟老鷹隊前 *n* - 1 場比賽」構成的子問題。

前一節中的第一個測試案例是選項二的一個例子：

```
3
WWW
2 5 1
WWW
7 8 5
```

右邊的 1 和 5 並不會是最佳解的一部分，因此其餘比賽的最佳解就會是整體的最佳解。

到這邊我們已經涵蓋了使用兩隊的第 *n* 戰得分、以及沒使用兩隊第 *n* 戰得分；我們完成了嗎？

要看出這點，思考一下前一節這個測試案例：

```
2
WW
6 2
LL
8 1
```

選項一會配對 2 和 1，導致世仇賽的最大進球數為三；選項二則把 2 跟 1 都丟掉，導致世仇賽的最大進球數為零。然而，整體的最大值為七。這代表只用選項一和選項二的最佳解進行類型覆蓋，並不夠完整。

這裡需要做到的是，撤掉野雁隊的一場比賽但保留老鷹隊的。更精確一點，我們想撤掉野雁隊的第二戰，然後解決由野雁隊第一戰以及老鷹隊**全部兩場**比賽構成的子問題。基於對稱性，我們也應該要能夠撤掉老鷹隊的第二戰，並解決由老鷹隊的第一戰和野雁隊全部兩場比賽構成的子問題。現在，列出這兩個選項吧。

選項三。我們的第三個選項是,最佳解跟野雁隊的第 n 戰無關。在這個情況,我們去掉野雁隊的第 n 戰,然後最佳化解決由「野雁隊前 $n-1$ 場比賽和老鷹隊前 n 場比賽」構成的子問題。

選項四。第四、也是最後一個選項則是,最佳解跟老鷹隊的第 n 戰無關。在這個情況,我們去掉老鷹隊的第 n 戰,然後最佳化解決由「野雁隊前 n 場比賽和老鷹隊前 $n-1$ 場比賽」構成的子問題。

選項三和四導出了這道題目解答之結構轉變——無論解答用的是遞迴、記憶法或動態規劃。本章前面的題目中,子問題都只有一個參數:在「漢堡狂熱」中是 t,而「守財奴」是 k。如果沒有選項三和四,「冰球世仇」這道題目或許只用一個參數 n 早就搞定了。這個參數 n 會反映出一項事實:我們在解一個「由野雁隊前 n 戰和老鷹隊前 n 戰」構成的子問題。但是當加入了選項三和四之後,兩個 n 值就不再管用了:可以只改變其中一個、另一個不變。例如,如果我們正在解一個由野雁隊前五戰構成的子問題,不代表一定要跟著看老鷹隊的前五戰。同樣地,一個由老鷹隊前五戰構成的子問題也沒有透露出野雁隊在當中有幾場比賽。

於是我們需要兩個參數來對應子問題:i 表示野雁隊的比賽場數,j 表示老鷹隊的比賽場數。

對於一個給定的最佳化問題,子問題的參數可能會有一個、兩個、三個或更多。面對一個新問題的時候,我建議先從一個子問題參數開始,去思考最佳解的可能選項。也許每一個選項都能夠藉由解決單一參數子問題來解決,這種情況就不需要額外的參數。不過,偶爾會碰到一個或多個選項需要去解決一個無法透過單一參數確定的子問題;在這種情況下,加入第二個參數通常會有幫助。

加入額外的子問題參數,好處是最佳解的子問題空間變得更大了,而代價則是必須要解決更多的子問題。讓參數的數目維持少量——只有一兩個或三個——是設計最佳化問題快速解答的關鍵。

解答一：遞迴

該來看看我們的遞迴解了。這次要寫的 solve 函數如下：

```
int solve(char outcome1[], char outcome2[], int goals1[],
          int goals2[], int i, int j)
```

一如往常，參數有兩大類：測試案例的相關資訊，以及當前子問題的相關資訊；底下是這些參數的簡短描述：

outcome1	野雁隊的 W 和 L 字元陣列。
outcome2	老鷹隊的 W 和 L 字元陣列。
goals1	野雁隊的進球得分陣列。
goals2	老鷹隊的進球得分陣列。
I	我們在這個子問題中考慮的野雁隊比賽場數。
j	我們在這個子問題中考慮的老鷹隊比賽場數。

最後兩個參數是針對當前子問題的，在遞迴呼叫時，它們是唯一會變化的參數。

如果如同 C 語言的標準，讓這些陣列從索引 0 開始，我們就必須在腦海中牢牢記住第 k 場比賽的資訊不是放在索引 k、而是放在 k - 1。例如，第四場比賽的資訊會在索引 3。為了避免混淆，我們把比賽的資訊從索引 1 開始儲存，如此一來，第四戰的資訊就是在索引 4，能讓我們少犯一個錯誤！

遞迴解的程式碼如清單 3-16 所示。

```
❶ int max(int v1, int v2) {
     if (v1 > v2)
       return v1;
     else
       return v2;
   }

   int solve(char outcome1[], char outcome2[], int goals1[],
             int goals2[], int i, int j) {
❷    int first, second, third, fourth;
❸    if (i == 0 || j == 0)
       return 0;
❹    if ((outcome1[i] == 'W' && outcome2[j] == 'L' &&
```

```
          goals1[i] > goals2[j]) ||
          (outcome1[i] == 'L' && outcome2[j] == 'W' &&
          goals1[i] < goals2[j]))
 ❺    first = solve(outcome1, outcome2, goals1, goals2, i - 1, j - 1) +
              goals1[i] + goals2[j];
      else
        first = 0;
 ❻  second = solve(outcome1, outcome2, goals1, goals2, i - 1, j - 1);
 ❼  third = solve(outcome1, outcome2, goals1, goals2, i - 1, j);
 ❽  fourth = solve(outcome1, outcome2, goals1, goals2, i, j - 1);
    return max(first, max(second, max(third, fourth)));
  }
```

清單 3-16：解答一

　　這是一個最大化問題：我們想要將世仇賽的進球得分數最大化。先從一個 max 函數 ❶ 開始——當需要判斷哪個選項比較好的時候使用它。接著宣告了四個變數，每一個對應四種選項之一 ❷。

　　先從基本情況開始：當 i 跟 j 都是零的時候要傳回什麼？在這個情況，子問題對應於前零場野雁隊的比賽和前零場老鷹隊的比賽。既然沒有比賽，那麼當然沒有世仇賽；而既然沒有世仇賽，就不會有世仇賽的得分數。於是應該傳回 0。

　　然而這並非唯一的基本情況。例如，考慮一個子問題：野雁隊比了零場（i = 0）而老鷹隊比了三場（j = 3）；跟前一個段落一樣，不可能會有任何世仇賽，因為野雁隊沒有任何比賽！老換成鷹隊比了零場比賽的情形也是一樣：就算野雁隊比了幾場賽，也不可能對戰老鷹隊。

　　這樣便捕捉到了全部的基本情況，亦即，如果 i 值為 0 或者 j 值為 0，那麼世仇賽的得分數就是零 ❸。

　　搞定了基本情況之後，現在必須嘗試一個最佳解的四種可能選項，並且從中選出最好的一個。

　　選項一。記得，唯有當野雁隊最後一戰和老鷹隊最後一戰構成世仇賽，這個選項才有效。該場比賽有兩種方式可以成為世仇賽：

　　1. 野雁隊贏、老鷹隊輸，而野雁隊進球得分數比老鷹隊多。

　　2. 野雁隊輸、老鷹隊贏，而野雁隊進球得分數比老鷹隊少。

我們編寫了這兩種可能性 ❹。如果比賽可能是一場世仇賽，就計算這個情況中的最佳解 ❺：由野雁隊前 i－1 場比賽和老鷹隊前 j－1 場比賽的最佳解再加上這場世仇賽得分總數所組成。

選項二。對於這個情況，要解決由野雁隊前 i－1 場比賽和老鷹隊前 j－1 場比賽構成的子問題 ❻。

選項三。解決由野雁隊前 i－1 場比賽和老鷹隊前 j 場比賽構成的子問題 ❼。注意，i 有改變而 j 沒變；這就是為什麼在這邊需要兩個子問題的參數，而不是一個。

選項四。解決由野雁隊前 i 場比賽和老鷹隊前 j－1 場比賽構成的子問題 ❽。再次，其中一個子問題參數有改變、另外一個沒變；幸好不需要讓它們維持同樣的值！

這樣就對囉：first、second、third 以及 fourth ──我們的最佳解總共就只有這四種可能。想得到其中的最大值，就計算並傳回 。最內層的 max 呼叫計算 third 和 fourth 的最大值；往外繼續，下一個 max 的呼叫計算勝出者和 second 的最大值；最後，最外層的呼叫計算了勝出者和 first 的最大值。

我們快要完成了。現在，只需要一個 main 函數來讀取那五行輸入並呼叫 solve；程式碼在清單 3-17 中給出。和「守財奴」的 main 函數相比，這還不算差！

```
#define SIZE 1000

int main(void) {
   int i, n, result;
❶ char outcome1[SIZE + 1], outcome2[SIZE + 1];
❷ int goals1[SIZE + 1], goals2[SIZE + 1];
❸ scanf("%d ", &n);
   for (i = 1; i <= n; i++)
     scanf("%c", &outcome1[i]);
   for (i = 1; i <= n; i++)
     scanf("%d ", &goals1[i]);
   for (i = 1; i <= n; i++)
     scanf("%c", &outcome2[i]);
   for (i = 1; i <= n; i++)
     scanf("%d ", &goals2[i]);
   result = solve(outcome1, outcome2, goals1, goals2, n, n);
```

```
  printf("%d\n", result);
  return 0;
}
```

清單 3-17：main 函數

我們宣告了比賽結果（W 和 L）的陣列 ❶ 以及進球得分的陣列 ❷。裡面的
+ 1 是因為我們選擇從索引 1 開始。如果只是寫 SIZE，那麼有效的索引會是從
0 到 999，然而我們需要把索引 1000 包含進來。

接著讀取第一行上的整數 ❸ ──代表野雁隊和老鷹隊比賽的場數。在 %d
的後面與引號之間有一個空格，該空格會使得 scanf 去讀取整數後面的空白，
關鍵在於，這會讀取到行末的換行字元，不這麼做的話，在使用 scanf 讀取單
一字元時會被包含進來⋯而我們接下來正是要這麼做！

我們讀取了野雁隊的 W 和 L 資訊，然後讀取野雁隊的進球得分資訊；接著
對老鷹隊做同樣的事情，最後呼叫 solve。我們想要解決由野雁隊全部 n 戰和
老鷹隊全部 n 戰構成的問題，這解釋了為什麼最後兩個參數為 n。

你有可能會把這個解答提交給解題系統嗎？應該毫無意外會出現「超過
時間限制」的錯誤。

解答二：記憶法

在「漢堡狂熱」和「守財奴」中，我們使用了一維陣列來進行備忘，那是因
為子問題就只有一個參數：分別是分鐘數與品項數。相對地，「冰球世仇」
中的子問題不只一個參數、而是兩個，因此我們需要一個二維的備忘陣列而
非一維。元素 memo[i][j] 用來儲存由「野雁隊前 i 戰和老鷹隊前 j 戰」構成的
子問題解答。除了備忘從一維陣列換成二維之外，技巧跟之前差不多：如果
解答已經儲存就直接傳回，否則就進行計算並儲存起來。

更新過的 main 函數在清單 3-18 中給出。

```
int main(void) {
  int i, j, n, result;
  char outcome1[SIZE + 1], outcome2[SIZE + 1];
  int goals1[SIZE + 1], goals2[SIZE + 1];
  static int memo[SIZE + 1][SIZE + 1];
  scanf("%d ", &n);
  for (i = 1; i <= n; i++)
```

```
      scanf("%c", &outcome1[i]);
    for (i = 1; i <= n; i++)
      scanf("%d ", &goals1[i]);
    for (i = 1; i <= n; i++)
      scanf("%c", &outcome2[i]);
    for (i = 1; i <= n; i++)
      scanf("%d ", &goals2[i]);
    for (i = 0; i <= SIZE; i++)
      for (j = 0; j <= SIZE; j++)
        memo[i][j] = -1;
    result = solve(outcome1, outcome2, goals1, goals2, n, n, memo);
    printf("%d\n", result);
    return 0;
}
```

清單 3-18：main 函數，實作了記憶法

注意到這個 memo 陣列非常龐大——超過了一百萬個元素——所以我們比照清單 1-8 做法，將它宣告為靜態陣列。

記憶化的 solve 函數參見清單 3-19。

```
int solve(char outcome1[], char outcome2[], int goals1[],
          int goals2[], int i, int j, int memo[SIZE + 1][SIZE + 1]) {
  int first, second, third, fourth;
  if (memo[i][j] != -1)
    return memo[i][j];
  if (i == 0 || j == 0) {
    memo[i][j] = 0;
    return memo[i][j];
  }
  if ((outcome1[i] == 'W' && outcome2[j] == 'L' &&
       goals1[i] > goals2[j]) ||
      (outcome1[i] == 'L' && outcome2[j] == 'W' &&
       goals1[i] < goals2[j]))
    first = solve(outcome1, outcome2, goals1, goals2, i - 1, j - 1, memo) +
            goals1[i] + goals2[j];
  else
    first = 0;
  second = solve(outcome1, outcome2, goals1, goals2, i - 1, j - 1, memo);
  third = solve(outcome1, outcome2, goals1, goals2, i - 1, j, memo);
  fourth = solve(outcome1, outcome2, goals1, goals2, i, j - 1, memo);
  memo[i][j] = max(first, max(second, max(third, fourth)));
  return memo[i][j];
}
```

清單 3-19：解答二，實作了記憶法

這個解答快速地通過了所有的測試案例。假如我們只是要解決題目，那麼可以就此打住，不過在這裡有機會深入探勘，並且在過程中學到更多關於動態規劃的應用。

解答三：動態規劃

我們剛剛看到了，對這個問題使用記憶法需要的二維 memo 陣列而不是一維陣列。為了開發出動態規劃的解答，需要一個二維的 dp 陣列。在清單 3-18 中，我們宣告 memo 陣列如下：

```
static int memo[SIZE + 1][SIZE + 1];
```

我們將類似地宣告 dp 陣列如下：

```
static int dp[SIZE + 1][SIZE + 1];
```

跟 memo 陣列一樣，元素 dp[i][j] 將儲存由「野雁隊前 i 戰和老鷹隊前 j 戰」構成的子問題解答，而我們的任務就是去解決每一個子問題，並在完成任務時傳回 dp[n][n]。

在最佳化問題的記憶解當中，我們不需要判斷解決子問題的順序，只管遞迴呼叫，而那些呼叫便會傳回對應子問題的解答。然而在動態規劃解當中，我們必須決定好解決子問題的順序，不能以任意順序去解決它們，這樣做可能會導致子問題的解答在我們需要用到時不可用。

例如，假設要填入 dp[3][5] 好了——那是對應於野雁隊前三戰和老鷹隊前五戰的儲存格。再次來看一個最佳解的四個選項。

- 選項一要我們查看 dp[2][4]。
- 選項二也要我們查看 dp[2][4]。
- 選項三要我們查看 dp[2][5]。
- 選項四要我們查看 dp[3][4]。

我們必須加以安排，這些 dp 的元素才能在我們想要儲存 dp[3][5] 的時候已經儲存好了。

遇到單一參數的子問題，通常會從最小的索引開始解決子問題。但對於多參數的子問題而言，事情沒有那麼簡單，因為有許多順序可填滿陣列，但只有某些順序能夠保有備妥可用子問題解答的特性。

對於「冰球世仇」問題來說，解決 dp[i][j] 的先決條件是已經儲存了 dp[i - 1][j - 1]（選項一和選項二）、dp[i - 1][j]（選項三）和 dp[i][j - 1]（選項四）。在這裡可以應用的一項技巧是，解決任何 dp[i] 子問題之前先解決所有的 dp[i - 1] 子問題；例如，這會使得 dp[2][4] 在 dp[3][5] 之前先被解決，正好滿足了選項一和選項二。這也會使得 dp[2][5] 在 dp[3][5] 之前先被解決，滿足了選項三的要求。也就是說，在第 i 列之前先解決第 i - 1 列的做法可以滿足選項一到三。

要滿足選項四，可以在 dp[i] 子問題當中從最小的 j 索引解到最大的 j 索引，這麼一來，舉例，dp[3][4] 就會在 dp[3][5] 之前先被解決。

總結起來，我們由左往右解決第 0 列中的所有子問題，然後由左往右解決第 1 列中的所有子問題，以此類推，直到解決了第 n 列的全部子問題為止。

動態規劃解的 solve 函數，參見清單 3-20。

```
int solve(char outcome1[], char outcome2[], int goals1[],
          int goals2[], int n) {
  int i, j;
  int first, second, third, fourth;
  static int dp[SIZE + 1][SIZE + 1];
  for (i = 0; i <= n; i++)
    dp[0][i] = 0;
  for (i = 0; i <= n; i++)
    dp[i][0] = 0;
❶ for (i = 1; i <= n; i++)
  ❷ for (j = 1; j <= n; j++) {
      if ((outcome1[i] == 'W' && outcome2[j] == 'L' &&
           goals1[i] > goals2[j]) ||
          (outcome1[i] == 'L' && outcome2[j] == 'W' &&
           goals1[i] < goals2[j]))
        first = dp[i - 1][j - 1] + goals1[i] + goals2[j];
      else
        first = 0;
      second = dp[i - 1][j - 1];
      third = dp[i - 1][j];
      fourth = dp[i][j - 1];
      dp[i][j] = max(first, max(second, max(third, fourth)));
```

```
    }
❸ return dp[n][n];
}
```

清單 3-20：解答三，實作了動態規劃

首先初始化基本情況子問題，也就是那些至少有一個索引為 0 的子問題。然後進入雙層 for 迴圈 ❶❷，它們控制著非基本情況子問題的解決順序。先遍歷所有的列 ❶，然後遍歷每一列中的元素 ❷，這是解決子問題的正確順序，就像前面所說的。一旦填滿了表格，就把原本問題的解答傳回 ❸。

我們可以把一個二維動態規劃演算法產生出來的陣列以表格方式將它視覺化；這能幫助我們體會陣列的元素是如何填入的。來看下方測試案例的最終陣列：

```
4
WLWW
3 4 1 8
WLLL
5 1 2 3
```

這是結果陣列：

4	0	9	18	19	20
3	0	9	9	9	9
2	0	9	9	9	9
1	0	0	4	5	5
0	0	0	0	0	0
	0	**1**	**2**	**3**	**4**

考慮一下例如第四列第二欄的元素之計算，以 dp 表的方式來說就是 dp[4][2]，對應「由野雁隊前四戰和老鷹隊前二戰」構成的子問題。看一下野雁隊的第四戰和老鷹隊的第二戰，我們看到野雁隊以八分獲勝，而老鷹隊以一分落敗，因此這場比賽有可能是世仇賽，選項一就是可能的選項。這場比賽總得分數為九分，我們將這九分加上第三列第一欄的值——其值也是九，便得到總和 18。這是目前為止的最大值——現在我們必須嘗試選項二到四，看看它們是不是更好的選項。這麼做你會觀察到，剛好全部得到的值都是九。於是我們儲存 18，也就是所有可用選項中的最大值到 dp[4][2] 之中。

當然，唯一真正讓人感興趣的數量是最右上角那一個，對應「由野雁隊全部 n 戰和老鷹隊全部 n 戰」構成的子問題。其值 20，就是我們要傳回的最佳解，而表格中其他數值的用處只是要幫助我們計算出 20 這個值而已。

對於 main 函數，我們對清單 3-17 中的程式碼做了一個小改變：只要把傳遞給 solve 的最後那個 n 去掉，這樣會變成

```
result = solve(outcome1, outcome2, goals1, goals2, n);
```

空間最佳化

我在第 109 頁的「步驟四：動態規劃」中提到，記憶法和動態規劃大致上是相等的。之所以說**大致上**，是因為有些時候選擇其中一種方法會比選擇另外一種有利。「冰球世仇」問題提供了一個典型的最佳化範例，使用動態規劃時可以進行優化，但是使用記憶法則無法優化。這種最佳化不是關於速度，而是關於空間。

關鍵問題在於：當我們需要解決一個位於 dp 陣列第 i 列的子問題時，需要存取哪些列？回去看那四個選項。會使用到的列就只有 i - 1（前一列）以及 i（當前的列），並沒有用到 i - 2、i - 3 或其他部分。如此看來，將整個二維陣列保存在記憶體中就顯得很浪費了。假如正在解決第 500 列上的子問題，那麼需要存取的只有第 500 列和第 499 列，就算記憶體沒有第 498、497或 496 等的列也沒差，因為我們不會再去查看那些列。

相較於使用一個二維陣列表格，其實只要用兩個一維陣列就能搞定：一個用來儲存前一列，另一個用來儲存當前要解的列。

清單 3-21 實作了此最佳化。

```
int solve(char outcome1[], char outcome2[], int goals1[],
          int goals2[], int n) {
  int i, j, k;
  int first, second, third, fourth;
  static int previous[SIZE + 1], current[SIZE + 1];
❶ for (i = 0; i <= n; i++)
    previous[i] = 0;
❷ for (i = 1; i <= n; i++) {
    for (j = 1; j <= n; j++) {
```

```
      if ((outcome1[i] == 'W' && outcome2[j] == 'L' &&
           goals1[i] > goals2[j]) ||
          (outcome1[i] == 'L' && outcome2[j] == 'W' &&
           goals1[i] < goals2[j]))
        first = previous[j - 1] + goals1[i] + goals2[j];
      else
        first = 0;
      second = previous[j - 1];
      third = previous[j];
      fourth = current[j - 1];
      current[j] = max(first, max(second, max(third, fourth)));
    }
❸ for (k = 0; k <= SIZE; k++) 
  ❹ previous[k] = current[k];
  }
  return current[n];
}
```

清單 3-21：解答三，實作了空間最佳化

　　我們把 previous 初始化成全部為零 ❶❷，從而解決了第 0 列中的所有子問題。在剩餘的程式碼中，每當用到之前我們稱為第 i - 1 列的東西時，如今使用 previous。此外，每當用到之前我們稱為第 i 列的東西時，如今使用 current。一旦新的列全部解完了且儲存在 current 中，就把 current 拷貝到 previous 裡面 ❸❹，這樣就可以用 current 來解決下一列。

題目四：及格方法 Ways to Pass

這是最後一個例子（很短！）。本章中前三道題目要求我們最大化（「漢堡狂熱」和「冰球世仇」）或最小化（「守財奴」）解答的值，而我想用一道稍微不同風味的題目來結束這一章：算出可能解答的數目，而非求最佳解。我們會再次看到，可以交給記憶法或動態規劃來處理。

　　這是 UVa 題號 10910。

問題

要在一門課中及格需要至少拿到 p 的成績（p 未必是 50 或 60 這種學校所需要的分數，它可以是任何正整數）。一名學生修了 n 門課，並且全部及格。

把該學生 n 門課的成績加起來，會得到該學生的總成績 t，不過我們不知道這名學生在每門課程當中的成績是多少。因此我們要問的是：這名學生有幾種方法可以達到所有課程都及格呢？

假設這名學生修了兩門課，總成績為九，且每門課的成績至少要三才算及格。那麼該名學生一共有四種方式達到全部及格：

- 第一門課的成績為三、第二門課的成績為六。
- 第一門課的成績為四、第二門課的成績為五。
- 第一門課的成績為五、第二門課的成績為四。
- 第一門課的成績為六、第二門課的成績為三。

輸入

輸入第一行為一個整數 k，表示接下來的測試案例數目。k 個測試案例的每一個都自成一行，且包含了三個整數：n（修的課程數目，而該學生全部都及格了）、t（總成績）、p（每門課及格的成績要求）。變數 n, t 和 p 都介於 1 到 70 之間。

底下是上面例子的輸入：

```
1
2 9 3
```

輸出

對每一個測試案例，輸出該學生全部及格的成績分配方法數目。在上面的例子中，輸出將會是整數 4。

解決測試案例的時間限制為三秒鐘。

解答：記憶法

注意，這裡並沒有所謂分配成績的最佳方法。如果一名學生其中一門課得高分而其他課程都只勉強及格，這樣的解答跟其他解答一樣好（身為老師，要我寫出這種話實在是好為難啊…）。

既然沒有所謂最佳解，就沒有必要去思考最佳解的結構了，反而要思考解答應有的樣子。在第一門課當中，該學生必須至少拿到 p 的成績，而最多會拿到 t。每一個選項都會導致一個新的子問題少了一門課：假設這名學生在第一門課的成績為 m，我們就去解決他在 $n - 1$ 門課中總成績恰好為 $t - m$ 的子問題。

與其使用 max 或 min 來選取最佳解答，我們在這裡會使用加法來加總解答的數目。

經過練習之後，不需要透過效能很差的遞迴解法，就能夠辨視出使用記憶法或動態規劃的時機。記憶法只在遞迴解加了一點程式碼，因此一開始就直接來寫記憶法是明智的選擇。我在清單 3-22 中展示了一個「及格方法」的完整記憶解法。

```c
#define SIZE 70

int solve(int n, int t, int p, int memo[SIZE + 1][SIZE + 1]) {
  int total, m;
  if (memo[n][t] != -1)
    return memo[n][t];
❶ if (n == 0 && t == 0)
    return 1;
❷ if (n == 0)
    return 0;
  total = 0;
  for (m = p; m <= t; m++)
    total = total + solve(n - 1, t - m, p, memo);
  memo[n][t] = total;
  return memo[n][t];
}

int main(void) {
  int k, i, x, y, n, t, p;
  int memo[SIZE + 1][SIZE + 1];
  scanf("%d", &k);
  for (i = 0; i < k; i++) {
    scanf("%d%d%d", &n, &t, &p);
    for (x = 0; x <= SIZE; x++)
      for (y = 0; y <= SIZE; y++)
        memo[x][y] = -1;
    printf("%d\n", solve(n, t, p, memo));
  }
```

```
    return 0;
}
```

清單 3-22：實作了記憶法的解答

　　這邊的基本情況 ❶❷ 是怎麼回事呢？基本情況就是當課程數目 n 為 0 時，不過這裡有兩種子情況。首先，假設 t 也是 0；那麼有多少種方法可以分配總成績零來通過零門課程？這裡很容易犯一個錯：說答案是零——但答案其實是一，因為只要不去分配成績就成功了，而這確實是一種通過零門課程的方法！再來，如果 n 是 0 但 t 大於 0 呢？那答案就真的是零了：我們沒辦法把一個正數的成績分配到零門課程上。

　　其餘的程式碼會對當前課程測試每一個合法的成績 m，然後去解決由少了一門課跟少了 m 的總成績要分配的子問題。

總結

我已經將我認為的記憶法和動態規劃之核心重點展示給你們看：闡釋一個最佳解的結構、開發一個遞迴演算法、用記憶法來加速運算、或許再用填表方式取代遞迴。一旦你熟練了用一維或二維表格來解決問題，建議你去試試需要用三維或四維才能解決的問題，其原則跟我在這裡所講的是一樣的，但你必須更努力去探索那些子問題並將它們關聯起來。

　　跟動態規劃有關的概念經常會在其他演算法當中客串。例如下一章中，你將會看到我們再次把結果儲存起來以便稍後查看。在第六章中，你將看到一道題目，動態規劃在當中扮演配角，以加速我們感興趣的主體演算法所需要的計算。

筆記

「冰球世仇」原出自 2018 年加拿大計算奧林匹亞。

　　有很多演算法教科書深入地討論記憶法和動態規劃的理論與應用，我最喜歡 Jon Kleinberg 和 Éva Tardos 合著的《Algorithm Design》（2006 出版）當中的介紹。

4

圖與廣度優先搜尋

在本章中，我們會研究三道題目，這三道題目要求我們以最少的步數去解決一個謎題。騎士多快可以吃掉一個小兵？學生在體育課中攀爬繩子能有多快？可以用多低的費用將一本書翻譯成另外一種語言？這三道題目之中，共通的演算法是廣度優先搜尋（breadth-first search, BFS）演算法。BFS 能輕鬆打發掉這些問題，並且更加廣泛應用於任何想以最少步數解決謎題的情況中。在這個過程中，我們將學到「圖」的相關應用，它是一種將問題建立模型並加以解決的強大方法，專門處理牽涉到物件以及物件之間連結的問題。

題目一：騎士追逐 *Knight Chase*

這是 DMOJ 題號 ccc99s4。

問題

這個問題關係到兩位玩家（一個小兵和一個騎士）在玩一種棋盤遊戲（別擔心：你不需要會玩西洋棋）。

棋盤具有 r 列，第一列在最下面、而第 r 列在最上面。棋盤具有 c 欄，第一欄在左邊、第 c 行在右邊。

小兵跟騎士一開始位於棋盤上的某一格。小兵先動，然後換騎士，再換小兵，再換騎士，交替移動直到遊戲結束為止。每次換人一定要移動：停留在當前的格子中是不被允許的。

小兵的走法並沒有選擇空間：每一次輪到它，都往上移動一格。

反之，騎士最多有八種走法：

- 上 1 右 2
- 上 1 左 2
- 下 1 右 2
- 下 1 左 2
- 上 2 右 1
- 上 2 左 1
- 下 2 右 1
- 下 2 左 1

我說「最多有八種選擇」而不是「恰有八種選擇」，是因為讓騎士走到棋盤外面的移動是不被允許的。假設棋盤有 10 欄而騎士位於第 9 欄，那麼騎士往右走兩欄的移動步數是不行的。

下方圖例顯示了騎士的可能移動走法：

		f		e	
	b			a	
			K		
	d			c	
		h		g	

此處，騎士以 K 表示，而從 a 到 h 的每個字母表示每一種可能的移動。

遊戲會在三種情況下結束：一則騎士贏了，一則遊戲陷入僵局（也就是平手），或者是騎士輸了。

- 騎士贏：騎士在小兵抵達最上面那一列之前做出移動，並且落在跟小兵相同的格子上。要贏，必須是輪到騎士移動；如果輪到小兵移動且落在騎士格子上，並不算是騎士贏。

- 遊戲陷入僵局：騎士在小兵抵達最上面那一列之前做出移動，並且落在小兵上面一格。再次強調，必須是輪到騎士移動；唯一的例外是遊戲在一開始就是僵局，即騎士的起始位置在小兵的上面一格。

- 騎士輸：小兵在騎士贏之前或者遊戲陷入僵局之前，抵達了最上面那一列。也就是說，如果小兵在騎士落在它的格子上或騎士落在它上方格子之前先到最上面那一列，騎士就算輸了。一旦小兵抵達最上面那一列，騎士就不能再移動了。

目標是要判斷騎士的最佳結果，以及騎士要達到該結果所需要的最少步數。

輸入

輸入的第一行給出了接下來的測試案例數目。每一個測試案例都包含六行：

- 棋盤的列數，介於 3 到 99 之間。
- 棋盤的欄數，介於 2 到 99 之間。

- 小兵的起始列。

- 小兵的起始欄。

- 騎士的起始列。

- 騎士的起始欄。

題目保證小兵和騎士的起始位置是不同的，且騎士一開始會在至少有一個可行移動步數的位置上。

輸出

對於每一個測試案例，輸出一行包含以下三種訊息之一：

- 如果騎士贏，輸出

  Win in m knight move(s).

- 如果騎士不能贏但有辦法造成僵局，輸出

  Stalemate in m knight move(s).

- 如果騎士不能贏或製造僵局，輸出

  Loss in m knight move(s).

其中 m 是騎士所移動的最少步數。

解決測試案例的時間限制為兩秒鐘。

最佳化移動

一個真正的兩人遊戲，例如井字遊戲或西洋棋，每個玩家都能選擇下一步要怎麼行動。然而在這裡，只有騎士有得選，小兵的移動是完全固定的，而且我們從頭到尾都十分清楚小兵所在的位置。這倒也是件好事，因為倘若兩個玩家都有選擇空間的話，題目會明顯地難上許多。

騎士想獲勝或者製造僵局，可能有很多不同方法。假設騎士能贏好了；每一種贏的方法都會需要一些移動步數，而我們要辨視出最小的移動步數。

探索棋盤

讓我們透過一個測試案例來探索：

```
1
7
7
1
1
4
6
```

這個棋盤具有七列七欄。小兵起始格位於第 1 列第 1 欄，而騎士起始格位於第 4 列第 6 欄。

以最佳方式移動的話，騎士可以三步獲勝。下方的圖示顯示出騎士是如何獲勝的：

在此，K 用來表示騎士的起始位置，P 是小兵的起始位置。而 K1、K2 和 K3 分別標記出騎士在第一步、第兩步、第三步移動後的位置；而同樣地，P1、P2 和 P3 則是標記小兵移動後的位置。

用座標 (x,y) 來指第 x 列第 y 欄。如同預期，小兵只是往上走，從 (1,1) 到 (2,1) 到 (3,1)，最終來到 (4,1)。而騎士則是這樣移動的：

- 起始位置在 (4,6)，移動「上 1 左 2」來到 (5,4)。此時小兵在 (2,1)。
- 從 (5,4) 移動「上 1 左 2」來到 (6,2)。小兵現在位於 (3,1)。
- 從 (6,2) 移動「下 2 左 1」來到 (4,1)。這格正是小兵的所在位置！

騎士還有別的獲勝方法；例如，下一個圖示是騎士稍微打混了一下時會發生的事：

	1	2	3	4	5	6	7
7							
6		K2					
5	K4 P4			K1			
4	P3		K3			K	
3	P2						
2	P1						
1	P						

這次不是三步，而是四步抓到了小兵。雖然騎士還是贏了，這**並非**最快的方法。但我們要回報的是最少移動步數為三次、而不是四次。

假定有一個演算法可以判斷騎士從起始位置走到某一格所需的最少步數，我們就可以判斷出騎士走到每一個小兵位置所需要的步數。如果騎士可以跟小兵同時抵達，那麼騎士就贏了；如果騎士無法獲勝，我們可以做同樣的事以便形成僵局。也就是說，判斷騎士來到小兵上方一格所需的步數；只要騎士可以來到小兵上方一格，那麼我們就有僵局了[譯註]。

[譯註] 眼尖的讀者可能會發現這邊描述的策略是有破綻的；別急，後面會再討論。

要設計這樣的演算法，可以從騎士的起始位置開始探索棋盤。棋盤上只有一個格子是可以在零步就抵達的：即騎士的起始位置本身。從它開始，去找出哪些格子一步就可抵達；再從這些距離一步的格子找出兩步可抵達的格子；然後再從那些兩步可抵達的格子找出三步可抵達的格子，如此進行下去。找到了目標格就可以停止；屆時，我們就會知道走到那裡最少需要移動幾步了。

讓我們用同樣的測試案例來示範這個過程：七列七欄，其中騎士起始於 (4,6)（暫時忽略小兵）。我們將計算讓騎士從 (4,6) 移動到 (4,1) 的最少步數。

在下一個圖示中，格子中的數目代表從騎士起始位置開始的最小距離 [譯註]。如前所述，唯一可以零步抵達的格子就是騎士的起始位置本身，即 (4,6)。我們把這個稱為探勘的第零回合：

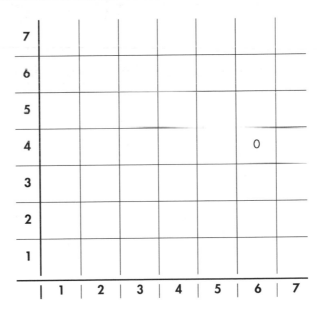

從 (4,6) 開始，嘗試所有可能的八種移動，以找出騎士可以一步抵達的那些格子。但是不能走「上 1 右 2」或「下 1 右 2」，因為那樣就會走出棋盤的右邊界了，因此只剩下六個格子是距離一步之遙的。這是第一回合：

[譯註] 這個距離不是指幾何上的距離，而是根據騎士所需的最少步數定義出來的距離；這在數學上又稱為騎士距離（knight distance）。如果騎士永遠沒有辦法從一個格子走到另外一個格子，則定義這兩個格子之間的騎士距離為無限大。

	1	2	3	4	5	6	7
7							
6					1		1
5				1			
4						0	
3				1			
2					1		1
1							

我們還沒有找到 (4,1)，所以要繼續走。從第一回合中發現的六個新格子開始探索，將會給出距離兩步之遙的格子。例如，考慮格子 (6,5)，從該格可以抵達的格子如下：

- 上 1 右 2：(7,7)
- 上 1 左 2：(7,3)
- 下 1 右 2：(5,7)
- 下 1 左 2：(5,3)
- 上 2 右 1：不可行
- 上 2 左 1：不可行
- 下 2 右 1：(4,6)
- 下 2 左 1：(4,4)

這些格子是就是從起始位置開始距離兩步之遙的格子——除了 (4,6) 之外，其值（0）我們之前已經填過了！從距離一步的格子去看所有可行的移動，讓我們來到了第二回合——找到了距離兩步之遙的格子：

7			2		2		2
6		2			1	2	1
5			2	1	2		2
4		2		2		0	
3			2	1	2		2
2		2			1	2	1
1			2		2		2
	1	2	3	4	5	6	7

注意，不可能有其他格子距離兩步之遙。所有距離兩步之遙的格子必須從距離一步之遙的格子出發，而我們已經探索過所有可能距離一步之遙的格子了。

至此，還是沒有找到 (4,1)，所以繼續進行。從所有距離兩步之遙的格子探勘讓我們來到了第三回合，找到距離三步之遙的格子：

7		3	2	3	2	3	2
6	3	2	3		1	2	1
5		3	2	1	2	3	2
4	3	2	3	2	3	0	3
3		3	2	1	2	3	2
2	3	2	3		1	2	1
1		3	2	3	2	3	2
	1	2	3	4	5	6	7

我們找到了：格子 (4,1) 被填入 3 的值，因此從 (4,6) 移動到 (4,1) 最少需要三步。如果到這邊還沒找到 (4,1) 就繼續：去找距離四步之遙的格子、五步之遙的格子，依此類推。

這種技巧——找出所有距離零步的格子、再找出距離一步的格子、再來兩步，如此繼續下去——稱為**廣度優先搜尋**（breadth-first search），簡稱 BFS。「廣度」這個詞彙是指全部的範圍；之所以命名為 BFS，是因為我們先探索了每一格所能抵達的全部範圍，然後才繼續前往其他的格子。BFS 快速且記憶體效率高，實作起來也很乾淨。每當你想取得從一個位置到另外一個位置的最小距離時，調用 BFS 絕對會是一個強大的招數。我們就這麼做吧！

實作廣度優先搜尋

先來寫一些型別定義，以便讓程式碼更整潔一些。首先，每一個棋盤位置都是由一列和一欄組成的，所以，就用一個結構來打包它們吧：

```
typedef struct position {
  int row, col;
} position;
```

棋盤是一個二維陣列，也可以為它做型別定義。我們會用它來存放一些整數，以對應移動的次數。最大將有 99 列 99 欄，但需要額外配置一列一欄，行與欄的索引才可以從 1 開始而不是 0：

```
#define MAX_ROWS 99
#define MAX_COLS 99

typedef int board[MAX_ROWS + 1][MAX_COLS + 1];
```

最後，做一個陣列型別來存放 BFS 過程中發現的位置；要讓它大到足夠存放棋盤上的所有位置：

```
typedef position positions[MAX_ROWS * MAX_COLS];
```

現在我們準備好要寫 BFS 了。這是即將實作的函數：

```
int find_distance(int knight_row, int knight_col,
                  int dest_row, int dest_col,
                  int num_rows, int num_cols)
```

參數 knight_row 與 kinght_col 給出了騎士的起始位置,而 dest_row 和 dest_col 則給出了想要的目的地。參數 num_rows 和 num_cols 分別給出了棋盤的列數和欄數:我們會需要用這兩個來判斷一個移動是否合法。此函數傳回了騎士從起始位置到目的地的最少移動次數;若騎士無法走到目的地,則傳回 -1。

BFS 是由兩個關鍵陣列所驅動的:

cur_positions	這個陣列存放著當前的 BFS 回合之中所發現的位置。例如,它可能會是第 3 回合中所發現的所有位置。
new_positions	這個陣列存放著 BFS 下一回合中所發現的位置。例如,如果 cur_positions 存放著第 3 回合所發現的位置,那麼 new_positions 就可能會放著第 4 回合所發現的位置。

程式碼在清單 4-1 中給出。

```
int find distance(int knight_row, int knight_col,
                int dest_row, int dest_col,
                int num_rows, int num cols) {
  positions cur_positions, new_positions;
  int num_cur_positions, num_new_positions;
  int i, j, from_row, from_col;
  board min_moves;
  for (i = 1; i <= num_rows; i++)
    for (j = 1; j <= num_cols; j++)
      min_moves[i][j] = -1;
❶ min_moves[knight_row][knight_col] = 0;
❷ cur_positions[0] = (position){knight_row, knight_col};
  num_cur_positions = 1;

❸ while (num_cur_positions > 0) {
    num_new_positions = 0;
    for (i = 0; i < num_cur_positions; i++) {
      from_row = cur_positions[i].row;
      from_col = cur_positions[i].col;
    ❹ if (from_row == dest_row && from_col == dest_col)
        return min_moves[dest_row][dest_col];

    ❺ add_position(from_row, from_col, from_row + 1, from_col + 2,
                  num_rows, num_cols, new_positions,
                  &num_new_positions, min_moves);
      add_position(from_row, from_col, from_row + 1, from_col - 2,
                  num_rows, num_cols, new_positions,
                  &num_new_positions, min_moves);
      add_position(from_row, from_col, from_row - 1, from_col + 2,
```

```
                    num_rows, num_cols, new_positions,
                    &num_new_positions, min_moves);
        add_position(from_row, from_col, from_row - 1, from_col - 2,
                    num_rows, num_cols, new_positions,
                    &num_new_positions, min_moves);
        add_position(from_row, from_col, from_row + 2, from_col + 1,
                    num_rows, num_cols, new_positions,
                    &num_new_positions, min_moves);
        add_position(from_row, from_col, from_row + 2, from_col - 1,
                    num_rows, num_cols, new_positions,
                    &num_new_positions, min_moves);
        add_position(from_row, from_col, from_row - 2, from_col + 1,
                    num_rows, num_cols, new_positions,
                    &num_new_positions, min_moves);
        add_position(from_row, from_col, from_row - 2, from_col - 1,
                    num_rows, num_cols, new_positions,
                    &num_new_positions, min_moves);
      }

  ❻ num_cur_positions = num_new_positions;
     for (i = 0; i < num_cur_positions; i++)
       cur_positions[i] = new_positions[i];
   }
   return -1;
}
```

清單 4-1：在 BFS 下騎士的最少移動次數

我們做的第一件事是將 min_moves 陣列全部設成 -1 來清除之；-1 表示還沒計算移動次數。我們唯一知道的最小移動次數的格子，是騎士的起始位置，因此將此格初始化為 0 ❶。起始位置同時也是 BFS 開始進行的格子 ❷。接著，只要最近一回合的 BFS 發現了至少一個新格子，while 迴圈就會一直執行 ❸。在 while 迴圈中，我們會去檢視每一個格子；如果發現了目的地那格 ❹，傳回其最小移動次數，否則就繼續探索。

從給定格子開始探索所有可能的八種移動方式，是透過呼叫一個名為 add_position 的輔助函數八次來達成。它會在 new_positions 中加入新的格子，並且隨之更新 num_new_positions。注意看它的前四個參數：給出了當前的列與欄，以及基於八種可能移動得到的新的列與欄。例如，第一次呼叫 ❺ 是對應於「上 2 右 1」的移動。待會再來看 add_position 的程式碼。

我們已經通過了 cur_positions 中的每一個格子並找到那些距離一步之遙的格子，這樣便完成了一回合的 BFS。為了準備下一回合，繼續追蹤新格子的

數目 ❻，並把所有的新格子從 new_positions 中複製到 cur_positions 中。如此一來，while 迴圈的下一次迭代便能從這些新格子中進一步再找出新格子。

如果來到程式碼底端卻沒有發現目的地格子，就傳回 -1 ——表示無法從騎士的起始位置走到目的地格子。

現在來看 add_position 輔助函數；見清單 4-2。

```
void add_position(int from_row, int from_col,
                  int to_row, int to_col,
                  int num_rows, int num_cols,
                  positions new_positions, int *num_new_positions,
                  board min_moves) {
  struct position new_position;
  if (to_row >= 1 && to_col >= 1 &&
      to_row <= num_rows && to_col <= num_cols &&
      min_moves[to_row][to_col] == -1) {
❶   min_moves[to_row][to_col] = 1 + min_moves[from_row][from_col];
    new_position = (position){to_row, to_col};
    new_positions[*num_new_positions] = new_position;
    (*num_new_positions)++;
  }
}
```

清單 4-2：加入新的位置

其中，if 陳述式有五個條件，每一個都必須為真才能使得 to_row 和 to_col 構成合法的位置：列數必須至少為一，欄數必須至少為一，列數至多為列的總數，欄數至多為欄的總數，以及…呃，最後那行 min_moves[to_row][to_col] == -1 是做什麼用的？

最後那個條件是用來判斷我們是否已經看過這個格子。如果還沒有，它會有 -1 的值，可以放心地設定它的移動數；如果它已經有了其他的值，那麼一定是在**較早**的 BFS 回合中就已經發現它，因此，它已經有了一個值比現在要給它的值還要小[譯註]。換句話說，-1 以外的值代表最小移動次數已經被設定了，不應該去更動它。

[譯註] 這邊有小語病，其實有可能數值是在同一回合的稍早被填入的，也就是說可能裡面的數值正好跟我們準備要填入的數值是一樣的。

如果五個條件都通過了，我們就發現了一個新格子。格子 (from_row, from_col) 是在前一回合 BFS 中發現的，而 (to_row, to_col) 是當前回合中發現的。於是，(to_row, to_col) 的最小移動次數就是 (from_row, from_col) 的最小移動次數再加一 ❶。由於 (from_row, from_col) 來自前一回合的 BFS，表示其值已經存在 min_moves 當中了，因此可以直接查看該值，不用重新計算。

你可能會在這裡看到記憶法和動態規劃的影子，確實沒錯：BFS 使用了同樣的技巧來查看東西，而非去重新計算。然而，不論是根據子問題解答最大化或最小化一則解答，或是將較小問題解答組合成較大問題的解答，在這裡都沒有這樣的概念存在。因此，演算法開發者通常不會把 BFS 稱之為動態規劃演算法，而是將它歸類為搜尋演算法或探索演算法。

騎士的最佳結果

我們已經把 BFS 用 find_distance 函數封裝好了，接下來計算小兵沿著欄位往上的移動步數，並使用 find_distance 判斷騎士能否落在小兵的格子上。例如，若小兵走到某一格要三步，騎士也正好用了三步抵達該格，那麼騎士就可以三步獲勝。倘若騎士無法獲勝，可以對僵局嘗試類似的技巧：再次讓小兵沿著欄往上走，這次檢查騎士是否能製造僵局；若是不能，則騎士輸。我將這套邏輯寫成了清單 4-3 的程式碼。solve 函數接受六個參數：小兵的起始列與欄、騎士的起始列與欄、棋盤的列數和欄數。它會輸出一行對應騎士獲勝、僵局或騎士落敗。

```
void solve(int pawn_row, int pawn_col,
           int knight_row, int knight_col,
           int num_rows, int num_cols) {
  int cur_pawn_row, num_moves, knight_takes;

❶ cur_pawn_row = pawn_row;
  num_moves = 0;
  while (cur_pawn_row < num_rows) {
    knight_takes = find_distance(knight_row, knight_col,
                                 cur_pawn_row, pawn_col,
                                 num_rows, num_cols);
❷ if (knight_takes >= 0 && num_moves >= knight_takes &&
       (num_moves - knight_takes) % 2 == 0) {
      printf("Win in %d knight move(s).\n", num_moves);
      return;
    }
```

```
      cur_pawn_row++;
      num_moves++;
    }

❸ cur_pawn_row = pawn_row;
  num_moves = 0;
  while (cur_pawn_row < num_rows) {
    knight_takes = find_distance(knight_row, knight_col,
                                 cur_pawn_row + 1, pawn_col,
                                 num_rows, num_cols);
    if (knight_takes >= 0 && num_moves >= knight_takes &&
        (num_moves - knight_takes) % 2 == 0) {
      printf("Stalemate in %d knight move(s).\n", num_moves);
      return;
    }
    cur_pawn_row++;
    num_moves++;
  }

❹ printf("Loss in %d knight move(s).\n", num_rows - pawn_row - 1);
}
```

清單 4-3：騎士的最佳結果（有錯誤！）

讓我們把這個程式碼分成三段來研究，以便更容易理解。

第一段是檢查騎士是否能獲勝的程式碼。一開始，將小兵的列存在一個新的變數中 ❶ ——小兵往上移動的時候將會改變它的列數，所以需要記住一開始所在的列。接著，只要小兵還未抵達最上面一列，while 迴圈會一直執行，而每一次迭代都會去計算騎士要抵達小兵所在位置所需的步數。如果騎士可以跟小兵同時抵達同一個位置 ❷，騎士便能獲勝；如果騎士無法獲勝，小兵會抵達棋盤的最上面一列，因此我們繼續執行下一個 while 迴圈。

這裡就是程式碼的第二段開始之處 ❸，它的任務是去判斷騎士是否能製造僵局。程式碼跟第一段一樣，除了在 while 迴圈中它檢查的是騎士抵達小兵上面一列（而非抵達小兵所在列）所需的步數。

第三段只有一行 ❹，而它只有在騎士無法獲勝或無法產生僵局的時候才會執行。這一段就只是輸出落敗的訊息。

以上就是我們處理單一測試案例的過程。為了讀取並處理所有的測試案例，我們需要一個小的 main 函數，內容跟清單 4-4 一樣單純。

```
int main(void) {
  int num_cases, i;
  int num_rows, num_cols, pawn_row, pawn_col, knight_row, knight_col;
  scanf("%d", &num_cases);
  for (i = 0; i < num_cases; i++) {
    scanf("%d%d", &num_rows, &num_cols);
    scanf("%d%d", &pawn_row, &pawn_col);
    scanf("%d%d", &knight_row, &knight_col);
    solve(pawn_row, pawn_col, knight_row, knight_col,
          num_rows, num_cols);
  }
  return 0;
}
```

清單 4-4：main 函數

　　感覺不錯吧？現在已經有一個完整的解答了。我們使用 BFS 來最佳化騎士移動的步數，並且檢查騎士會獲勝、導致僵局還是落敗。那麼，就把這個解答提交給解題系統吧。其結果還是讓你感覺不錯嗎？

騎士反反覆覆

在第一章和和第三章中，我曾給過一些解答是正確的、但執行速度太慢無法通過測試案例。對照之下，我在這邊對「騎士追逐」問題給出的解答則是**不正確**的：在某些測試案例會產生錯誤的輸出（而更妙的是，這個程式碼也是沒必要地緩慢啊）。

處理正確性

程式碼之所以不正確，是因為它沒有考慮到騎士可能會走太快！也就是說，在小兵走到某個位置之前就先抵達了該位置。因此，「測試小兵與騎士恰好相同的移動步數」太嚴格了。

　　下面這個測試案例可以釐清這一點：

```
1
5
3
1
1
3
1
```

這是一個由五列三欄構成的棋盤，小兵起始點為第 1 列第 1 欄，而騎士起始點則為第 3 列第 1 欄。當前的程式碼對此測試案例的輸出如下：

Loss in 3 knight move(s).

（輸出不是 4 而是 3，因為小兵抵達了最上面一列之後，騎士就不能再移動。）這表示不存在一種獲勝或僵局的方法——騎士的最少步數等於小兵的步數，至少這一點確實是真的。不過，騎士仍然有辦法在這邊獲勝，並且兩步就能達成。請花一點時間試著想想看騎士是如何做到的！

當小兵走了一步來到 (2,1)，騎士是不可能一步就獲勝的。然而，經過兩步之後，小兵抵達了 (3,1)，而騎士可以在兩步之後也落在 (3,1) 上。下面是騎士的可能走法：

- 第一步：從 (3,1) 移動到 (5,2)。

- 第二步：從 (5,2) 移動回到 (3,1)。

騎士要抵達 (3,1) 的最小移動次數為零——畢竟那就是騎士的起始位置。騎士不但能夠零步抵達 (3,1)，也能夠在兩步之後抵達，只要先移動到另一個格了上再返回即可。

來做個自我測驗：把騎士的初始位置從 (3,1) 改成 (5,3)，你是否找得出騎士三步獲勝的方法？

進一步推廣，我們可以說：如果騎士最少 m 步可以抵達一個格子，那麼它也可以 $m + 2$ 步抵達該格子、或者 $m + 4$ 步亦可，依此類推。它只要一直走到另一個格子然後再返回就好。

這意味著，對我們的解答來說，每一個步驟中，騎士都有兩種方式可以獲勝或形成僵局：因為其最少步數跟小兵的移動次數相符、或者因為其最少步數比小兵的移動次數大了一個偶數。

也就是說，我們不用：

---

if (knight_takes == num_moves) {

而是需要用：

```
if (knight_takes >= 0 && num_moves >= knight_takes &&
    (num_moves - knight_takes) % 2 == 0) {
```

在此，我們測試的是小兵移動次數和騎士移動次數的差距是否為二的倍數。

在清單 4-3 中有兩處錯誤的程式碼；將它們如下修改便能產生清單 4-5 的（正確！）程式碼。

```
void solve(int pawn_row, int pawn_col,
           int num_rows, board min_moves) {
  int cur_pawn_row, num_moves, knight_takes;

  cur_pawn_row = pawn_row;
  num_moves = 0;
  while (cur_pawn_row < num_rows) {
    knight_takes = min_moves[cur_pawn_row][pawn_col];
❶  if (knight_takes >= 0 && num_moves >= knight_takes &&
        (num_moves - knight_takes) % 2 == 0) {
      printf("Win in %d knight move(s).\n", num_moves);
      return;
    }
    cur_pawn_row++;
    num_moves++;
  }

  cur_pawn_row = pawn_row;
  num_moves = 0;
  while (cur_pawn_row < num_rows) {
    knight_takes = min_moves[cur_pawn_row + 1][pawn_col];
❷  if (knight_takes >= 0 && num_moves >= knight_takes &&
        (num_moves - knight_takes) % 2 == 0) {
      printf("Stalemate in %d knight move(s).\n", num_moves);
      return;
    }
    cur_pawn_row++;
    num_moves++;
  }

  printf("Loss in %d knight move(s).\n", num_rows - pawn_row - 1);
}
```

清單 4-5：騎士的最佳結果

如同剛才說的，我們只改了 ❶ ❷ 兩處。現在這個程式碼就能通過解題系統了。

正確性的顧慮

如果解答的正確性可以充分說服得了你，那麼跳過這一節也無妨。不然的話，我想針對你此刻可能產生的顧慮說明一下。

假設騎士比小兵提早了偶數次數的移動抵達某個格子，且花了 m 步；同時，也假設騎士可以不限次數離開並重返該格——在 $m + 2$ 次、$m + 4$ 次…等移動後回到該格，最終在此格抓到了小兵。要是騎士有辦法採用別的移動順列，而在 $m + 1$ 次、$m + 3$ 次等…移動後抓到小兵，那就有點嚇人了，因為這麼一來，增加奇數次數的移動有可能導致比增加偶數次數的移動還要好的最小值。幸好，這不會發生。

嘗試一下這個小實驗吧，為騎士選取一個起始位置和目的地，並找出騎士從起始位置移動到目的地所需的最少步數，稱之為 m。然後，再試著找出騎士從起始位置以恰好 $m + 1$ 步或 $m + 3$ 步抵達目的地的走法，依此類推。例如，如果最快的走法是兩步，那麼試著找出一個恰好走了三步的走法。你是辦不到的。

每次騎士移動的時候，其欄列數一個會改變二、另一個會改變一；例如，它的列數可能從六變成四、而欄數從四變成五。將一個數目改變二並不會改變它原來的偶數或奇數性質，但是呢，將一個數目改變一**確實**會讓該數目從偶數變成奇數，反之亦然。也就是說，就偶數奇數的觀點來看，每次移動都會讓（列與欄數）其中一個維持不變、而改變另外一個。當一個數目從偶數變成奇數或從奇數變成偶數，我們就說它的**奇偶性（parity）**改變了。

令 k 為一個奇數。現在我們準備好要說明為什麼騎士不可能同時以 m 步和 $m + k$ 步抵達同一個目的地了。假設騎士可以用 m 步抵達格子 s，其中 m_1 步改變了列數的奇偶性、而 m_2 步改變了欄數的奇偶性。

假設 m_1 和 m_2 都是偶數好了。如此一來，這些移動並沒有改變列數或欄數的奇偶性：如果我們從一個數目開始、並且改變其奇偶性偶數次，那麼到最後其奇偶性終究不變。但如果我們採用別的移動序列，變換列數的奇偶性

奇數次，或是變換欄數的奇偶性奇數次，那麼這個移動序列就不可能抵達 s，它會抵達的是列數或欄數的奇偶性與 s 不同的格子。

此時，$m_1 + m_2$ 步數的總和是 m，它是偶數：因為兩個偶數加起來也是偶數。但是，$m + k$ 一定是奇數，而既然 $m + k$ 是奇數，它就不可能是由偶數次「改變列數的移動」和偶數次「改變欄數的移動」組合所產生：至少有一個必須是奇數次，才能改變列或欄的奇偶性。這就是為什麼這些 $m + k$ 次的移動不可能讓騎士落在 s 格之上（還有三種情況—— m_1 為偶數、m_2 為奇數，m_1 為奇數、m_2 為偶數，以及 m_1 和 m_2 都是奇數——不過我就略過這些了，其分析是類似的[譯註]）！

時間最佳化

目前的解答（清單 4-5）可能會進行很多次 BFS 呼叫。每次小兵往上走一格，就用 BFS（藉由呼叫 find_distance）來判斷小兵是否會被騎士抓到。

假設小兵起始位置為 (1,1)，我們從騎士的起始位置執行 BFS 到 (1,1)，而過程中也會探索一些其他的格子。如果騎士無法在該位置抓到小兵，就要從騎士的起始位置執行 BFS 到 (2,1)，而這也會探索到其他的格子。然而，(1,1) 和 (2,1) 靠得非常近，因而第二次的 BFS 很可能會重複探索了第一次呼叫 BFS 就已經探索過的格子。很不幸的是，每一次 BFS 呼叫都是獨立的，因此第二次 BFS 呼叫會重複執行第一次 BFS 呼叫已經做過的許多工作，而第三次呼叫又會重複執行前兩次 BFS 呼叫已經做過的許多工作…

BFS 確實很快，我會在下一節當中說明原因與更多的細節，不管怎樣，還是值得試一試減少 BFS 的調用次數。

[譯註] 關於正確性的論證，有另一個常見的圖解說明：想像一下把棋盤如同一般的西洋棋盤那樣將格子畫上交錯的黑白色。注意，騎士每次從黑色格子移動，都會來到白色格子，反之亦然，所以不管騎士怎麼移動，它經歷的格子一定會是黑白交錯，因此視騎士初始位置和目的地的格子顏色而定，騎士過程中有可能走了幾步的奇偶性也會唯一確定下來：如果兩個格子同色，那麼騎士就一定只能走偶數步；反之如果兩個格子不同色就只能走奇數步，不可能有辦法用另外一種奇偶性的步數來走。

這邊有個好消息要告訴各位：我們可以把 BFS 的呼叫次數減少到只有⋯⋯一次！回想一下清單 4-1 的 BFS 程式碼，我們在 ❹ 這個地方中斷了 BFS，前提是找到了目的地。如果拿掉這個程式碼，BFS 就會探索全部的棋盤，並且計算抵達全部格子的最短距離。做此變更意味著我們只需呼叫一次 BFS，在那之後，只要在 min_moves 陣列中查看我們需要的東西即可。

快去做！去做必要的程式碼變更，讓 BFS 只被呼叫一次。

我原先的程式碼提交給解題系統時，只跑了 0.1 秒，但在進行「只調用一次 BFS」的最佳化之後，程式碼只跑了 0.02 秒，加速了 500%。更重要的是，這個最佳化顯示出 BFS 不只可以用來找出從一個起始位置到另一個位置的最短距離，也可以用來找出從起始位置到**所有**其他位置的最短距離。下一節我將進一步討論 BFS，請繼續往下讀，我認為 BFS 的彈性一定會讓你大吃一驚。

圖（Gragh）與 BFS

BFS 是一個強大的搜尋演算法，如同我們在「騎士追逐」問題的解答中見識到的。為了執行 BFS，我們需要圖（graph）[編註]。先前解決「騎士追逐」問題時並沒有去思考圖的相關問題——或者該說，當時根本還不知道那是啥！不過，在 BFS 的背後，確實是有一個圖的存在。

什麼是圖？

圖 4-1 是我們第一個圖的例子。

[編註] 本節中提到的「圖」（graph）源於組合數學中的「圖論（graph theory）」，graph 通常作為建立問題模型的一種方法以幫助理解問題。英文 graph 與書中各章所展示的示意圖（英文為 figure）在中文同樣是翻譯為「圖」，研讀本章圖論的內容時請特別注意區分兩者的不同。

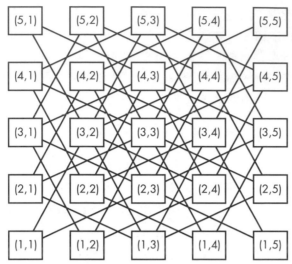

圖 4-1：騎士移動圖。

　　就和樹一樣，一個圖是由**節點**（**node**，即圖中的方塊）和節點之間的**邊**（**edge**，即圖中的線條）所組成的。在這個圖當中，這些邊代表騎士合法的移動，例如騎士從節點 (5,1)，可以沿著一條邊移動到 (4,3) 或是沿著另一條邊達到 (3,2)。沒有其他的邊跟 (5,1) 相連，因此沒有其他的移動方法。

　　現在我可以來解釋如何隱約使用圖來解決「騎士追逐」問題了。假設 (5,1) 是騎士的起始位置，我們的 BFS 會從此格嘗試可能的八種移動法，但其中六種會走到棋盤外；用圖的術語來說，這六個並非 (5,1) 所具有的邊。透過邊，BFS 發現兩個可以抵達的節點：(4,3) 和 (3,2)。接著會繼續探索**可以**從這兩個節點抵達的節點，以此類推。

　　我把圖照著格子來畫，以反映出背後代表的棋盤，不過圖本身如何繪製不具有任何意義，只有節點跟邊才是有意義的。我大可以把圖畫成節點混亂散布，它所傳達的意義還是一樣的。只不過，當圖是根據某種潛在的幾何結構，依照對應的方式來呈現比較有助於理解。

　　要解決「騎士追逐」的問題，並不需要在程式碼當中明確地把圖表示出來，因為在探索棋盤的時候就能找出每一個節點可行的走法（即邊）。不過有些時候確實會需要在程式碼中明確表示圖，類似於在第二章表示樹的做法。我們將在題目三當中看到要怎麼做。

圖 vs. 樹

圖和樹有很多共通點，它們都是用來表示節點之間的關係。事實上，每一個樹都是一個圖，但有些圖卻不是樹。圖更為通用，且它所能表達的比樹還要多。

首先，圖可以允許「圈」（但樹則不行）。如果可以從一個節點開始走再回到這個節點，並且沒有用到重複的邊或節點，這個圖中就有**迴路**（**cycle**）（迴路中第一個和最後一個節點是唯一重複的節點）。回去看圖 4-1，該圖中有一個迴路：(5,3) → (4,5) → (3,3) → (4,1) → (5,3)。

其次，圖可以是**有向的**（**directed**；但樹則不行 [譯註1]）。目前為止我們看過的樹和圖都是**無向的**（undirected），意思是如果兩個節點 *a* 和 *b* 被一條邊連接著，那麼我們既可以從 *a* 走到 *b*、也可以從 *b* 走到 *a*。圖 4-1 中的圖是無向的；例如，我們可以從 (5,3) 沿著一條邊走到 (4,5)、再沿著同一條邊從 (4,5) 走回 (5,3)。然而，有的時候，我們會希望只允許其中一個方向，不允許反方向的移動。一個**有向圖**（**directed graph** [譯註2]）即為每條邊有標示出允許移動方向的圖；圖 4-2 展示了一個有向圖。

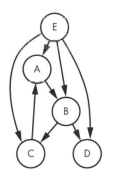

圖 4-2：一個有向圖。

注意，在圖 4-2 中，可以從 E 移動到其他各節點，但是不能從這些節點移動到 E。這些邊都是單向的邊。

[譯註1] 此說法不正確，其實也是有「有向樹」的概念存在於圖論之中的。

[譯註2] 在文獻中亦常簡稱為 digraph。

當無向圖會造成資訊遺失的時候，有向圖就顯得很有幫助。在我任教的資訊科學系裡，每一門課程都有一個以上的必修預備課程，例如，我們有「C 語言」的課程，這門課要求學生必須先修過「軟體設計」課程。「軟體設計 → C 語言」的關係就是一種有向邊結構。倘若採用無向邊，我們仍然知道這兩門課是相關的，但卻不會知道這些課程的必修順序。圖 4-3 顯示出一個小的必修預備課程圖。

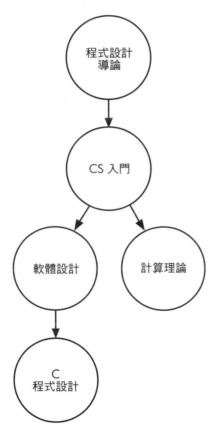

圖 4-3：必修預備課程圖。

圖比樹更加通用的第三個特性是，圖可以是**不連通的（discon-nected）**。我們目前看過的所有樹和圖都是**連通的（connected）**，意思是，你可以從任一節點走到其他任一節點。現在來看圖 4-4 中的不連通圖。

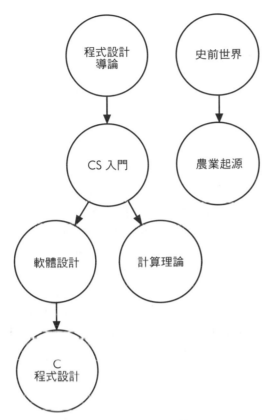

圖 4-3：*不連通的必修預備課程圖。*

　　這個圖是不連通的，例如，你無法沿著一條路徑從「程式設計導論」走到「史前世界」。當一個圖可以自然分解成不同部分，不連通圖就很管用。

圖上的 BFS

我們可以在無向圖（如同「騎士追逐」問題中的做法）或有向圖上執行 BFS，其演算法是一樣的：從當前的節點遍歷所有可能的移動，一一探索。BFS 被稱為**最短路徑（shortest-path）**演算法：介於起始節點與另一個節點之間的所有路徑當中，BFS 會給出其中一條邊數最少的路徑。只要我們關切的是將邊數最小化，就可以使用它來解決**單一源頭最短路徑（single-source shortest-path）**問題，因為它是從單一的源頭（或起始）節點開始去找出最短路徑的。

要讓 BFS 快速執行，需要控制的不在於圖是否有向，而在於調用 BFS 的次數以及圖的邊數。呼叫一次 BFS 的執行時間，與從起始節點能夠走的邊數是成正比的，這是因為 BFS 會把每條邊都看一次，判斷它是否會導致發現一個新的節點。我們將 BFS 稱為線性時間演算法，因為其工作量與邊數呈線性關係：如果 BFS 需要花 5 個步驟探索 5 條邊，那麼 10 條邊就會需要 10 個步驟。我們將使用邊數來估計 BFS 執行的步驟數。

「騎士追逐」問題中有一個 r 列 c 欄的棋盤，每一個節點最多有八條邊，因此棋盤最多共有 $8rc$ 條邊[譯註]，執行一次 BFS 則需要用 $8rc$ 個步驟。對於最大的棋盤 99×99 來說，這小於 80,000 步。如果我們執行了 r 次或更多次 BFS 呼叫，如同在清單 4-5 中那樣，就會用上 $8r^2c$ 個步驟，此時 99×99 的棋盤似乎就沒那麼好了：它可能會花超過七百萬個步驟。這就是為什麼減少 BFS 的呼叫次數可以幫這麼大的忙！

只要問題涉及到一組物件（棋盤位置、課程、人物、網站…）以及這些物件之間的關係，用圖來將問題建模會是一個好主意。一旦將問題建立成圖，你就可以利用一大堆跟圖有關的高速演算法，BFS 也是其中之一。

題目二：攀爬繩子 *Rope Climb*

「騎士追逐」問題明確給出一個棋盤作為遊戲的範圍。而在這邊，不會直接給予棋盤，因此我們必須自己去參透。再次地提醒，策略將會是利用 BFS 模擬合法的移動。

這是 DMOJ 題號 wc18c1s3。

問題

鮑伯在體育課必須爬上一根繩子，這條繩子有無限的長度，但鮑伯只被要求爬到至少 h 公尺的高度。

[譯註] 透過一個簡單的觀察，這個上界可以立刻改進一半：由於每一條邊會被它的兩端節點各計算一次，所以我們可以將這個數目除以 2，得到改進的上界為 $4rc$。

一開始，鮑伯在高度 0 的位置。他知道如何往上跳恰好 j 公尺，但是那是他唯一知道的跳法——因此如果 j 是 5，他就不能往上跳四公尺、六公尺或五以外的任何公尺數。此外，鮑伯也知道如何往下掉，而他可以往下掉任何公尺數：一、二、三…諸如此類。

　　每一次跳躍或下墜都算是一次行動。假如鮑伯往上跳五公尺、往下掉兩公尺、再往上跳五公尺、然後往下掉八公尺，就算做了四次動作。

　　現在，好玩的地方來了：愛麗絲在繩子的某些區段上塗了癢粉。如果這樣一個區段從高度 a 開始到高度 b，表示 a 到 b 一整段包括端點 a 和 b 在內都有癢粉。癢粉對於鮑伯的行動有如下的影響：

- 如果往上跳 j 公尺時會落在癢粉區段，鮑伯就無法往上。
- 如果往下墜指定公尺數時會落在癢粉區段，鮑伯就無法往下。

目標是要判斷鮑伯達到高度 h 或超過它所需的最少移動次數。

輸入

輸入包含了一個測試案例，由下面幾行組成：

- 第一行包含了三個整數 h、j 和 n，其中 h 告訴我們鮑伯必須抵達的最小高度，j 是鮑伯可以往上跳的公尺數，而 n 是愛麗絲塗抹癢粉的區段數；這些整數至多為 1,000,000，而 j 至多為 h。
- n 行，每一行包含了兩個整數，第一個整數給出塗抹癢粉的區段起始高度，第二個整數給出終點高度；這些整數至多為 h - 1。

輸出

輸出鮑伯需要抵達高度 h 或超過它所需的最少移動次數。如果鮑伯無法抵達高度 h 或超過它則輸出 -1。

　　解決測試案例的時間限制為四秒鐘。

解答一：找出動作

先與「騎士追逐」問題直接比較來作為開始吧。

注意，在兩個情況當中，無論是棋盤上的騎士還是繩子上的鮑伯，我們的目標都是一樣的：最小化移動的次數。確實，騎士是在二維棋盤上到處移動、而鮑伯是在一維的繩子上移動，但會改變的只有我們參照每個位置的方式，除此之外，BFS 並不在乎從二維變成了一維。真的要說有什麼差別的話，降低一維是有稍微簡化事情啦！

那麼，從每個位置開始的可能移動方法呢？騎士至多有八種移動方法；對照之下，鮑伯的可能移動次數則須視其所處位置來決定。如果鮑伯在高度4、且可以往上跳五公尺，那麼他會有五種可能移動方法：往上跳五、往下掉一、往下掉二、往下掉三、或往下掉四。如果鮑伯位於 1,000 的高度，那麼他就有 1,001 種可能的移動方法！因此我們在判斷可用移動方法數的時候，必須考慮到鮑伯當前的位置。

那麼癢粉呢？「騎士追逐」題目並沒有任何跟它類似的設定。來看一個測試案例，以理解我們所面對的實際狀況：

```
10 4 1
8 9
```

鮑伯必須爬到至少高度 10（包含 10）以上，他可以往上跳四公尺。如果沒有癢粉的話，他就可以從 0 跳到 4 → 跳到 8 → 到達 12，一共是三次移動。

小心囉：鮑伯是不能從 4 跳到 8 的，因為高度 8 的地方有癢粉（癢粉位於 8 到 9）。在考慮到癢粉的因素後，解答會是四次移動；例如，鮑伯可以從0 跳到 4 → 往下掉到 3 → 往上跳到 7 → 最後再跳到 11；從 7 跳到 11 直接跳過了癢粉。

以鮑伯可跳 4 公尺的角度思考，從 4 到 8 的移動乍看之下可行，但實際上並不可行，因為有癢粉存在。與騎士的某些移動因會導致走出棋盤外而不可行相比，兩者沒有太大不同。對於那些不合法的騎士移動，執行 BFS 時有偵測到它們，因而並沒有將它們加入下一回合的位置中。對於癢粉也可做類似處理：任何會導致鮑伯落在癢粉上的移動，在我們的 BFS 程式碼當中都是不被允許的。

回想一下那些會讓騎士走到棋盤外的非法移動：在這裡需要擔心類似的事情嗎？繩子的長度是無限的，所以鮑伯爬再高也不會違反任何規則。然而，到了某個地步真的必須停止了，否則 BFS 會無止盡地尋找和探索新的位置。我引用一下第三章「守財奴」中，幫助我們在買蘋果時突破了類似困境的觀點。當時我們說，如果題目要求我們買 50 顆蘋果，就應該最多考慮買 149 顆蘋果，因為每一種定價方案最多是 100 顆蘋果。而在這邊，記得題目描述說，鮑伯跳躍的高度 j 至多為 h，即最小的目標高度，因此我們不應該讓鮑伯來到 $2h$ 或更高的高度。想想看，當鮑伯第一次來到 $2h$ 以上的高度時代表著什麼。鮑伯前一步的所在高度會是 $2h - j \geq h$，比起鮑伯來到 $2h$ 的高度還少了一步！因此，讓鮑伯來到 $2h$ 以上的高度不可能會是「到達至少高度 h」的最快方法。

實作廣度優先搜尋

我會盡量延續我們在「騎士追逐」問題中的做法來進行，只有在必要的時候才做出改變。

在當時的情境中，每名騎士的位置都是由一列與一欄所組成，所以我建立了一個結構來存放這兩項資訊。不過，繩子上的位置就只有一個整數，因此不需要使用到結構。讓我來為「棋盤」以及 BFS 所發現的位置進行型別定義：

```
#define SIZE 1000000

typedef int board[SIZE * 2];
typedef int positions[SIZE * 2];
```

把一條繩子稱為「board（棋盤）」可能有點奇怪，但它的用途跟「騎士追逐」問題中對應的型別定義是一樣的，姑且就繼續沿用吧。

我們在這裡將執行一次 BFS 呼叫，而該呼叫將計算鮑伯從高度零到每一個合法位置的最少移動次數。清單 4-6 中給出了 BFS 的程式碼──將它和清單 4-1 的 find_distance 程式碼比較一下（特別是，我希望你在讀完第 162 頁「時間最佳化」之後寫出來的程式碼，可以跟它做個比較）。

```
void find_distances(int target_height, int jump_distance,
                     int itching[], board min_moves) {
  static positions cur_positions, new_positions;
  int num_cur_positions, num_new_positions;
  int i, j, from_height;
  for (i = 0; i < target_height * 2; i++)
❶  min_moves[i] = -1;
  min_moves[0] = 0;
  cur_positions[0] = 0;
  num_cur_positions = 1;

  while (num_cur_positions > 0) {
    num_new_positions = 0;
    for (i = 0; i < num_cur_positions; i++) {
      from_height = cur_positions[i];

❷    add_position(from_height, from_height + jump_distance,
                   target_height * 2 - 1,
                   new_positions, &num_new_positions,
                   itching, min_moves);
❸    for (j = 0; j < from_height; j++)
        add_position(from_height, j,
                     target_height * 2 - 1,
                     new_positions, &num_new_positions,
                     itching, min_moves);
    }

    num_cur_positions = num_new_positions;
    for (i = 0; i < num_cur_positions; i++)
      cur_positions[i] = new_positions[i];
  }
}
```

清單 4-6：使用 BFS 求出鮑伯的最少移動次數

這個 find_distance 函數有四個參數：

target_height	鮑伯必須到達的最小高度，即測試案例中的 h 值。
jump_distance	鮑伯能往上跳的距離，即測試案例中的 j 值。
itching	此參數指出了癢粉是否存在。如果 itching[i] 為 0，則高度 i 沒有癢粉，否則表示有癢粉（接下來，我們將會使用測試案例中給予的癢粉區段來建立此陣列，不過步驟應該很簡單，屆時就不必擔心那些特定區段：只要對此陣列進行索引就好了）。
min_moves	即棋盤，用來儲存到達每個位置的最少移動次數。

如「騎士追逐」的清單 4-1，我們將棋盤中的每個位置初始化成 -1 ❶，表示 BFS 還沒找到這個位置。該初始化，如同這裡其他對 board 型別的初始化，都是在對一維（而非二維！）的陣列進行索引；除此之外，其結構跟「騎士追逐」中的 BFS 程式碼是非常類似的。

然而，新增位置的程式碼有一個很有趣的結構性改變。鮑伯只有一種跳躍距離，所以只需考慮一種跳躍動作 ❷：從 from_height 開始並落在（假如位置合法的話）from_height + jump_distance 上。我們可以用 target_height * 2 - 1 來取得鮑伯允許抵達的最人高度。至於往下掉，我們不能把鮑伯的可行移動寫死；那些移動取決於鮑伯當前的高度。相應的對策是，使用一個迴圈 ❸ 來考慮從零（即地面）一直到（但不包含）from_height（即鮑伯當前高度）的所有終點高度。這個迴圈是與「騎士追逐」BFS 唯一顯著的不同之處。

為了完成 BFS 程式碼，我們需要實作 add_position 輔助函數。其程式碼在清單 4-7 中給出。

```
void add_position(int from_height, int to_height, int max_height,
                  positions new_positions, int *num_new_positions,
                  int itching[], board min_moves) {
  if (to_height <= max_height && itching[to_height] == 0 &&
      min_moves[to_height] == -1) {
    min_moves[to_height] = 1 + min_moves[from_height];
    new_positions[*num_new_positions] = to_height;
    (*num_new_positions)++;
  }
}
```

清單 4-7：加入一個位置

鮑伯想要從 from_height 移動到 to_height。如果通過了三項測試，這個移動就是可允許的：首先，鮑伯不能超過最高允許高度；其次，不能跳到有癢粉的位置上。第三，min_moves 棋盤不能已經有到達 to_height 的移動次數記錄：因為如果已經有一個數值，表示那是更快抵達 to_height 的方法。假設這些測試都通過了，就代表找到了一個新的合法位置；我們在該處設定移動的次數，並且將該位置儲存為下一回合 BFS 要用的位置。

找出最佳高度

鮑伯最終的位置有很多種可能性，它有可能是測試案例中的目標高度 h，然而也有可能會是更高的位置，視乎 j 和癢粉而定。我們知道要抵達每個位置所需的最少移動次數，因而現在所要做的，就是去檢查出所有候選位置，找出移動次數最少的那一個。其程式碼在清單 4-8 中給出。

```
  void solve(int target_height, board min_moves) {
❶ int best = -1;
  int i;
  for (i = target_height; i < target_height * 2; i++)
❷ if (min_moves[i] != -1 && (best == -1 || min_moves[i] < best))
    best = min_moves[i];
 printf("%d", best);
}
```

清單 4-8：最少的移動次數

　　有可能鮑伯無法抵達目標高度，因此我們將 best 初始化為 -1 ❶。接著，檢查每一個候選高度是否鮑伯都能抵達。如果可以，而且比我們當前最少移動次數 best 還要更快的話 ❷，我們就照著去更新 best。

　　現在我們已經有了用來處理測試案例並輸出結果的所有程式碼，只剩下讀取輸入的部分。清單 4-9 中的 main 函數負責這部分。

```
int main(void) {
  int target_height, jump_distance, num_itching_sections;
  static int itching[SIZE * 2] = {0};
  static board min_moves;
  int i, j, itch_start, itch_end;
  scanf("%d%d%d", &target_height, &jump_distance, &num_itching_sections);
  for (i = 0; i < num_itching_sections; i++) {
    scanf("%d%d", &itch_start, &itch_end);
❶ for (j = itch_start; j <= itch_end; j++)
  ❷ itching[j] = 1;
  }
  find_distances(target_height, jump_distance, itching, min_moves);
  solve(target_height, min_moves);
  return 0;
}
```

清單 4-9：main 函數

跟典型的大型陣列一樣，itching 與 min_moves 是宣告成靜態陣列。陣列 itching 的元素被初始化為 0，亦即還沒有癢粉。對於繩子上每一個有癢粉的區段，我們對該範圍的整數進行迭代 ❶ 並且把 itching 的對應元素設為 1 ❷。迭代完成了，itching 中的每個索引就可以告訴我們該處有（值 1）沒有（值 0）癢粉，之後就不用再去煩惱每一個搔癢區段了——我們所需要的資訊都在 itching 裡。

就這樣。我們有了一個只呼叫一次 BFS 的解答，該是提交給解題系統的時候了，就像英文俚語「鮑伯是你舅舅（Bob's your uncle）[譯註]」…或者，希望是啦，但他還不是。因為，你交出這個程式碼應該會得到「超過時間限制」的錯誤。

解答二：重新建模

我們用大小逐漸增加的測試案例執行這個程式碼，感受一下執行時間是怎麼增長的。為了簡化事情，我們就不使用癢粉了。這是第一個測試案例：

30000 5 0

（代表高度至少 30,000，而跳躍距離為五。）在我的筆電上，大概花了八秒鐘。現在，把目標高度加倍：

60000 5 0

我大概在這邊花了 30 秒。這幾乎是前一個測試案例的四倍長。我們遠遠超過了四秒的限制，不過，再試一次吧，再次加倍目標高度：

120000 5 0

[譯註] 英國俚語，形容「只要靠某事物就一切輕鬆搞定」。此俚語典故不明，但最普遍的說法是英國首相 Robert(Bob) Gascoyne-Cecil（1830-1903）的外甥 Arthur Balfour 屢次靠他舅舅的關係在政壇上順遂，而世人用此話譏笑，類似中文的「李嘉誠是你爸」；但現在的用法中此俚語並不帶有貶義，純粹表達「如此便搞定了」。

它花了 130 秒，慢如冰川，幾乎又是前一個測試案例的四倍之久。換句話說，看起來把輸入的大小加倍就會導致執行時間變成四倍。這沒有像在第三章「解答二：記憶法」中的慘烈景況，但很明顯就是太慢了。

太多下墜邊

在第 167 頁「圖上的 BFS」一節中，我曾經警告過，在使用 BFS 的時候必須確認兩件事情：呼叫 BFS 的次數，以及圖中的邊數。呼叫 BFS 次數應該沒什麼問題，因為我們只呼叫了 BFS 一次。因此，必須設法減少圖中的邊數，以進一步求得基於 BFS 的解答。

我們來看圖 4-5 中的一個小範例圖，之後便能類推至更大的例子並找出程式碼會卡個沒完的原因。

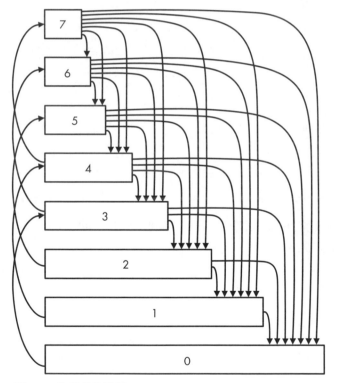

圖 4-5：鮑伯的移動圖。

這個圖展示了從高度 0 到高度 7 的所有可行移動——假如鮑伯可以往上跳三公尺的話。這是一個有向圖的例子；注意，有一個移動可以從 6 走到 5、但是並不能從 5 走到 6。

這個圖包含了編列鮑伯可能往上跳的跳躍邊，以及可能往下掉的下墜邊。跳躍邊是由下往上，而下墜邊是由上往下。例如，從高度 0 到高度 3 的邊為跳躍邊，而剛才提到的從 6 到 5 的邊為下墜邊。

跳躍邊的數目完全不需要擔心，因為每個點至多一條跳躍邊。如果我們有 n 個節點，則跳躍邊最多為 n 條。如果想模擬到高度 8 而非 7，那麼我們只需要再增加一條跳躍邊。

然而，下墜邊的增殖速度要比上行邊快許多。注意到，在高度 1 有一條下墜邊，高度 2 有兩條下墜邊，高度 3 有三條下墜邊，以此類推。也就是說，對於高度 h 的繩子來說，總共會有 $1 + 2 + 3 + \cdots + h$ 條下墜邊。如果想知道給定高度有多少條下墜邊，可以把從 1 到該高度的整數加起來；不過，有一個好用的公式可以更快取得答案：即 $h(h + 1) / 2$。例如，對於高度為 50 的繩子來說，會有 50(51)/2 = 1,275 條下墜邊；而一條高度兩百萬的繩子，則會有超過兩兆條的下墜邊。

我們在第一章「診斷問題」一節當中看過非常類似的公式，當時我們是在計算雪花的對數。這裡的公式跟它一樣，也是平方的，即 $O(h^2)$，而正是這個下墜邊的平方成長速度導致我們的演算法失敗。

改變移動

如果我們要減少一個圖裡的邊數，就必須改變一個圖編列的可行移動。我們無法改變鮑伯體育課實際的遊戲規則，但**可以**改變模擬該遊戲的圖中移動方式；當然，前提是，BFS 在新的圖上跟在舊的圖上所產生的結果是一樣的。

這邊有個很重要的啟示：我們不禁想把可行的動作從真實世界的問題一對一映射到圖上，而我們在「騎士追逐」中確實就是這麼做、也成功解決了問題。雖然這種方法很誘人，但並不是非得要這樣做。其實可以建立一個不同的圖，一個具有更理想的節點數和邊數的圖，只要該圖依然能夠給出原始問題的答案即可。

假設我們想要從五公尺的高度往下掉一定的距離。有一種可能是掉落四公尺；確實，如解答一的方法，會有一條下墜邊從 5 的高度掉到 1。不過，同樣的下墜距離還有另一種思考模式是，每次下墜一公尺共下墜四次；也就是說，我們可以想像成鮑伯從 5 掉到 4、再掉到 3、再掉到 2、最後掉到 1。換句話說，我想像的是每一條下墜邊恰好都是一公尺，再也不會出現像是 5 到 3、5 到 2、5 到 1 或者 5 到 0 的下墜邊。每一個節點只會有一條下墜邊，讓我們往下一公尺，如此便能顯著減少下墜邊的數目！

但我們必須小心，不能讓每個小小的一公尺下墜算成一次移動。如果鮑伯使用了四條一公尺的下墜邊往下掉四公尺，我們還是要算成一次移動，而不是四次移動。

想像一下我們有兩條繩子（0 和 1），不是一條。繩子 0 是我們已經有的那一條繩子，愛麗絲對它動過手腳了，上面可能有癢粉；而繩子 1 則是新繩，是我們為了建模目的而設置的，上面沒有癢粉。除此之外，當鮑伯在繩子 1 上面時，他不可以往上移動。這套方案的關鍵之處在於，每當鮑伯想要往下，就得從繩子 0 移到繩子 1，而完成移動之後，要再從繩子 1 回到繩子 0。

具體來說，我們有如下的情況：

- 當鮑伯在繩子 0 上，他有兩種可能的動作：往上跳公尺，或者移到繩子 1。這兩個動作都需要消耗一次移動。

- 當鮑伯在繩子 1 上，他有兩種可能的動作：往下掉 1 公尺，或者移到繩子 0。這兩個都不需要消耗移動。沒錯：這些動作都不納入計算！

鮑伯跟之前一樣使用繩子 0 往上跳，而當他想要往下時，就移動到繩子 1（這會消耗他一次移動），在繩子 1 上想往下幾次都行（不予計算），然後再回到繩子 0（這也不予計算），因此整個下墜過程只消耗他一次移動。完美──就跟本來一樣！沒有人會知道我們是用兩條繩子。

請把圖 4-5 的一大堆邊跟圖 4-6 的雙繩概念做個比較。

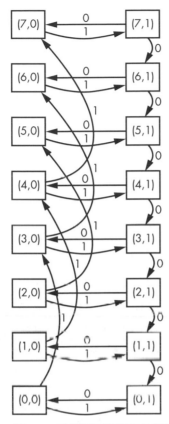

圖 4-6：鮑伯用兩條繩子的移動圖。

　　確實，我們將節點的數目加倍了，但是這並不影響：對於 BFS，我們所關心的並不是節點的數目而是邊數。就這部分來說，我們笑得可樂了，因為每個節點最多只有兩條離開的邊：在繩子 0 上，有跳躍邊和移動到繩子 1 的邊；在繩子 1 上，有下墜邊和移動到繩子 0 的邊。也就是說，對高度 h 而言，只有大約 $4h$ 條邊，這是線性的！我們避開了麻煩的平方 h^2。

　　我在這邊註記了每條邊會（1）或者不會（0）耗費一次移動。這是第一個**加權圖（weighted graph）**的例子，其中每條邊都有賦予一個權重或者成本。

加入位置

　　弄了半天還是回到了二維的棋盤上（你好啊，騎士追逐）。我們需要用一個維度來表示鮑伯的高度，第二個維度則用來表示鮑伯所在的繩子。第二個維度的標準術語叫作**狀態（state）**：當鮑伯在繩子 0 上的時候，我們說他處於狀態 0；而當鮑伯在繩子 1 上時，會說是處於狀態 1。從現在開始，用「狀態」取代「繩子」。

　　底下是新的型別定義：

```
typedef struct position {
  int height, state;
} position;

typedef int board[SIZE * 2][2];
typedef position positions[SIZE * 4];
```

　　相較於我在本章前面從 find_distances 開始的做法，這裡將會從那些 add_position 函數開始講起。特別注意，「那些」代表函數不只一個，因為我準備把每一種動作各自編寫成函數。一共有四種類型的動作：往上跳、往下掉、變換狀態 0 為狀態 1、以及變換狀態 1 為狀態 0；因此我們會需要四個 add_position 函數。

往上跳

跟著跳躍邊移動的程式碼如清單 4-10 所示。

```
void add_position_up(int from_height, int to_height, int max_height,
                     positions pos, int *num_pos,
                     int itching[], board min_moves) {
❶ int distance = 1 + min_moves[from_height][0];
  if (to_height <= max_height && itching[to_height] == 0 &&
    ❷ (min_moves[to_height][0] == -1 ||
       min_moves[to_height][0] > distance)) {
    min_moves[to_height][0] = distance;
    pos[*num_pos] = (position){to_height, 0};
    (*num_pos)++;
  }
}
```

清單 4-10：加入一個位置：往上跳

這個函數涉及了從 from_height 往上跳到 to_height。這樣的動作只有在狀態 0 中是允許的；因此每當我們要給 min_moves 做索引，就會用 0 作為第二個索引。

這個程式碼跟清單 4-7 很相似，除了幾個重點改變之外。

首先，我把 new_positions 改名為 pos、並把 num_new_positions 改名為 num_pos。看完了四個函數之後，我們再來談談為什麼要把名稱改成更一般的參數名稱。

其次，為了幫助比較這四個函數，我加入一個 distance 變數 ❶ 來指出透過 from_height 來到 to_height 所需的最少移動次數。在這裡，就會是來到 from_height 的最少移動次數再加一，因為該跳躍需要花費一次移動。

第三也是最後一點，我改變了 if 當中檢查是否找到了新位置的那個部分 ❷。這是因為，一個位置可能會被一條要算一次移動的邊所發現，但它也可能稍後被一條不會算一次移動的邊重新發現。我們想要允許一種可能性，這個最少移動次數被其中一條零成本（即不予計算）邊所更新並改進（往上跳並非零成本邊，所以這裡不需要做這項更改，但我予以保留以維持四個函數之間的一致性）。

往下掉

現在讓我們來看對應於往下掉的程式碼，如清單 4-11 所示。

```
void add_position_down(int from_height, int to_height,
                       positions pos, int *num_pos,
                       board min_moves) {
❶  int distance = min_moves[from_height][1];
   if (to_height >= 0 &&
      (min_moves[to_height][1] == -1 ||
       min_moves[to_height][1] > distance)) {
     min_moves[to_height][1] = distance;
     pos[*num_pos] = (position){to_height, 1};
     (*num_pos)++;
   }
}
```

清單 4-11：加入一個位置：往下掉

往下掉只能在狀態 1 發生，這就是為什麼每當我們存取 min_moves 時，第二個索引總是 1。同時，這裡沒有癢粉區段，鮑伯在狀態 1 可以往下掉任意次，不需要擔心癢粉。最後一個關鍵點在於計算距離的時候並不需要加上 + 1 ❶！記得：這並不算是一次移動。

變換狀態

有兩個函數要寫：狀態 0 變成狀態 1 的函數在清單 4-12 中給出，而從狀態 1 變成狀態 0 的函數則在清單 4-13 中給出。

```
void add_position_01(int from_height,
                     positions pos, int *num_pos,
                     board min_moves) {
  int distance = 1 + min_moves[from_height][0];
  if (min_moves[from_height][1] == -1 ||
      min_moves[from_height][1] > distance) {
    min_moves[from_height][1] = distance;
    pos[*num_pos] = (position){from_height, 1};
    (*num_pos)++;
  }
}
```

清單 4-12：加入一個位置：從狀態 0 變成狀態 1

```
void add_position_10(int from_height,
                     positions pos, int *num_pos,
                     int itching[], board min_moves) {
  int distance = min_moves[from_height][1];
  if (itching[from_height] == 0 &&
      (min_moves[from_height][0] == -1 ||
       min_moves[from_height][0] > distance)) {
    min_moves[from_height][0] = distance;
    pos[*num_pos] = (position){from_height, 0};
    (*num_pos)++;
  }
}
```

清單 4-13：加入一個位置：從狀態 1 變成狀態 0

從狀態 0 變成狀態 1 需要耗費一次移動，但從狀態 1 變成狀態 0 不需要。同時也請注意到，只有當對應高度沒有癢粉，我們才能從狀態 1 變成狀態 0；沒有做這項檢查的話，我們就會允許下墜停在有癢粉的繩子區段上，而這是違反規則的。

0-1 BFS

現在該是時候把狀態整合到清單 4-6 的 find_distances 程式碼當中了。最好慎重一點，免得算錯了移動次數。

來看一個例子。我用 (h,s) 來表示鮑伯位於高度 h 上與狀態 s 中。假設鮑伯可以跳三公尺，起始點位於 (0,0)，且花了零次移動到達該處。從 (0,0) 開始探索，我們會發現一個新的位置 (0,1)，並且記錄「到該位置需要耗費一步」，而該位置會加到 BFS 下一回合的位置中。我們也會找到 (3,0)，並以類似方式記錄「到該位置需要耗費一步」，這是 BFS 下一回合的另一個位置。這些都是標準的 BFS 計數。

當我們從 (3,0) 向外探索時，會發現一個新的位置 (3,1) 和 (6,0)，兩個位置都會加入下一回合的 BFS 中，且都會記錄成「最少兩步可抵達」。

然而呢，位置 (3,1) 對一般的 BFS 來說會是個麻煩。雖然可以從這個位置抵達 (2,1)，但是最好不要將它加入 BFS 下一回合的位置中！如果加入了，BFS 的回合概念就會告訴我們「(2,1) 距離 (3,1) 一步之遙」──但這是錯的！它們距離 (0,0) 的步數是一樣的，因為狀態 1 當中的下墜是不予計算的。

也就是說，(2,1) 不會加到 BFS 的下一回合中，而是要加到**當前**回合，跟 (3,1) 以及其他最小步數為二的那些位置放在一起。

總結起來，每沿著一條耗費一次移動的邊移動時，就將新的位置加入 BFS 的下一回合中，跟之前一樣；然而，當沿著一條不計次數的邊移動，則是將它加入 BFS 當前回合中，以便它能跟其他距離相同的位置一併被處理。這就是為什麼第 180 頁的「加入位置」一節，我在 add_position 函數裡面不再使用 new_positions 和 num_new_positions 的緣故。其中兩個函數確實會把移動加到新的位置，但另外兩個則會將移動加到當前的位置。

這種 BFS 的變化形稱為 **0-1 BFS**，因為它是在一個「各邊會耗費零步或一步」的圖上運作的。

終於進展到寫 BFS 了，參見程式碼清單 4-14。

```
void find_distances(int target_height, int jump_distance,
                    int itching[], board min_moves) {
  static positions cur_positions, new_positions;
  int num_cur_positions, num_new_positions;
  int i, j, from_height, from_state;
  for (i = 0; i < target_height * 2; i++)
    for (j = 0; j < 2; j++)
      min_moves[i][j] = -1;
  min_moves[0][0] = 0;
  cur_positions[0] = (position){0, 0};
  num_cur_positions = 1;

  while (num_cur_positions > 0) {
    num_new_positions = 0;
    for (i = 0; i < num_cur_positions; i++) {
      from_height = cur_positions[i].height;
      from_state = cur_positions[i].state;

❶     if (from_state == 0) {
        add_position_up(from_height, from_height + jump_distance,
                        target_height * 2 - 1,
                        new_positions, &num_new_positions,
                        itching, min_moves);
        add_position_01(from_height, new_positions, &num_new_positions,
                        min_moves);
      } else {
        add_position_down(from_height, from_height - 1,
                          cur_positions, &num_cur_positions, min_moves);
        add_position_10(from_height,
                        cur_positions, &num_cur_positions,
                        itching, min_moves);
      }
    }

    num_cur_positions = num_new_positions;
    for (i = 0; i < num_cur_positions; i++)
      cur_positions[i] = new_positions[i];
  }
}
```

清單 4-14：使用 0-1 BFS 來計算鮑伯的最少移動次數

　　這個新的程式碼會檢查當前位置是在狀態 0 還是狀態 1 ❶，每一個情況都有兩種移動需要考慮。在狀態 0，使用的是新的（BFS 下一回合中的）位置陣列，而在狀態 1，要使用的是當前的位置陣列。

其餘的程式碼都跟解答一幾乎相同——只需確定永遠參照狀態 0 即可。如果你提交至解題系統，會發現我們通過了所有的測試，而且時間還很充裕。

題目三：書籍翻譯 *Book Translation*

在「騎士追逐」和「攀爬繩子」問題當中，並沒有明確的圖是需要從輸入中讀取；而是 BFS 在探索過程中逐步產生了圖。我們現在來看一道題目，圖從一開始就提供給我們了。

這是 DMOJ 題號 ecna16d。

問題

你用英文寫了一本新書，想把這本書翻譯成 *n* 種其他目標語言。你找到了 *m* 個譯者，每個譯者知道如何在兩種語言之間進行翻譯，且願意以特定的價格進行翻譯。例如，某個譯者可能知道如何進行西班牙文和孟加拉文的翻譯、費用為 $1,800；這表示你可以要求這位譯者以 $1,800 的價格把西班牙文翻譯成孟加拉文、或是把孟加拉文翻譯成西班牙文。

為了獲得某種給定的目標語言，可能會需要好幾次的翻譯。例如，你可能想把書從英文翻譯成孟加拉文，但是並沒有精通這兩種語言的譯者。因此必須先把英文翻譯成西班牙文、再把西班牙文翻譯成孟加拉文。

為了減少翻譯的錯誤，你想要將達成每一種目標語言的翻譯次數都最小化。如果存在多種以最少次數譯成目標語言的方式，則你會選擇最便宜的那一種。你的目標是要最小化每一種目標語言的翻譯次數；而如果有多種可行方法，則選擇成本最低的那一種。

輸入

輸入包含一個測試案例，其中包含下面幾行：

- 一行包含了兩個整數 *n* 和 *m*。整數 *n* 為目標語言的數目，*m* 為譯者的數目；最多會有 100 種目標語言與 4,500 位譯者。

- 一行包含了 n 個字串，分別為目標語言的名稱。其中 English 不會列在目標語言中。

- 接著有 m 行，每一行給出一位譯者的資訊。這些行都包含了三個以空格分隔的標記：第一種語言，第二種語言，以及在兩者之間翻譯的正整數價格。每一對語言最多只有一位譯者。

輸出

以最小化每種目標語言的翻譯次數為前提，輸出將此書翻譯成所有目標語言的最低金額成本。如果無法將書籍翻譯成全部的目標語言，則輸出 Impossible。

通過測試案例的時間限制為一秒鐘。

圖的建立

我們先經由輸入建立一個圖，這會讓探索「各種語言之間可允許的翻譯」任務容易一些。

先用一個小型測試案例練習：

```
3 5
Spanish Bengali Italian
English Spanish 500
Spanish Bengali 1800
English Italian 1000
Spanish Italian 250
Bengali Italian 9000
```

你能建構出圖來嗎？其中的節點和邊分別是什麼？是有向還是無向？是沒有權重還是有權重的？

如同以往，圖中的邊編列著可允許的移動；在這裡，一次移動對應於兩種語言之間的一次翻譯，因此節點就會是語言；從語言 a 連到語言 b 的一條邊表示這兩種語言之間有一位譯者。這位譯者可以從 a 翻成 b，也可以反過來從 b 翻成 a ——因此圖是無向的；它同時也具有權重，因為每一條邊（一次翻譯）都有一個權重（翻譯成本）。圖 4-7 呈現出這個圖。

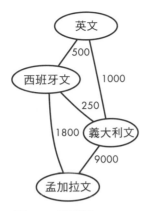

圖 4-7：翻譯圖。

英文翻成西班牙文的成本是 $500，英文翻成義大利文是 $1,000，而西班牙文翻成孟加拉文則是 $1,800，全部是 $3,300。可別被那個誘人的 $250 西班牙文—義大利文翻譯費用給騙了：用了它，會導致英文到義大利文的距離變成二，可是要記得，我們需要把距離最小化，即使這樣做會化上更多錢。確實，之所以在這邊能使用 BFS，正是因為我們先關注的是使得到達每一個目標語言的邊數最小化，而不是要最小化整體的成本。關於後者，我們會需要一個更強大的工具，將在第五章中介紹。

與其直接使用語言的名稱——英文、西班牙文等等，不如把每一種語言指定一個整數，其中英文會是語言 0。如此一來就可以用整數來處理，跟本章中其他問題的做法一樣。

為了儲存這個圖，我將使用所謂的**相鄰串列（adjacency list）**（如果有一條邊從 *a* 連到 *b*，就會說節點 *b* 和節點 *a* 相鄰，此即為「相鄰串列」名稱的由來）。它其實就是每個索引對應一個節點的陣列，而每個索引儲存了一個鏈結串列，此串列為與該節點關聯的邊。之所以不使用邊的陣列而是用邊的鏈結串列，是因為我們事先不知道一個給定的節點會有幾條相關的邊。

底下是我們的巨集跟型別定義：

```
#define MAX_LANGS 101
#define WORD_LENGTH 16

typedef struct edge {
  int to_lang, cost;
```

```
  struct edge *next;
} edge;

typedef int board[MAX_LANGS];
typedef int positions[MAX_LANGS];
```

一條邊有一個 to_lang 和一個 cost ──非常合理；可是，它卻沒有 from_lang，這是因為從邊所在的相鄰串列之索引，就可以知道 from_lang 是什麼。

在第二章中，在儲存樹的時候，我使用 struct node 而不是 struct edge；第二章以節點為中心的原因在於，當時節點是和資訊關聯的實體，例如糖果的數值以及子孫的數目。而當前的題目則以邊為中心，所以才使用 struct edge，因為邊（而非節點）才是和資訊（翻譯成本）關聯的實體。

要將東西加到鏈結串列的開頭是最容易的，所以我們就這麼做，不過選擇此做法有一個副作用，即一個節點的邊會以讀取的相反順序出現在鏈結串列中。例如，如果讀入一條從節點 1 到節點 2 的邊，然後再讀取一條從節點 1 到節點 3 的邊，那麼你會發現，鏈結串列變成了連到節點 3 的邊出現在連到節點 2 的邊**之前**。可別讓這一點在你追蹤程式碼的時候弄得你手忙腳亂了。

現在來看看圖是怎麼建立出來的──透過清單 4-15 中的 main 函數。

```
int main(void) {
  static edge *adj_list[MAX_LANGS] = {NULL};
  static char *lang_names[MAX_LANGS];
  int i, num_targets, num_translators, cost, from_index, to_index;
  char *from_lang, *to_lang;
  edge *e;
  static board min_costs;
  scanf("%d%d\n", &num_targets, &num_translators);
❶ lang_names[0] = "English";

  for (i = 1; i <= num_targets; i++)
❷ lang_names[i] = read_word(WORD_LENGTH);

  for (i = 0; i < num_translators; i++) {
    from_lang = read_word(WORD_LENGTH);
    to_lang = read_word(WORD_LENGTH);
    scanf("%d\n", &cost);
    from_index = find_lang(lang_names, from_lang);
    to_index = find_lang(lang_names, to_lang);
```

```
    e = malloc(sizeof(edge));
    if (e == NULL) {
      fprintf(stderr, "malloc error\n");
      exit(1);
    }
    e->to_lang = to_index;
    e->cost = cost;
    e->next = adj_list[from_index];
❸   adj_list[from_index] = e;
    e = malloc(sizeof(edge));
    if (e == NULL) {
      fprintf(stderr, "malloc error\n");
      exit(1);
    }
    e->to_lang = from_index;
    e->cost = cost;
    e->next = adj_list[to_index];
❹   adj_list[to_index] = e;
  }
  find_distances(adj_list, num_targets + 1, min_costs);
  solve(num_targets + 1, min_costs);
  return 0;
}
```

清單 4-15：用來建立圖的 main 函數

　　其中 lang_names 陣列將整數（陣列的索引）對應到語言名稱上。English 對
應到 0，像前面說的那樣 ❶，接著把 1、2…這些整數在讀取語言名稱時對應
上去 ❷。我們會使用到那個 read_word 輔助函數好幾次，那個函數跟清單 1-14
是一樣的，唯一的不同是它在讀取到一個空格或換行之後就會停止；參見清
單 4-16。

　　記得，此圖是無向圖：如果我們加入了一條從 a 到 b 的邊，最好也加一
條從 b 到 a 的邊。亦即，對於每一位譯者，我們都在圖中加入兩條邊：一條
從 from_index 到 to_index ❸、一條從 to_index 到 from_index ❹。from_index 和 to_
index 的索引是由 find_lang 產生的，該函數會搜尋一個給定的語言名稱；參見
清單 4-17。

在最底下對輔助函數的呼叫中，我們使用了 num_targets + 1 而非 num_targets，因為 num_targets 是目標語言的數目；+ 1 是讓我們把英文加到要處理的語言總數中。

```c
/* 參考了 https://stackoverflow.com/questions/16870485 */
char *read_word(int size) {
  char *str;
  int ch;
  int len = 0;
  str = malloc(size);
  if (str == NULL) {
    fprintf(stderr, "malloc error\n");
    exit(1);
  }
  while ((ch = getchar()) != EOF && (ch != ' ') && (ch != '\n')) {
    str[len++] = ch;
    if (len == size) {
      size = size * 2;
      str = realloc(str, size);
      if (str == NULL) {
        fprintf(stderr, "realloc error\n");
        exit(1);
      }
    }
  }
  str[len] = '\0';
  return str;
}
```

清單 4-16：讀取一個單詞

```c
int find_lang(char *langs[], char *lang) {
  int i = 0;
  while (strcmp(langs[i], lang) != 0)
    i++;
  return i;
}
```

清單 4-17：找出一個語言

BFS

清單 4-18 中，add_position 的程式碼跟你想的一模一樣。

```
void add_position(int from_lang, int to_lang,
                  positions new_positions, int *num_new_positions,
                  board min_moves) {
  if (min_moves[to_lang] == -1) {
    min_moves[to_lang] = 1 + min_moves[from_lang];
    new_positions[*num_new_positions] = to_lang;
    (*num_new_positions)++;
  }
}
```

清單 4-18：加入一個位置

現在準備好來寫 BFS 本身了；參見清單 4-19。

```
void find distances(edge *adj_list[], int num_langs, board min_costs) {
❶ static board min_moves;
  static positions cur_positions, new_positions;
  int num_cur_positions, num_new_positions;
  int i, from_lang, added_lang, best;
  edge *e;
  for (i = 0; i < num_langs; i++) {
    min_moves[i] = -1;
    min_costs[i] = -1;
  }
  min_moves[0] = 0;
  cur_positions[0] = 0;
  num_cur_positions = 1;

  while (num_cur_positions > 0) {
    num_new_positions = 0;
    for (i = 0; i < num_cur_positions; i++) {
      from_lang = cur_positions[i];
❷    e = adj_list[from_lang];

      while (e) {
        add_position(from_lang, e->to_lang,
                     new_positions, &num_new_positions, min_moves);
        e = e->next;
      }
    }

❸  for (i = 0; i < num_new_positions; i++) {
      added_lang = new_positions[i];
```

```
      e = adj_list[added_lang];
      best = -1;
      while (e) {
❹     if (min_moves[e->to_lang] + 1 == min_moves[added_lang] &&
           (best == -1 || e->cost < best))
         best = e->cost;
       e = e->next;
      }
      min_costs[added_lang] = best;
   }

   num_cur_positions = num_new_positions;
   for (i = 0; i < num_cur_positions; i++)
     cur_positions[i] = new_positions[i];
  }
}
```

清單 4-19：使用 BFS 計算翻譯的最小成本

對於每一種語言，我們在 min_costs 裡面儲存「可用來發現該語言」的最小成本邊。回頭參照圖 4-7，我們會儲存西班牙文為 500、義大利文為 1,000、孟加拉文為 1,800。另一個函數會把這些數目加起來以取得全部翻譯的總成本，等一下會討論到此函數。

由於只有這個函數關心最少移動次數，外面的程式碼並不關心，因此我們將它宣告成一個區域變數 ❶。外面關心的就只有 min_costs。

嘗試各種可能的移動，意味著需要遍歷當前節點的邊之鏈結串列 ❷，進而給了我們所有的 new_positions。現在我們知道了 BFS 的下一回合中發現了哪些語言，但還不知道加入這些語言的成本如何。誠然，有可能會有好幾條從 cur_positions 連出的邊到達 new_positions 中的同一個節點。再次看一下圖 4-7；孟加拉文需要翻譯兩次才能到達，所以它是在 BFS 的第二回合中被發現的──但我們需要從西班牙文連出的邊，而不是從義大利文連出的邊。

因此，我們有一個新的 for 迴圈 ❸，其角色是我們在本章中尚未見過的。變數 added_lang 追蹤著每一個新的位置（也就是 BFS 下一回合中的位置），去找出 added_lang 與 BFS 當前回合發現任一節點之間最便宜的邊。這些語言每一個的距離都會比 added_lang 少了一，因此 if 陳述式中的第一個條件才會那樣寫 ❹。

總成本

一旦我們把成本儲存起來之後，只要把它們加起來就能得到翻譯成所有目標語言的總成本，其程式碼如清單 4-20 所示。

```c
void solve(int num_langs, board min_costs) {
  int i, total = 0;
  for (i = 1; i < num_langs; i++)
❶ if (min_costs[i] == -1) {
      printf("Impossible\n");
      return;
    } else {
      total = total + min_costs[i];
    }
❷ printf("%d\n", total);
}
```

清單 4-20：最小的總成本

如果有任何一個目標語言是無法到達的 ❶，那麼這項工作就是不可能的任務。否則就將累計出來的總成本印出來 ❷。

現在你可以提交給解題系統了，耶！

總結

我們在本章中寫了一大堆程式碼。當然，我希望這些程式碼能為你自己的圖論問題提供一個起點。然而長遠來說，我更希望你牢記建模在解決問題初期的重要性。用 BFS 剖析問題的方式，可將騎士、繩子與翻譯的領域統整為「圖」的單一領域。上網搜尋「如何攀爬繩子」是不會教會你任何東西的（或許知道怎麼爬上繩子啦），而搜尋「廣度優先搜尋」則會找到一大堆程式碼樣本、解釋與範例，你想讀多少就有多少。如果你去看程式設計師在解題系統網站上的留言，你會發現他們是在演算法的層次上溝通，而非針對特定問題，通常他們只說「BFS 問題」來表達看法。你正在學習這種建模的語言以及如何從模型變成可執行的程式碼，而在下一章中將有更多關於圖的建模，屆時將更完整處理加權圖問題。

筆記

「騎士追逐」原出自 1999 年加拿大計算機競賽;「攀爬繩子」原出自 2018 年 Woburn 挑戰線上第一回合進階組;「書籍翻譯」原出自 2016 年 ACM 北美中東部區域程式設計比賽。

我們已經在本章中研究了 BFS,不過你若想繼續研究圖論演算法,可能也會想研究**深度優先搜尋**(depth-first search, DFS)。我推薦 Tim Roughgarden 著的《Algorithms Illuminated (Part 2): Graph Algorithms and Data Structures》,裡面有更多關於 BFS、DFS 以及其他圖論演算法的材料。

5

加權圖中的最短路徑

本章將推廣我們在第四章所學關於尋找最短路徑的方法。第四章的焦點在於解決一個問題所需的最小移動次數。現在，假如我們在乎的不是最小移動次數，而是最小的時間或距離呢？也許有一種很慢的移動方法會花上 10 分鐘，但也有三種很快的移動方法總共只花上八分鐘，此時可能會偏好三種快速的移動，因為它們能幫我們省時間。

在本章中，我們將學到在加權圖中尋找最短路徑的 Dijkstra 演算法，用它來判斷在時間限制之內能逃離迷宮的老鼠數目，以及從某人住處到他奶奶家之間的最短路徑數目。我選擇那個奶奶的例子，特別是為了再次展現我們在第四章中的發現：也就是在適當修改之下，像 BFS 或 Dijkstra 這樣的演算法所能做到的，比「找出最短路徑」要多更多。我們是在學習演算法沒錯——當然是一些很有名的演算法——但也同時在累積一些靈活的問題解決工具。咱們出發吧！

題目一：老鼠迷宮 *Mice Maze*

這是 UVa 題號 1112。

問題

有一個迷宮由一些隔間和通道組成。每個通道都從某隔間 *a* 通往另一個隔間 *b*，而經過通道要花 *t* 單位的時間。例如，從隔間 2 走到隔間 4 可能要花上五單位的時間，從隔間 4 走到隔間 2 也有可能花上 70 單位的時間，或者從隔間 4 到隔間 2 根本沒有通道—— *a* → *b* 通道和 *b* → *a* 通道是獨立的。迷宮的其中一個隔間被指定為出口隔間。

每一個隔間（包括出口隔間）都有一隻白老鼠，老鼠們已經被訓練成會以最短的時間走向出口隔間，而我們的任務是要判斷，在某特定時間限制內能夠抵達出口的老鼠數目。

輸入

輸入的第一行提供測試案例數目，後面跟著空白的一行。在每兩個測試案例之間也會有一行空白。每一個測試案例皆由下面幾行組成：

- 一行包含了數目 *n*，即迷宮中的隔間數目。隔間從 1 編號到 n，n 至多為 100。

- 一行包含了編號 *e*，代表出口隔間。編號 *e* 介於 1 到 *n* 之間。

- 一行包含了整數 *t*，為時間限制（至少為零）。

- 一行包含了數目 *m*，即迷宮中的通道數目。

- *m* 行的每一行描述迷宮中的一個通道，而這每一行包含了三個整數：第一個隔間 *a*（介於 1 到 *n* 之間），第二個隔間 *b*（介於 1 到 *n* 之間），以及從 *a* 走到 *b* 需要花的時間（至少為零）。

輸出

對於每一個測試案例，輸出在時間限制 *t* 之內抵達出口隔間 *e* 的老鼠數目。每一個案例的輸出之間以空一行隔開。

解決測試案例的時間限制——對我們的程式碼來說啦，不是對老鼠——是三秒鐘。

從 BFS 繼續邁進

「老鼠迷宮」跟第四章的三道題目之間有一些關鍵的相似之處。我們可以將「老鼠迷宮」模擬成一張圖，其中節點是迷宮隔間、而邊是通道。這個圖會是有向圖（跟「攀爬繩子」問題一樣），因為「從隔間 a 到隔間 b 的通道」與「從隔間 b 到隔間 a 的通道」完全無關。

第四章的三道題目主力為廣度優先搜尋，而其重點就在於尋找最短路徑。不算巧合，我們在「老鼠迷宮」中也想找到最短路徑，這些路徑將告訴我們每隻老鼠離開迷宮需要花多少時間。

然而，這些關於相似之處的討論掩蓋了一個關鍵的差異：「老鼠迷宮」的圖是**加權圖**：每一條邊上，會有某個代表著「通過該邊所需時間」的整數，見圖 5-1 的一個例子。

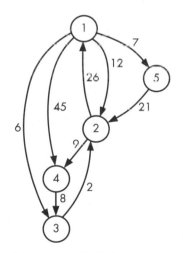

圖 5-1：老鼠迷宮圖。

假設出口隔間是隔間 4 好了。在隔間 1 的老鼠抵達隔間 4 最少要花多少時間？有一條邊會直接從隔間 1 通往隔間 4，所以如果計算邊的數目（如同 BFS 中那樣），答案就會是 1。然而，我們對邊的數目並不感興趣：反之，

我們想要「邊權重總和」意義下的最短路徑。這條 1 → 4 的邊權重為 45，這並不是最短的路徑。從隔間 1 到隔間 4 的最短路徑是一個三條邊的路徑，從隔間 1 走到隔間 3（六個單位時間）、再從隔間 3 走到隔間 2（兩個單位時間），最後從隔間 2 走到隔間 4（九個單位時間），總共是 6 + 2 + 9 = 17。由於聚焦在邊權重之上而不是在邊數，BFS 在此無計可施，我們需要一個不同的演算法。

不過先等一下：第四章也有一些加權圖，而我們還是使用了 BFS，為何？回去看圖 4-6「攀爬繩子」的圖，其中有些邊的權重為 1、而其他邊的權重為 0。我們在那裡成功應用了一種 BFS 的變體，但只是因為邊的權重受到很大的限制。再回頭看圖 4-7「書籍翻譯」的圖，那是一個完全型態的加權圖，具有任意的邊權重。我們在那裡也使用了 BFS，但那是因為主要的距離測度是邊的數目，一旦 BFS 判斷出節點的邊距離，邊權重才能夠發揮其作用，幫我們盡量以最便宜方式添加節點。

然而，「老鼠迷宮」與邊的數目毫無關聯。一條從 a 到 b 的路徑可能會有上百條邊、總耗時僅五單位；而另一條從 a 到 b 的路徑可能只有一條邊、但卻要耗時 80 單位。BFS 會發現第二條路徑，但我們要的卻是第一條。

加權圖中的最短路徑

BFS 的運作方式是從起始節點開始，逐步辨視出愈來愈遠（就邊數來說）的節點。我即將在本節中介紹的演算法也是類似的運作方式：它會從起始節點開始辨視出愈來愈遠的節點之最短（就總邊權重來說）路徑。

BFS 的運作方式是以回合來管理的，下一個回合發現的節點會比當前回合的節點要再多出一條邊的距離。在加權圖中，沒辦法應用那種回合的概念來找出最短路徑，因為最新發現的最短路徑不見得會幫我們找到新節點的最短路徑。必須再加把勁才能找到下一條最短路徑。

讓我們來用圖 5-1 進行示範，尋找從節點 1 到圖中其他節點的最短路徑。這將告訴我們隔間 1 的老鼠多久可以抵達出口隔間。

對於每一個節點，我們將維護著兩項資訊：

Done	這是一個 ture/false 變數。如果其值為 false，表示還沒有找到此節點的最短路徑；如果為 true 則表示已經找到了。一旦一個節點的 done 值為 true 就算完成了：它的最短路徑不會再改變。
min_time	這是從起始節點開始的最短（以總時間來說）路徑距離，該路徑上的其他節點都已經完成了。隨著愈來愈多的節點標示為「**完成**」（最短路徑計算），min_time 會減少，因為我們有更多到達此節點的路徑選項。

從節點 1 到節點 1 的最短路徑為 0 [譯註]：因為無處可去、也無邊可循。我們從這個節點開始，將節點 1 的 min_time 設為 0、而其他節點沒有 min_time 資訊：

node	done	min_time
1	false	0
2	false	
3	false	
4	false	
5	false	

我們把節點 1 設為 done，然後根據從節點 1 連到其他節點的邊權重來設定 min_time。底下是我們的下一個快照：

node	done	min_time
1	true	0
2	false	12
3	false	6
4	false	45
5	false	7

現在，我們的核心論述在於：從節點 1 到節點 3 的最短路徑就是 6，不可能比 6 更好。我在這個主張中選擇節點 3，是因為它在「尚未完成的節點」之中有著最小的 min_time 數值。

在此刻宣稱答案就是 6 好像有點過於大膽；萬一通往節點 3 有更短的路徑，或許有另外一條經過其他節點最後抵達節點 3 的路徑更短呢？

[譯註] 本書的作者慣用非正式的句型「某條最短路徑為」來指「該最短路徑的總權重為」。

底下就來解釋為什麼這不可能發生，以及為何宣稱答案為 6 是安全的。想像一下，有某條從節點 1 到節點 3 的更短路徑 p。這條路徑一定是從節點 1 開始，並且透過了某條邊 e 離開了節點 1，接著一定會走過零條以上的邊來到節點 3。注意：e 已經用掉了至少 6 單位時間，因為 6 是從節點 1 走到其他節點所需的最少時間。p 上的其他邊只會再增加時間，所以 p 的總時間不可能比 6 單位少！

因此，節點 3 就完成了：我們知道了它的最短路徑。現在要使用節點 3 來檢查，看看是否可以改進任何一條「未完成節點的最短路徑」。記住，min_time 數值代表使用已完成節點的最短路徑。來到節點 3 需要 6 單位時間，而從節點 3 到節點 2 有一條 2 單位時間的邊，所以現在有一個方法可以只用 8 單位時間從節點 1 走到節點 2。因此，我們把節點 2 的 min_time 數值從 12 更新成 8，如此一來就可得到：

node	done	min_time
1	true	0
2	false	8
3	true	6
4	false	45
5	false	7

節點 2、4、5 尚未完成；何者是可以宣布完成的？答案為節點 5：它具有最小的 min_time。我們能夠用節點 5 來更新任何其他的最短路徑嗎？節點 5 確實有一條連到節點 2 的邊，但是先從節點 1 走到節點 5（7 單位時間）、再從節點 5 走到節點 2（21 單位時間），反而比原本從節點 1 走到節點 2 的路徑（8 單位時間）花更多時間（7 + 21 = 28）；所以節點 2 的 min_time 維持不變，而下一個快照中唯一的改變就是將節點 5 設定為已完成。

node	done	min_time
1	true	0
2	false	8
3	true	6
4	false	45
5	true	7

還剩兩個節點。節點 2 的 min_time 為 8，而節點 4 的 min_time 為 45。跟之前一樣，我們選擇比較小的，確定從節點 1 到節點 2 的最短路徑為 8。一樣，不可能有比 8 更短的路徑：任何從節點 1 到節點 2 的更短路徑 p，必然開始於

某些已完成的節點,且在某一點首次跨越一條從已完成節點連到未完成節點的邊;把這條邊稱為 $x \to y$,其中 x 是已完成的結點、y 是未完成的結點。這就是 p 從節點 1 抵達節點 y 的路徑;接著,它可以用任何方式從節點 y 抵達節點 2…但這些都沒意義。從節點 1 走到節點 y 已經花了至少 8 單位時間:如果更少,y 的 min_time 會小於 8,那麼我們就該選擇設定節點 y 為已完成而非節點 2。無論 p 從節點 y 走到節點 2 採取任何行動都只會增加更多時間,所以 p 不可能少於 8。

加入節點 2 給了我們兩條需要去檢查最短路徑的邊。有一條邊是從節點 2 到節點 1,但是這條邊不會派上用場,因為節點 1 已經完成了;另一條從節點 2 到節點 4 的邊是 9 單位時間,而這條確實管用!從節點 1 到節點 2 花了 8 單位時間,然後 $2 \to 4$ 花了 9 單位時間,總共 17 單位,比原本從節點 1 到節點 4 的 45 單位時間路徑要好多了。這是我們的下一個快照:

node	done	min_time
1	true	0
2	true	8
3	true	6
4	false	17
5	true	7

只剩下節點 4 是未完成的,其餘所有節點都已經完成,也都找到它們的最短路徑了,因此節點 4 不可能幫我們找到任何更短的新路徑。可以將節點 4 設為已完成並得出以下結論:

node	done	min_time
1	true	0
2	true	8
3	true	6
4	true	17
5	true	7

老鼠從隔間 1 到出口隔間 4 要花 17 單位時間。我們可以對其他節點重複這個過程,以求出其他老鼠抵達出口隔間所需的時間。

這個演算法稱為 Dijkstra 演算法,以 Edsger W. Dijkstra 命名,他是一位很有影響力的電腦科學家先驅。給定一個起始節點 s 和一個加權圖,該演算法便能計算出圖中從 s 到每一個節點的最短路徑;而這就是我們解決「老鼠迷

宮」問題所需要的。讓我們來讀取輸入以建立圖,然後探討如何實作 Dijkstra 演算法。

圖的建立

在你所有建立樹和圖的經驗中,這裡並不會有太多驚喜。我們會使用第四章「圖的建立」一節中為「書籍翻譯」問題建立圖的方法來建立圖,唯一的不同在於,當時的圖是無向圖,而此處的圖是有向圖。好消息是,這裡直接給了節點的數目,我們就不必在語言名稱和整數之間做對應。

這邊是一個對應於圖 5-1 的輸入,這樣就有了一些東西可以來測試:

```
   1

   5
   4
❶  12
   9
   1 2 12
   1 3 6
   2 1 26
   1 4 45
   1 5 7
   3 2 2
   2 4 9
   4 3 8
   5 2 21
```

這個 12 ❶ 給出了老鼠到達出口的時間限制(你可以驗證,有三隻老鼠能在時間限制內抵達出口,分別為隔間 2、3 和 4 的老鼠)。

如同「書籍翻譯」問題,我會使用圖的相鄰串清單示法。每一條邊維持著它所指向的隔間、走過該邊所需要的時間以及一個 next 指標。

所需要的巨集和型別定義如下:

```
#define MAX_CELLS 100

typedef struct edge {
  int to_cell, length;
  struct edge *next;
} edge;
```

圖是透過清單 5-1 中的 main 函數讀取。

```c
int main(void) {
  static edge *adj_list[MAX_CELLS + 1];
  int num_cases, case_num, i;
  int num_cells, exit_cell, time_limit, num_edges;
  int from_cell, to_cell, length;
  int total, min_time;
  edge *e;

  scanf("%d", &num_cases);
  for (case_num = 1; case_num <= num_cases; case_num++) {
    scanf("%d%d%d", &num_cells, &exit_cell, &time_limit);
    scanf("%d", &num_edges);
❶  for (i = 1; i <= num_cells; i++)
      adj_list[i] = NULL;
    for (i = 0; i < num_edges; i++) {
      scanf("%d%d%d", &from_cell, &to_cell, &length);
      e = malloc(sizeof(edge));
      if (e == NULL) {
        fprintf(stderr, "malloc error\n");
        exit(1);
      }
      e->to_cell = to_cell;
      e->length = length;
      e->next = adj_list[from_cell];
❷    adj_list[from_cell] = e;
    }

    total = 0;
    for (i = 1; i <= num_cells; i++) {
❸    min_time - find_time(adj_list, num_cells, i, exit_cell);
❹    if (min_time >= 0 && min_time <= time_limit)
        total++;
    }
    printf("%d\n", total);
    if (case_num < num_cases)
      printf("\n");
  }
  return 0;
}
```

清單 5-1：用來建立圖的 main 函數

輸入的規格說明了，在測試案例的數目之後有一行空白，以及在每兩個測試案例之間會有一行空白。然而，使用 scanf 的話就不需要擔心這部分：讀取一個數目的時候，scanf 會跳過它所遇到的前導空白（包括換行字元）。

對於每一個測試案例，我們所做的第一件事是，把每一個隔間的邊串列設定為 NULL 來清除相鄰串列 ❶。不這麼做將會導致一個非常嚴重的錯誤——每個測試案例會把前一個測試案例的邊包含進來（我會知道是因為我犯過這個錯，等到發覺是這麼一回事已經是三個鐘頭之後了，三個鐘頭啊）。在每一個測試案例之後把東西清乾淨是我們的責任！

在初始化每一條邊的時候，我們會將它加入到 from_cell 的鏈結串列中 ❷。我們不在 to_cell 的鏈結串列中加入東西，因為這個圖是有向的（而非無向）。

題目要求我們找出每一個隔間到出口隔間的最短路徑。於是，對於每一個隔間，我呼叫了 find_time ❸，這是一個實作 Dijkstra 演算法的輔助函數。給予一個起始隔間 i 和目標隔間 exit_cell，如果沒有路徑的話它會傳回 -1，否則會傳回最短路徑時間。每一個使用了 time_limit 單位以內的時間抵達出口隔間的隔間就會讓 total 增加一。一旦每個隔間的最短路徑都考慮過了，就輸出 total。

實作 Dijkstra 演算法

現在可以根據「加權圖中的最短路徑」一節之概述來實作 Dijkstra 演算法了。這是我們要實作的函數：

```
int find_time(edge *adj_list[], int num_cells,
              int from_cell, int exit_cell)
```

四個參數分別對應於相鄰串列、隔間數目、起始隔間以及出口隔間。Dijkstra 演算法會計算從起始隔間到其他所有隔間（包括出口隔間）的最短路徑時間。一旦完成了，就傳回到出口隔間的最短路徑時間。這做法感覺好像很浪費：把到所有隔間的最短路徑都算出來，但只留下到出口隔間的最短路徑，其他路徑全部丟棄。我在下一節中將會談到，有一些不同方法可以優化它，不過，暫時先用一個最基本可行的實作來進行吧。

Dijkstra 演算法的主體是由兩層的 for 迴圈來實作的。外層 for 迴圈對每一個隔間執行一次；每一次迭代將一個隔間設定為完成，並且用這個新隔間來更新各個最短路徑。內層的 for 迴圈是計算最小值：它會在尚未完成的隔間中找到 min_time 值最小的隔間。程式碼參見清單 5-2。

```
int find_time(edge *adj_list[], int num_cells,
              int from_cell, int exit_cell) {
    static int done[MAX_CELLS + 1];
    static int min_times[MAX_CELLS + 1];
    int i, j, found;
    int min_time, min_time_index, old_time;
    edge *e;
❶  for (i = 1; i <= num_cells; i++) {
        done[i] = 0;
        min_times[i] = -1;
    }
❷  min_times[from_cell] = 0;

    for (i = 0; i < num_cells; i++) {
        min_time = -1;
❸      found = 0;
❹      for (j = 1; j <= num_cells; j++) {
❺          if (!done[j] && min_times[j] >= 0) {
❻              if (min_time == -1 || min_times[j] < min_time) {
                    min_time = min_times[j];
                    min_time_index = j;
                    found = 1;
                }
            }
        }
❼      if (!found)
            break;
        done[min_time_index] = 1;

        e = adj_list[min_time_index];
        while (e) {
            old_time = min_times[e->to_cell];
❽          if (old_time == -1 || old_time > min_time + e->length)
                min_times[e->to_cell] = min_time + e->length;
            e = e->next;
        }
    }
    return min_times[exit_cell];
}
```

清單 5-2：使用 Dijkstra 演算法實作到出口隔間的最短路徑

其中 done 陣列的用意在於指出各個隔間是否已完成：0 表示「未完成」，1 表示「完成」。而 min_times 陣列則是為了儲存從起始隔間到每一個隔間的最短路徑距離。

我們使用一個 for 迴圈 ❶ 來初始化這兩個陣列：它將所有的 done 值設定為 0（false）並將 min_times 值設為 -1（尚未找到）。然後再設定 from_cell 的 min_times 值為 0 ❷ 來指出「從起始隔間到自己的最短路徑距離」為零。

變數 found 會追蹤 Dijkstra 演算法是否發現新的隔間。外層 for 迴圈的每一次迭代中，一開始為 0（false）❸，若找到了一個隔間會設為 1（true）——但，這是怎麼回事：怎麼可能會找不到一個隔間？舉個例子，在「加權圖的最短路徑」一節中，我們找到了全部的隔間；但是，有一些圖起始隔間和某些隔間之間是**沒有**路徑的。像那樣的圖，就會有 Dijkstra 演算法找不到的隔間；當找不到新隔間時，就是停止的時候了。

現在我們來到了內層迴圈 ❹，其任務是找出下一個最短路徑的隔間。該迴圈將已找到最短路徑的隔間之索引值儲存在 min_time_index 中，並將最短路徑的時間儲存在 min_time 中。符合條件的隔間為：未完成且 min_times 值至少為 0（意指，不是 -1）的隔間。我們需要未完成的隔間，因為已完成隔間已經確定了它們的最短路徑。此外還需要 min_times 值至少為 0：如果為 -1，表示這個隔間還沒有被找到，我們不曉得其最短路徑。如果還沒有符合條件的隔間，或者當前隔間的最短路徑比目前的最短路徑更短 ❻，就更新 min_time 和 min_time_index，並且將 found 設定為 1，表示我們找到了一個隔間。

如果沒有找到隔間，我們就停止 ❼；否則就將找出的隔間設定為已完成，並且對它的外連邊進行迭代以找出更短的路徑。對於每一條邊 e，要檢查隔間是否提供了更短的路徑給 e->to_cell ❽；這條可能的最短路徑為 min_time（從 from_cell 到 min_time_index 花的時間）加上走過邊 e（從 min_time_index 走到 e->to_cell）所需的時間。

在處理邊 e 的時候，不是應該先確認 e->to_cell 是否尚未完成，再去檢查是否找到更短的路徑？雖然我們可以加上這一項檢查，但不會有任何影響。已完成的隔間已經確定它們的最短路徑了，所以不可能會找到更短的路徑。

計算完到所有隔間的最短路徑之後，我們自然就能計算出到出口的最短路徑了。最後一件工作便是傳回其時間。

收工！快去提交給解題系統；這個程式碼應該會通過所有的測試案例。

兩種最佳化

要加速 Dijkstra 演算法，有幾件事是可以做的；其中最為廣泛的應用以及最顯著的加速方法，是由一種稱為**堆積（heap）**的資料結構造成的。在目前的實作中，要找到下一個設為已完成的節點是很耗時的工程，因為我們必須掃描過所有尚未完成的節點，以找出有最短距離的那一個。堆積可以將這個緩慢的線性搜尋轉換為透過樹的快速搜尋。堆積在 Dijkstra 演算法之外的很多情境下也很有用，我會在第七章討論這個主題。這裡，我將提供兩種針對「老鼠迷宮」問題的最佳化方法。

首先，回想一下，一個隔間完成之後，我們就不會再去改變它的最短路徑。因此，一旦將出口隔間設為完成，我們就有了它的最短路徑，之後就沒理由再去找其他隔間的最短路徑了。我們大可在這個時候就停止 Dijkstra 演算法。

其次，對於一個有 n 個隔間的迷宮，我們調用了 Dijkstra 演算法 n 次、每一個隔間一次。我們算出了隔間 1 的所有最短路徑——然後只保留了到出口隔間的最短路徑。對隔間 2、隔間 3 也都做了同樣的事，除了跟出口隔間有關的那一條，其餘最短路徑全部丟掉。

考慮只執行 Dijkstra 演算法一次，並以出口隔間作為起始隔間。Dijkstra 演算法會找出從出口隔間到隔間 1 的最短路徑、從出口隔間到隔間 2 的最短路徑、依此類推。然而，這些也不是我們真正想要的，因為此圖為有向圖：從出口隔間到隔間 1 的最短路徑**未必**是從隔間 1 到出口隔間的最短路徑。

再看一次圖 5-1：

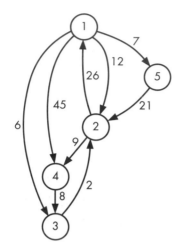

如同我們在「加權圖中的最短路徑」一節中發現的，從隔間 1 到隔間 4 的最短路徑是 17，但從隔間 4 到隔間 1 的最短路徑為 36。

從隔間 1 到隔間 4 的最短路徑使用的邊為 1 → 3、3 → 2、2 → 4。如果我們想從隔間 4 開始使用 Dijkstra 演算法，那麼就需要它找出 4 → 2、2 → 3、3 → 1 這幾條邊；它們都是原本的圖中某一條邊的**反轉**（reverse）。圖 5-2 展示了一個**反轉圖**（reversed graph）。

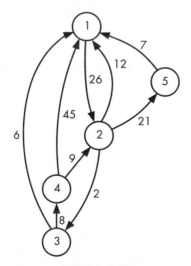

圖 5-2：老鼠迷宮反轉圖。

現在可以執行 Dijkstra 演算法——只調用一次！——從隔間 4 去找出它到所有其他節點的最短路徑了。

就實作的角度而言，我們不需要產生原始圖，而是要反轉圖；這點可以在 main 函數（清單 5-1）中在讀取圖的時候完成。

與其使用：

```
e->to_cell = to_cell;
e->length = length;
e->next = adj_list[from_cell];
adj_list[from_cell] = e;
```

我們要的是這樣：

```
e->to_cell = from_cell;
e->length = length;
e->next = adj_list[to_cell];
adj_list[to_cell] = e;
```

也就是說，現在邊會指向 from_cell，並且它被加入 to_cell 的鏈結串列中。如果你做了這項改變且修改程式碼讓它只調用 Dijkstra 演算法一次（從出口隔間開始），你會得到一個快上許多的程式。試試看吧！

Dijkstra 演算法

Dijkstra 演算法補足了 BFS 缺少的部分。BFS 在無加權圖中根據邊數找出最短路徑，而 Dijkstra 演算法則在加權圖中根據邊權重找出最短路徑。

和 BFS 一樣，Dijkstra 演算法接受一個起始節點，並找出從該節點到圖中其他節點的最短路徑。它和 BFS 一樣，解決的是**單一源頭最短路徑**問題，唯一差別是在加權圖上執行，而不是無加權圖。

公道而論，其實 Dijkstra 演算法也**可以**找出無加權圖上的最短路徑；只要把無加權圖上的每一條邊都賦予權重 1 即可。此時，當 Dijkstra 演算法找到最短路徑，它就會將該路徑的邊數最小化，而這恰好就是 BFS 做的事。

那麼，何不用 Dijkstra 演算法解決所有最短路徑問題、無論有無權重？確實，有些問題很難決定到底該用 BFS 還是 Dijkstra 演算法；例如，我懷疑很

多人會選擇使用 Dijkstra 演算法去解決第四章中的「攀爬繩子」問題，而非採用（修改過的）BFS。當任務很清楚地表明要求最小化移動次數，還是應該採用 BFS：一般來說它比 Dijkstra 演算法要容易實作，而且執行起來也稍微快一點。但這絕不是說 Dijkstra 演算法很慢。

Dijkstra 演算法的執行時間

讓我們來描繪清單 5-2 中 Dijkstra 演算法的執行時間吧。我們將用 n 表示圖中的節點數目。

初始化迴圈 ❶ 迭代了 n 次，每一次迭代執行常數個步驟，所以它的總工作量和 n 是成正比的。下一個初始化 ❷ 是單一的步驟；無論我們說「初始化用了 n 個步驟」還是「$n + 1$ 個步驟」都沒有差別，因而我們在此忽略 1，直接說它用了 n 個步驟。

Dijkstra 演算法真正的工作現在才要開始。它的外層 for 迴圈執行了 n 次，在每一次迭代中，內層的 for 迴圈執行 n 次迭代以找出下一個節點，因此內層的 for 迴圈共迭代 n^2 次。

Dijkstra 演算法的另一項工作是迭代每一個節點的邊。因為總共有 n 個節點，所以每個節點自然不會有超過 n 條連出去的邊，於是我們會花 n 個步驟去迭代一個節點的邊，n 個節點都要這樣做，如此一來又是 n^2 個步驟。

總結起來，我們在初始化中進行了 n 次工作，內層迴圈做了 n^2 次工作，而檢查邊又做了 n^2 次工作。在此，最大的冪次為 2，因此這是 $O(n^2)$、或者說是平方時間演算法。

在第一章的「診斷問題」一節中，我們對平方時間演算法嗤之以鼻、棄之不用地轉向了線性時間演算法。從這個角度來看，我所提供的 Dijkstra 演算法之實作不算很厲害；但是換個角度來說其實它算，因為在 n^2 的時間中它解決了不只一個問題、而是 n 個問題，每個問題對應著一條從起始節點開始的最短路徑。

我選擇在本書中介紹 Dijkstra 演算法，不過還有很多其他的最短路徑演算法。有些能一次找出圖中任意兩點之間的最短路徑，亦即解決了**所有節點**

對的最短路徑（all-pairs shortest-path）問題。其中一個這樣的演算法稱為 Floyd-Warshall 演算法，其時間複雜度為 $O(n^3)$。有趣的是，我們也可以用 Dijkstra 演算法來解決所有節點對的最短路徑問題，而且速度一樣快。我們可以執行 Dijkstra 演算法 n 次，每個起始節點執行一次，如此一來調用了 n^2 演算法 n 次，總工作量為 $O(n^3)$。

有加權或無加權、單一源頭或所有節點對，Dijkstra 演算法都能通吃。它是否所向無敵？並不是！

負權重邊

本章到這裡為止，我們都有一個隱約的假設：邊權重不是負的。例如在「老鼠迷宮」中，邊權重代表走過邊所需的時間，而走過一條邊當然不可能造成時間倒退，所以沒有邊的權重會是負的。以類似方式思考，很多其他圖不會出現負的邊權重，純粹也是因為根本不合理。比如有一個圖，其中節點為都市，邊為都市之間的航班票價。沒有任何航空公司會倒貼讓我們去搭飛機，所以每一條邊都不會是負的價格。

思考一種遊戲，有些移動會讓我們得分，而有些移動則會失分，後者對應的是**負權重邊（negative-weight edge）**。因此，負權重邊確實有時會出現。Dijkstra 演算法會如何反應？讓我們來用圖 5-3 的簡單例子來看一下吧。

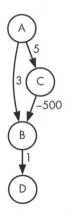

圖 5-3：一個有負權重邊的圖。

讓我們試著找出從節點 A 開始的最短路徑吧。跟前面一樣，Dijkstra 演算法一開始會先指定節點 A 的最短路徑為 0、並將它設定為已完成。從 A 到 B 的距離為 3，從 A 到 C 的距離為 5，而從 A 到 D 的距離為未定義（且先留白）：

node	done	min_distance
A	true	0
B	false	3
C	false	5
D	false	

Dijkstra 演算法接著決定把 B 的最短路徑確定為 3，並將 B 設為已完成。它同時也更新了到 D 的最短路徑：

node	done	min_distance
A	true	0
B	true	3
C	false	5
D	false	4

由於 B 已完成，我們就宣稱 3 就是從 A 到 B 的最短路徑；但麻煩就來了，因為 3 **並不是**從 A 到 B 的最短路徑，最短路徑是 A → C → B，其總權重為 -495。反正好玩嘛，我們就在這種詭異情況下繼續，看看 Dijkstra 演算法會怎樣吧。下一個完成的節點會是 D：

node	done	min_distance
A	true	0
B	true	3
C	false	5
D	true	4

而 D 的最短路徑也錯了！應該要是 -494 才對。由於除了 C 以外的節點都完成了，C 也就沒別的事可做：

node	done	min_distance
A	true	0
B	true	3
C	true	5
D	true	4

就算我們讓 Dijkstra 演算法在這邊把 B 的最短路徑從 3 改成 -495，D 的最短路徑也還是錯的。必須再一次處理 B，即使 B 已經完成。我們需要某種說法：「喂，我知道我講過 B 已經完成了，但我改變主意了。」不管怎樣，我所介紹的古典 Dijkstra 演算法對這個例子的處理是錯的。

通常，當圖的邊可以為負，Dijkstra 演算法就不管用了。針對那種情況，你可能會想研究一下 **Bellman-Ford 演算法**或是前面提過的 Floyd-Warshall 演算法[譯註]。

繼續來看另一道題目，但不必擔心負權重邊。我們將再次使用 Dijkstra 演算法，或者應該說，我們會調整 Dijkstra 演算法來解決一個關於最短路徑的新問題…

題目二：拜訪奶奶規劃 *Grandma Planner*

有的時候，我們被問及不僅僅是最短路徑的距離，也包括關於最短路徑的更多資訊。這道題目就是這樣的例子。

這是 DMOJ 題號 saco08p3。

問題

布魯斯正在計畫要前往奶奶家一趟。一共有 n 個小鎮，從 1 編號到 n，布魯斯從小鎮 1 開始，而他奶奶住在小鎮 n。在每兩個小鎮之間有一條公路，而每一條公路的長度（距離）都已提供。

布魯斯希望帶一盒餅乾到奶奶家，他必須在途中購買。有一些小鎮上有餅乾店，布魯斯需要在前往奶奶家的路上經過至少一個有餅乾店的小鎮。

我們的任務有兩個層面。第一，必須判斷出布魯斯從起始點到奶奶家所需的最短距離，並且在路上買到餅乾。這個最短距離並沒有告訴我們布魯斯到奶奶家有多少選項；也許只有一種方法可以到達，而其他路徑的距離更

[譯註] 此外在 2022 年，A. Bernstein、D. Nanongkai 與 C. Wulff-Nilsen 三人提出了一個突破性的演算法，可以在近乎線性時間中解決負權重圖中的最短路徑問題；讀者可參見 https://arxiv.org/abs/2203.03456。

長，又或者，有很多路線有著同樣的最短距離。第二，必須判斷出最短距離路線的數目。

輸入

輸入包含了一個測試案例，由下列幾行組成：

- 一行包含整數 n，代表小鎮的數目。小鎮從 1 編號到 n，其數目介於 2 到 700 之間。

- n 行，每一行包含了 n 個整數。其中的第一行給出了從小鎮 1 到各個小鎮（小鎮 1、然後是小鎮 2⋯以此類推）的公路距離；第二行給出從小鎮 2 到各個小鎮的公路距離；以此類推。一個小鎮到它自己的距離為零，而其他的距離至少為一。從小鎮 a 到小鎮 b 的距離跟從小鎮 b 到小鎮 a 的距離一樣。

- 一行包含了整數 m，代表有餅乾店的小鎮數目；m 至少為一。

- 一行包含了 m 個整數，每個給出有餅乾店的小鎮編號。

輸出

在單一行中輸出下列數值：

- 從小鎮 1 到小鎮 n 的最短距離（途中必須買到一盒餅乾）。

- 一個空格。

- 最短距離路徑的數目，模除以 1,000,000。

解決測試案例的時間限制為一秒鐘。

相鄰矩陣

圖在這裡的表示方法會跟「老鼠迷宮」以及第四章的「書籍翻譯」不一樣；在那兩道題目中，每一條邊都是由一個節點和另一個節點以及邊權重所組成，像這樣：

---

1 2 12

表示有一條從節點 1 到節點 12、權重為 12 的邊。

在「拜訪奶奶規劃」問題中，圖是用**相鄰矩陣（adjacency matrix）**來表示的，即數字組成的二維陣列。一個給定的欄列座標則告訴我們在該列該欄的邊權重是多少。

這是一個樣本測試案例：

```
4
0 3 8 2
3 0 2 1
8 2 0 5
2 1 5 0
1
2
```

最上面的數字 4 告訴我們一共有四個小鎮；接下來的四行為相鄰矩陣，請先注意看其中的第一行：

```
0 3 8 2
```

這一行給出了所有從小鎮 1 運出去的邊。有一條從小鎮 1 到小鎮 1，權重為 0 的邊，一條從小鎮 1 到小鎮 2、權重 3 的邊，一條從小鎮 1 到小鎮 3、權重 8 的邊，以及一條從小鎮 1 到小鎮 4、權重 2 的邊。

下一行，

```
3 0 2 1
```

對小鎮 2 做了類似的事，依此類推。

注意，任兩個小鎮之間都有一條邊；也就是說，沒有任何缺失邊。這樣的圖稱為**完全圖（complete graph）**。

這個相鄰矩陣有一些冗餘之處。例如，在第 1 列第 3 欄表示有一條從小鎮 1 連到小鎮 3、權重 8 的邊；然而，既然題目指明「從小鎮 *a* 到小鎮 *b* 的公路」跟「從小鎮 *b* 到小鎮 *a* 的公路」距離是一樣的，我們在第 3 列第 1 欄又再次看到 8（因此這裡處理的是無向圖）。對角線也有一堆的 0，明確指出了某個小鎮到自身的距離為零。忽略這些即可。

圖的建立

這道題目最終會要求我們發揮兩次創意。首先,需要強迫路徑通過有餅乾店的小鎮,而且得在這些路徑之中找出最短的那一條。其次,不只要持續追蹤最短路徑,還要追蹤能達成最短路徑的方法數。我會說,這是兩倍樂趣!

先從輸入讀取測試案例開始並建立圖。至此,我們已經充分準備好了;有了圖之後,就可以面對接下來的課題。

大方向是要讀取相鄰矩陣,並同時建立相鄰串列。我們必須自己追蹤小鎮的索引,因為相鄰矩陣並沒有明確提供。

讀取並且直接使用相鄰矩陣確實是有可能,完全免去相鄰串列的表示法。每一列 i 給出了到各個小鎮的距離,所以我們可以在 Dijkstra 演算法中迭代第 i 列,而不是 i 對應的相鄰串列。由於圖是完全圖,我們甚至不需要浪費時間跳過那些不存在的邊。不過我在這邊還是用相鄰串列,以延續之前的做法。

底下是我們會用到的常數與 edge 結構:

```c
#define MAX_TOWNS 700

typedef struct edge {
  int to_town, length;
  struct edge *next;
} edge;
```

讀取圖的程式碼參見清單 5-3。

```c
int main(void) {
  static edge *adj_list[MAX_TOWNS + 1] = {NULL};
  int i, num_towns, from_town, to_town, length;
  int num_stores, store_num;
  static int store[MAX_TOWNS + 1] = {0};
  edge *e;

  scanf("%d", &num_towns);
❶ for (from_town = 1; from_town <= num_towns; from_town++)
    for (to_town = 1; to_town <= num_towns; to_town++) {
      scanf("%d", &length);
    ❷ if (from_town != to_town) {
```

```
      e = malloc(sizeof(edge));
      if (e == NULL) {
        fprintf(stderr, "malloc error\n");
        exit(1);
      }
      e->to_town = to_town;
      e->length = length;
      e->next = adj_list[from_town];
      adj_list[from_town] = e;
    }
  }

❸ scanf("%d", &num_stores);
  for (i = 1; i <= num_stores; i++) {
    scanf("%d", &store_num);
    store[store_num] = 1;
  }
  solve(adj_list, num_towns, store);
  return 0;
}
```

清單 5-3：建立圖用的 main 函數

在讀取了小鎮的數目之後，我們使用雙層 for 迴圈來讀取相鄰矩陣。外層 for 迴圈 ❶ 的每一次迭代負責讀取一列，更精確地說是 from_town 對應的列。為了讀取該列，我們有一個內層 for 迴圈，它對每一個 to_town 讀取一個 length 值。現在我們知道邊的起點、終點及長度。接著，我們想要加入這條邊，只有在它不屬於那些權重為 0 ——意即從一個小鎮返回它自身——的邊時，我們才會把它加入。如果這條邊是兩個不同小鎮之間的 ❷，就將它加入 from_town 的相鄰串列中；因為圖是無向的，因此也必須確保這條邊最後會加入 to_town 的鏈結串列中。我們在清單 4-15 解決「書籍翻譯」問題時，必須明確地這麼做，但在這邊並不需要這樣做，因為就算沒做任何特別的操作，在我們處理 to_town 那一列時它也會自動加入。例如，如果 from_town 為 1 而 to_town 為 2，則現在會加入 1 → 2 的邊，而稍後當 from_town 為 2 而 to_town 為 1 時，會加入 2 → 1 的邊。

剩下的就是要讀取哪些小鎮有餅乾店的資訊，從這些小鎮的數目開始 ❸。我使用 store 陣列來追蹤那些小鎮，如果小鎮 i 有餅乾店則 store[i] 為 1（true），如果沒有則為 0（false）。

怪異路徑

讓我們走一遍我在「相鄰矩陣」一節中提供的測試案例，感受一下。對應的圖呈現於圖 5-4 中，其中 c 代表一個餅乾小鎮。

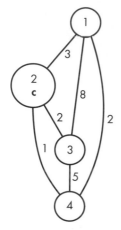

圖 5-4：奶奶圖。

布魯斯從小鎮 1 出發，他必須前往小鎮 4。小鎮 2 是唯一一個有餅乾店的小鎮。最短距離的路徑是什麼呢？確實，布魯斯可以直接沿著一條距離 2 的邊從小鎮 1 快速抵達小鎮 4，但這並不是這道題目的可行解。記得，必須確保任何提出的最短路徑都包含一個有餅乾店的小鎮。以這個圖來說，表示一定要包含小鎮 2（在其他的測試案例中可能會有好幾個有餅乾小鎮，要包含至少一個餅乾小鎮。）

這裡有一個從小鎮 1 到小鎮 4 **確實**可行的路徑：1 → 2（距離 3）→ 4（距離 1）。總距離為四，確實是從小鎮 1 到小鎮 4 而且有經過小鎮 2 的最短路徑。

不過，這並不是唯一的最佳路徑。還有一個路徑如下：1 → 4（距離 2）→ 2（距離 1）→ 4（距離 1）。這路徑有點怪的地方在於，我們拜訪了小鎮 4（奶奶家）兩次。一開始從小鎮 1 出發到小鎮 4，但還不能結束，因為還沒有買到餅乾，於是我們從小鎮 4 前往小鎮 2，並在那邊買餅乾，最後再從小鎮 2 走到小鎮 4，這是第二次造訪小鎮 4，不過這次是帶著一盒餅乾抵達小鎮 4，這樣就有了一條可行的路徑。

表面上看起來這條路徑在繞圈圈，因為我們先去一次小鎮 4，後來又再度去到小鎮 4。但從不同的角度來看，迴路是不存在的：我們第一次拜訪小鎮 4 時並沒有帶餅乾；再次拜訪小鎮 4 則帶了一盒餅乾。因此，小鎮 4 的兩次拜訪並沒有重複：小鎮 4 確實被拜訪了兩次，但每次的狀態（沒有帶餅乾 / 有帶一盒餅乾）也的確都不同[譯註 1]。

現在我們看到，同一個小鎮不可能被拜訪兩次以上。例如，如果一個小鎮被拜訪了三次，那麼其中兩次拜訪就一定會是相同的狀態[譯註 2]。也許第一次和第二次拜訪都是「未帶餅乾」的狀態，這樣就真的是有迴路了，而走迴路的時候勢必會增加距離，因此將該迴路去掉便能得到更短的路徑。

於是，光是知道在哪一個小鎮還不夠，還要知道有沒有拿到一盒餅乾。

我們之前在第四章曾經對付過這類問題一次，就是解決「攀爬繩子」問題的時候。在「改變移動」一節中，我討論過加入第二條繩子以產生更適合的問題模型。在這裡我們將重申這個概念，透過添加一個狀態來告訴我們是否攜帶餅乾。狀態 0 為沒有攜帶餅乾，而狀態 1 則為攜帶了一盒餅乾；因而，一條可行的路徑就是任何以狀態 1 抵達奶奶家的路徑。以狀態 0 抵達奶奶家不能是可行路徑的終點。

請看圖 5-5，其為圖 5-4 引入餅乾狀態的樣子。這裡的 c 代表一個餅乾小鎮。沒有箭頭的邊是無向的，但現在我們也有一些有向的邊。

[譯註 1] 再次指出，通常在圖論術語裡面，路徑（path）一詞是不允許節點重複的，而更廣義的、允許重複的那種稱為路途（walk），但是本書在用詞上並沒有做這種區隔。單純以圖 5-4 來說，這條「路徑」確實有頂點重複，但是若進一步把狀態考慮進去（如圖 5-5），那就確實是嚴格圖論意義上的路徑了。

[譯註 2] 這也就是數學上的鴿籠原理（pigeonhole principle）：把 $n+1$ 個物件放到 n 個類別之中時，必定有兩個以上的物件被放入同一個類別中。在此，物件為「三次小鎮拜訪」而類別為「兩種狀態」。

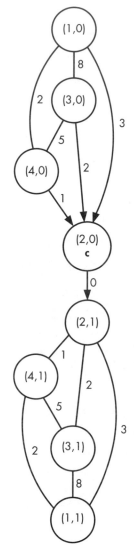

圖 5-5：有餅乾狀態的奶奶圖。

我們建立這個圖的方法為：

- 增加四個新的小鎮節點，每一個節點對應原圖中的一個小鎮。原始節點為狀態 0，新節點為狀態 1。

- 除了離開小鎮 2（有餅乾店的小鎮）的邊之外，保留所有原始的邊。如果我們在狀態 0 來到小鎮 2，就會變成狀態 1，所以離開 (2,0) 唯一的

邊就是到 (2,1) 的有向邊。這條邊的權重為 0，因為變換狀態並不花時間。雖然 Dijkstra 演算法在負權重邊上不可靠（參見「負權重邊」一節），0 權重邊倒是沒關係。

- 完全照著原本狀態 0 的節點連接關係去連接狀態 1 的節點[譯註]。

當我們在狀態 0 時到達一個餅乾小鎮，我們會買一盒餅乾並進入狀態 1。一旦進入狀態 1，圖是不允許我們回復到狀態 0 的，因為沒辦法失去餅乾。

我們從小鎮 1、狀態 0 出發，必須抵達小鎮 4、狀態 1。這要求我們最後從狀態 0 變成狀態 1，然後利用狀態 1 的邊抵達小鎮 4。當有數個餅乾小鎮存在時，問題就會變得更加棘手，因為我們必須去選擇哪一個餅乾小鎮可以從狀態 0 變成狀態 1；或許這對我們來說很棘手，但對 Dijkstra 演算法來說一點也不難，只要請它找出圖中的最短路徑就好了。

任務一：最短路徑

目前為止，我們討論過了如何用圖模擬問題並且找出最短路徑距離，但是沒討論過如何找出最短路徑的**數目**。我將輪流處理這兩個子任務。等到小節結束時，我們將會解決一半的問題，正確輸出最短路徑距離；但不會印出任何路徑的數目，因此在所有的測試案例上還是會失敗。別擔心：在下一節中，我們也會想出如何從程式碼生出路徑數目。Dijkstra 該上場了！

隨著模型更新（使用了狀態 0 和狀態 1），從輸入中讀取的圖已經不再對應於我們將使用 Dijkstra 演算法探索的圖。一種想法是，利用原圖的相鄰串列產生新圖的相鄰串列表示法；也就是說，從一個有兩倍節點數的空圖開始，加入所有需要的邊。是可以這樣做沒錯，不過我認為比較簡單的辦法是把狀態的邏輯加進 Dijkstra 演算法的程式碼中，而不要去動原圖（在解決第四章的「攀爬繩子」問題時，我們沒有什麼選擇，因為輸入並不包含一個圖）。

[譯註] 以這個例子來說，確實從 (2,1) 連出來的邊也都可以改成單向邊，不過對於有超過一個餅乾小鎮的圖來說，我們還是要允許在狀態 1 的情況下經過別的餅乾小鎮，所以不會把從狀態 1 的餅乾小鎮節點連出去的邊改成單向邊。

我們寫出來的函數會是這樣：

```
void solve(edge *adj_list[], int num_towns, int store[])
```

其中，`adj_list` 是相鄰串列，`num_towns` 為小鎮的數目（同時也是奶奶家的小鎮編號），而對於給定的 i，`store` 會告訴我們小鎮 i 是否有餅乾店。

現在，我們要像處理「老鼠迷宮」一樣（清單 5-2）進行。不過，在每一個步驟中，我們都會問狀態對於程式碼有什麼影響，並做出適當的修改。來看一遍清單 5-4 的程式碼，但我們也應該拿它和清單 5-2 進行比較，以突顯其相似之處。

```
void solve(edge *adj_list[], int num_towns, int store[]) {
  static int done[MAX_TOWNS + 1][2];
  static int min_distances[MAX_TOWNS + 1][2];
  int i, j, state, found;
  int min_distance, min_town_index, min_state_index, old_distance;
  edge *e;

❶ for (state = 0; state <= 1; state++)
    for (i = 1; i <= num_towns; i++) {
      done[i][state] = 0;
      min_distances[i][state] = -1;
    }
❷ min_distances[1][0] = 0;

❸ for (i = 0; i < num_towns * 2; i++) {
    min_distance = -1;
    found = 0;
    for (state = 0; state <= 1; state++)
      for (j = 1; j <= num_towns; j++) {
        if (!done[j][state] && min_distances[j][state] >= 0) {
          if (min_distance == -1 || min_distances[j][state] < min_distance) {
            min_distance = min_distances[j][state];
            min_town_index = j;
            min_state_index = state;
            found = 1;
          }
        }
      }
    if (!found)
      break;
❹ done[min_town_index][min_state_index] = 1;
```

```
❺ if (min_state_index == 0 && store[min_town_index]) {
    old_distance = min_distances[min_town_index][1];
    if (old_distance == -1 || old_distance > min_distance)
      min_distances[min_town_index][1] = min_distance;
  } else {
❻   e = adj_list[min_town_index];
    while (e) {
      old_distance = min_distances[e->to_town][min_state_index];
      if (old_distance == -1 || old_distance > min_distance + e->length)
        min_distances[e->to_town][min_state_index] = min_distance +
                                                     e->length;
      e = e->next;
    }
  }
}
❼ printf("%d\n", min_distances[num_towns][1]);
}
```

清單 5-4：用 Dijkstra 演算法求出到奶奶家的最短路徑

打從一開始，我們就看到狀態對於陣列的影響，因為 done 和 min_distances 現在變成二維陣列。第一個維度是以小鎮編號來索引的，而第二個維度則是以狀態來索引。在初始化 ❶ 過程中，小心地把兩種狀態的元素都初始化。

我們的起點為小鎮 1、狀態 0，我們將此距離初始化為 0 ❷。

跟之前一樣，我們希望 Dijkstra 演算法可以一直執行，直到找不到新的節點為止。我們有 num_towns 個小鎮，但是每一個都有狀態 0 和狀態 1 之分，因此最多可以找到 num_towns * 2 個節點 ❸。

巢狀的 state 和 j 迴圈一同找出了下一個節點。當這些迴圈完成之後 ❹，會去設定兩個重要的變數：min_town_index 為小鎮的索引，而 min_state_index 為狀態的索引。

接下來怎麼做，端看我們處於哪一個狀態以及該小鎮有無餅乾店。如果我們在狀態 0 且位於一個有餅乾店的小鎮 ❺，就忽略 adj_list 並且只考慮轉變成狀態 1。記得，從 [min_town_index][0] 轉變成 [min_town_index][1] 的距離為 0，所以到 [min_town_index][1] 的新路徑距離，與到 [min_town_index][0] 的最短路徑是一樣的。如標準 Dijkstra 做法，如果新的路徑比較短，就更新最短路徑。

否則，我們就是處於狀態 0 且位於沒有餅乾店的小鎮，或者處於狀態 1。這裡可用的邊，恰好跟當前小鎮在輸入圖中的邊是一樣的，因此檢查所有從 min_town_index 連出去的邊 ❻。現在我們回到了「老鼠迷宮」的領域，一樣使用邊 e 尋找更短的路徑。只要小心地在所有地方都用到 min_state_index，因為這些邊都不會改變狀態。

最後要做的就是印出最短路徑距離 ❼。我們使用 num_towns（即奶奶的小鎮）作為第一個索引、而以 1 作為第二個索引（才能帶到一盒餅乾）。

如果你用我提供的測試案例（在「相鄰矩陣」一節）來執行這個程式，應該會得到正確的輸出為 4。確實，對於任何的測試案例，我們都會輸出最短路徑。接著繼續來看最短路徑的數目。

任務二：最短路徑的數目

只要稍做幾個修改，就能強化 Dijkstra 演算法，不僅能找出最短路徑距離，還能找出最短路徑的數目。這些修改很微妙，所以我會先用一個例子來示範幾個步驟，以便讓你更直觀理解我們所做的事情為什麼是合理的，然後我會在給予更多正確性論證之前展示新的程式碼。

一個例子

讓我們從節點 (1,0) 開始追蹤圖 5-5 上的 Dijkstra 演算法。除了追蹤每個節點是否已完成以及到每個節點的最小距離之外，同時也要維護 num_paths，它代表到達一個節點的最短路徑數目，即最小距離的路徑數。我們會看到，一旦找到了更短的路徑，那些由 num_paths 計算的路徑都會被丟棄。

首先，我們初始化起始節點 (1,0) 的狀態，將它的最小距離設為 0 並設定為已完成。由於恰好只有一條距離 0 的路徑是從起始節點到它自身（即一條沒有邊的路徑），我們將其路徑數設為 1。接著，使用從起始節點連出去的邊初始化其他節點，設定這些節點各有一條路徑（從起始節點連出的路徑）。這給了我們第一個快照：

node	done	min_distance	num_paths
(1,0)	true	0	1
(2,0)	false	3	1
(3,0)	false	8	1
(4,0)	false	2	1
(1,1)	false		
(2,1)	false		
(3,1)	false		
(4,1)	false		

　　然後呢？跟之前的 Dijkstra 演算法一樣，掃描尚未完成的節點，並選取具有最小 min_distance 值的節點，因此我們選取 (4,0)。Dijkstra 演算法保證了這個節點已經設置了最短路徑，於是我們將它設為已完成。接下來必須檢查從 (4,0) 連出去的邊，以確認是否能找出通往其他節點更短的路徑。我們確實找到了一條通往 (3,0) 的更短路徑：原本是 8，現在變成了 7，因為我們可以用距離 2 到達 (4,0)、再花距離 5 從 (4,0) 到 (3,0)。(3,0) 的最短路徑數要設為多少呢？本來是 1，但忍不住會想把它設為 2；然而 2 是錯的，因為這樣會把距離 8 的路徑算進去，但它已經不是最短路徑了。正確答案為 1，因為只有一條距離 7 的路徑。

　　有一條從 (4,0) 到 (2,0) 的邊是不能匆匆略過的。本來到 (2,0) 的最短路徑為 3，那麼，從 (4,0) 到 (2,0) 的邊能為我們做什麼？它給了我們更短的路徑嗎？到 (4,0) 的距離為 2，而從 (4,0) 到 (2,0) 的邊距離為 1，所以我們有了一個用距離 3 抵達 (2,0) 的新方法。這並不是一條更短的路徑，但它卻是另一條最短的路徑！也就是說，先來到 (4,0) 然後透過那條邊到 (2,0) 給了我們一個抵達 (2,0) 的新方法。新的方法數就等於到達 (4,0) 的最短路徑數，也就是 1，於是我們就有了 1+1=2 條最短路徑可以到達 (2,0)。

　　這些內容都總結在下一張快照中。

node	done	min_distance	num_paths
(1,0)	true	0	1
(2,0)	false	3	2
(3,0)	false	7	1
(4,0)	true	2	1
(1,1)	false		
(2,1)	false		
(3,1)	false		
(4,1)	false		

下一個完成的節點為 (2,0)。從 (2,0) 到 (2,1) 有一條權重 0 的邊，而到達 (2,0) 要用到距離 3，所以到 (2,1) 的最短路徑也是 3。有兩種方法可以用最短距離到達 (2,0)，所以到達 (2,1) 的最短路徑也是兩種。這是我們目前的情況：

node	done	min_distance	num_paths
(1,0)	true	0	1
(2,0)	true	3	2
(3,0)	false	7	1
(4,0)	true	2	1
(1,1)	false		
(2,1)	false	3	2
(3,1)	false		
(4,1)	false		

下一個完成的節點為 (2,1)，而就是這個節點找到了我們的終點 (4,1) 的最短路徑。有兩條最短路徑可到達 (2,1)，因此也有兩條最短路徑可抵達 (4,1)。節點 (2,1) 也找到了抵達 (1,1) 和 (3,1) 的最短路徑。目前的情況如下：

node	done	min_distance	num_paths
(1,0)	true	0	1
(2,0)	true	3	2
(3,0)	false	7	1
(4,0)	true	2	1
(1,1)	false	6	2
(2,1)	true	3	2
(3,1)	false	5	2
(4,1)	false	4	2

節點 (4,1) 為下一個完成的節點，因此我們得到答案了：最短路徑為 4，而最短路徑的數目為 2（在我們的程式碼中，不會在終點設置終止的準則，所以 Dijkstra 演算法會繼續執行，為其他節點找出最短路徑和最短路徑的數目。我鼓勵你繼續追蹤這個例子直到它執行完畢）。

這就是演算法運作的原理，它可以總結成兩項規則：

規則一　假使我們使用節點 u 找到一條到達節點 v 的更短路徑，那麼到達 v 的最短路徑數目就是到達 u 的最短路徑數目（其他到 v 的舊路徑都不再有效也不再計算，因為我們已知它們不是最短的路徑）。

規則二　假使我們使用節點 u 找到一條到達 v 的路徑距離跟目前到達 v 的最短路徑距離相同，那麼到達 v 的最短路徑數目為我們已知 v 的最短路徑數加上到達 u 的最短路徑數（所有到達 v 的舊路徑仍列入計算）。

假設我們專注於某個節點 n，觀察演算法執行的時候它的最小距離和路徑數有什麼變化。我們不知道到達 n 的最短路徑會是什麼：有可能現在已經有了最短路徑，或者 Dijkstra 演算法待會就找到一條更短的路徑。如果已經有它的最短路徑，最好把到達 n 的路徑數累加起來，因為最後可能會需要該值來計算其他節點的最短路徑數。如果還沒有它的最短路徑，那麼從結果往回看，去累積它的路徑數就沒有意義了；不過沒關係，反正在找到更短路徑時，我們會重置它的最短路徑數。

程式碼

為了解決這項任務，我從清單 5-4 出發並且做一些必要修改以找出最短路徑的數目。更新過的程式碼在清單 5-5 中給出。

```
void solve(edge *adj_list[], int num_towns, int store[]) {
  static int done[MAX_TOWNS + 1][2];
  static int min_distances[MAX_TOWNS + 1][2];
❶ static int num_paths[MAX_TOWNS + 1][2];
  int i, j, state, found;
  int min_distance, min_town_index, min_state_index, old_distance;
  edge *e;

  for (state = 0; state <= 1; state++)
    for (i = 1; i <= num_towns; i++) {
      done[i][state] = 0;
      min_distances[i][state] = -1;
  ❷  num_paths[i][state] = 0;
    }
  min_distances[1][0] = 0;
❸ num_paths[1][0] = 1;

  for (i = 0; i < num_towns * 2; i++) {
    min_distance = -1;
    found = 0;
    for (state = 0; state <= 1; state++)
      for (j = 1; j <= num_towns; j++) {
        if (!done[j][state] && min_distances[j][state] >= 0) {
          if (min_distance == -1 || min_distances[j][state] < min_distance) {
            min_distance = min_distances[j][state];
            min_town_index = j;
            min_state_index = state;
            found = 1;
          }
        }
```

```
        }
    if (!found)
      break;
    done[min_town_index][min_state_index] = 1;

    if (min_state_index == 0 && store[min_town_index]) {
      old_distance = min_distances[min_town_index][1];
❹    if (old_distance == -1 || old_distance >= min_distance) {
        min_distances[min_town_index][1] = min_distance;
❺      if (old_distance == min_distance)
          num_paths[min_town_index][1] += num_paths[min_town_index][0];
        else
          num_paths[min_town_index][1] = num_paths[min_town_index][0];
❻      num_paths[min_town_index][1] %= 1000000;
      }
    } else {
      e = adj_list[min_town_index];
      while (e) {
        old_distance = min_distances[e->to_town][min_state_index];
        if (old_distance == -1 ||
            old_distance >= min_distance + e->length) {
          min_distances[e->to_town][min_state_index] = min_distance +
                                                        e->length;
❼        if (old_distance == min_distance + e->length)
            num_paths[e->to_town][min_state_index] +=
                num_paths[min_town_index][min_state_index];
          else
            num_paths[e->to_town][min_state_index] =
                num_paths[min_town_index][min_state_index];
❽        num_paths[e->to_town][min_state_index] %= 1000000;
        }
        e = e->next;
      }
    }
  }
  printf("%d %d\n", min_distances[num_towns][1], num_paths[num_towns][1]);
}
```

清單 5-5：到奶奶家的最短路徑與最短路徑數目

　　我加入了一個 num_paths 陣列來追蹤每一個節點找到的最短路徑數目 ❶，並且將它的元素都設為 0 ❷。在 num_paths 中唯一的非零元素就是我們的起始節點 (1,0)，它有一條距離零的最短路徑（即從起始節點開始不沿任何邊走的路徑）❸。

其餘的新工作就是要去更新 num_paths。如同先前討論過的一樣，會出現兩種情況。如果我們找到一條更短的路徑，那麼舊的路徑數就不再適用；但如果用當前的路徑距離找到了抵達節點的另一種方法，那麼就需要把它加到舊有的路徑數上。第二種情況如果不小心很可能會出差錯，因為除了比較大小還需要包含等於的情況 ❹。如果我們使用跟本章一樣的程式碼，

```
if(old_distance == -1 || old_distance > min_distance) {
```

那麼到達一個節點的路徑數目只會在找到一條更短路徑時才更新，如此一來就不可能從多個源頭中累積最短路徑的數目了。因而我們用 >= 來取代 >：

```
if(old_distance == -1 || old_distance >= min_distance) {
```

以便找到更多條最短路徑，即使最短路徑距離本身並未改變。

現在我們可以來實作剛才討論過的兩個情況更新路徑數目。這些情況都需要進行兩次處理，因為在 Dijkstra 演算法中有兩個地方可以找到最短路徑。第一個加入處 ❺ 是在從狀態 0 之後沿 0 權重邊的程式碼之後；如果最短路徑跟之前一樣，我們就相加；如果有一條新的更短路徑，我們就重置。第二個加入類似的程式碼 ❼ 是加在 for 迴圈迭代從當前節點離開的邊之程式碼中。兩個情況都使用模除運算子 ❻❽ 來確保最短路徑數不會超過 1,000,000 條。

最後一項必要的改變就是要更新最後的 printf 呼叫；同時也要印出到奶奶家的最短路徑數。

你已經可以提交給解題系統了。收工回家之前，讓我們再討論一下關於正確性的部分。

演算法正確性

在「拜訪奶奶規劃」的圖中沒有負權重的邊，所以我們知道 Dijkstra 演算法能正確地找到所有最短路徑距離。雖然裡面有一些 0 權重的邊──從每個餅乾小鎮的狀態 0 連到對應小鎮的狀態 1 ──但在尋找最短路徑時，Dijkstra 演算法也能處理好這些邊。

然而，必須小心思考 0 權重邊對於找尋最短路徑**數目**造成的影響。如果我們允許任意的 0 權重邊，那麼可能會產生**無窮多**條最短路徑。請看圖 5-6，其中有從 A 到 B、B 到 C、C 到 A 的 0 權重邊。例如，從 A 到 C 的最短路徑為 0，而我們有無數條這種路徑：A→B→C、A→B→C→A→B→C…。

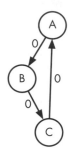

圖 5-6：一個擁有無窮多最短路徑的圖。

幸好，由 0 權重邊組成的迴圈不可能在「拜訪奶奶規劃」的圖中出現。假設存在一條從 u 到 v 的 0 權重邊，那就表示 u 為狀態 0 而 v 為狀態 1。我們不可能從 v 回到 u，因為圖中沒有方法可以從狀態 1 回到狀態 0。

最後我要表明的是：一旦一個節點設定為已完成，就表示我們找到了它的所有最短路徑數目。

想像我們的演算法一路上悠悠哉哉尋找著最短路徑與最短路徑數目…然後，突然它犯了錯；把某個節點 n 設為已完成，但卻遺漏了某些最短路徑。我們需要表明，這種錯誤是不會發生的。

假設某些 n 的最短路徑是以 $m→n$ 這條邊結束的。如果 $m→n$ 的權重大於零，那麼到達 m 的最短路徑會比到達 n 的最短路徑還要短（到達 n 的最短路徑減去 $m→n$ 的權重）。Dijkstra 演算法是從起始節點開始愈找愈遠，因此節點 m 此刻必然已經完成了；當 Dijkstra 演算法設定 m 為已完成，表示它已遍歷了所有從 m 連出的邊，包括 $m→n$ 在內。既然 m 的路徑數目是正確的（畢竟 m 已經完成了），Dijkstra 演算法就有把所有這些路徑都含在 n 的路徑計數之中。

那麼，如果 $m→n$ 是 0 權重的邊呢？m 需要在 n 之前完成；否則在探索從 m 連出的邊時，m 的路徑數目就不能被信任。我們知道 0 權重的邊是從狀態 0 的節點連到狀態 1 的節點，所以 m 必然為狀態 0 而 n 必然為狀態 1。到

m 的最短路徑與到 n 的最短路徑距離必須相同，因為加上 0 權重的邊也不會改變 m 的最短路徑距離。在某個時間點，當 m 和 n 都尚未完成，而 Dijkstra 演算法又不得不從兩者中選擇下一個要完成的節點。最好選擇 m，而它確實也會選 m，因為按照我寫的程式碼，平手的狀態下它會選擇狀態 0 而非狀態 1 的節點。

我們必須步步為營：這個地方真的差一點就會出錯。用一個測試案例證實為什麼要先處理好狀態 0 的節點再處理狀態 1 的節點：

```
4
0 3 1 2
3 0 2 1
1 2 0 5
2 1 5 0
2
2 3
```

追蹤一下我們修改過的 Dijkstra 演算法套用在這個例子上的過程。每當你必須選擇下一個要完成的結點，選擇狀態 0 的那一個；如果這麼做，你會得到正確的答案，最短路徑距離為四，且有四條最短路徑。然後，再追蹤演算法一次，這次在平手的時候選擇狀態 1 的節點。你還是會得到最短路徑的正確距離四，因為 Dijkstra 演算法對於平手的處理並不敏感，但是我們修改過的 Dijkstra 演算法卻會受影響，從你會得到兩條最短路徑的結果便可證明這一點。

總結

Dijkstra 演算法的設計，是用來尋找圖中的最短路徑。我們在本章中看到了如何把問題的實例建模成一個適合的加權圖，然後使用 Dijkstra 演算法去執行。除此之外，Dijkstra 演算法和第四章中的 BFS 一樣，可以當作解決相關但相異問題的指引。在處理「拜訪奶奶規劃」題目時，我們藉由適當修改 Dijkstra 演算法來找出最短路徑的數目，不需要從零開始。我們並非總是直接被要求找到最短路徑，如果 Dijkstra 演算法很僵化，除了最短路徑之外什麼都找不到，那麼一旦情境改變，它對我們就沒幫助了。確實，我們還是學到了一個很強的演算法，但它卻是「全有或全無」的極端特性。幸好，Dijkstra 演算法的應用是更廣泛的。如果你在研讀本書之餘繼續研究圖論演算法，很可能會再次

看到 Dijkstra 演算法的思維出現。世上有數以百萬計的問題,但是演算法數量卻遠比不上問題的數量。最好的演算法通常是那些想法十分靈活的演算法,以至於它們的貢獻遠遠超出了預設的用途。

筆記

「老鼠迷宮」原出自 2001 年 ACM 西南部歐洲區域賽;「拜訪奶奶規劃」原出自 2008 年南非程式設計奧林匹亞,最終回合。

若想看更多關於圖論搜尋以及在競技程式設計問題上的應用,我推薦 Steven Halim 與 Felix Halim 著的《Competitive Programming 3》(2013)。

6

二元搜尋

這一章全都是在講二元搜尋；如果你不知道什麼是二元搜尋——那太好了！我很興奮能有機會教你一套系統化且高效能的技巧，能夠從無數的可能解答中理出一個最佳解來。如果你知道什麼是二元搜尋，並且認為它只是用來搜尋排序過的陣列——那太好了！——因為你將學到的二元搜尋遠比那還要有能耐。為了保持新鮮感，我們在這一整章裡都不會去搜尋一個排序過的陣列，一次都不會。

最小化餵食螞蟻所需要的液體量、最大化在岩石間跳躍的最小距離、找出一座城市裡的最佳居住區域、切換開關來打開洞穴的門，這些事情之間有什麼共通點？讓我們開始來找答案吧。

題目一：螞蟻餵食 *Feeding Ants*

這是 DMOJ 題號 `coci14c4p4`。

問題

巴比有一個樹狀的螞蟻飼養箱，樹的每一條邊是一根管子，液體可以從上面往下流，有些管子是增加液體量的超級管[譯註]。巴比在樹的每一個葉節點上各飼養了一隻寵物螞蟻（是啦，這個情境超牽強的，我不否認；不過除此之外這道題目超棒的）。

每根管子都有一個百分比數值，指出了流經該管的可用液體百分比。例如，假設節點 n 有三根往下流的管子，這三根管子的百分比數值分別為 20%、50% 和 30%。如果有 20 公升的液體來到節點 n，那麼 20% 的管子就會分到 $20 \times 0.2 = 4$ 公升，50% 的管子分到 $20 \times 0.5 = 10$ 公升，而 30% 的管子分到 $20 \times 0.3 = 6$ 公升。

現在來考慮超級管。對於每根超級管，巴比會決定是否開啟它的特殊功能。如果關閉，那麼它的表現就跟正常管子一樣；若開啟，則將使它獲得的液體量變成平方。

巴比在樹的根節點倒入液體，他的目標是在盡量倒入最少液體的前提下，給每一隻螞蟻牠所需的最小液體量。

讓我們透過研究一個樣本飼養箱來具體化這個決策過程；請看圖 6-1。

[譯註] 超級管（superpipe）原指滑雪等極限運動中的大型半圓形管狀空間，這邊的意思與原意基本上無關。

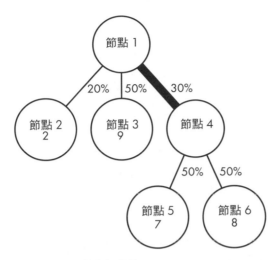

圖 6-1：一個樣本飼養箱。

　　我將節點從 1 編號到 6；葉節點（2、3、5 和 6）有額外標註給出每隻螞蟻需要的液體量，此外，我也在每條邊上標註了它的百分比數值。注意，從一個節點往下連出的管子之百分比數值總和永遠是 100%。

　　樹中有一根超級管，連結節點 1 和節點 4，我用粗線條表示。假設從根節點倒入 20 公升液體，則超級管會得到 20 公升的 30%，也就是 6 公升。如果超級管的特殊功能是關閉的，那麼就會通過 6 公升，但超級管的特殊功能若是開啟的，會變成 $6^2 = 36$ 公升的液體流過，而非 6 公升。

輸入

輸入包含一個測試案例，由下面幾行組成：

- 第一行包含了整數 n，給出了樹中的節點數，其值介於 1 到 1,000。樹的節點從 1 編號到 n，而根節點為節點 1。

- 接著有 n – 1 行是用來建立樹的，每一行各自代表一根管子，並包含了四個整數：管子所連接的兩個節點，管子的百分比數值（介於 1 到 100 之間），以及是否為超級管（0 代表不是，1 代表是）。

- 最後一行包含了 n 個整數，每個整數對應一個節點，代表該節點中的螞蟻所需要的液體公升數。每一隻螞蟻需要的液體量介於 1 到 10 公升之間，對於非葉節點（裡面沒有螞蟻），會給予 – 1 的數值。

這是可以產生圖 6-1 的樣本飼養箱的輸入：

```
6
1 2 20 0
1 3 50 0
1 4 30 1
4 5 50 0
4 6 50 0
-1 2 9 -1 7 8
```

注意，第一行（在此為整數 6）表示樹中的節點數，而不是建立樹所用到的資料行數；建立樹用的資料行數（在此為五行）永遠比節點數少一。

輸出

輸出巴比為了餵食所有螞蟻所需要倒入根節點的最少液體公升數，要包含到小數第四位。正確的值保證會在 2,000,000,000（20 億）以下。

解決測試案例的時間限制為 2.5 秒。

新風味的樹問題

跟在第二章中一樣，我們又來到樹的領域了。如果我們想探索一個飼養箱樹，可以使用遞迴（像 BFS 這種通用的圖搜尋演算法是太超過了，因為這邊沒有迴圈）。

對於第二章的兩道題目，我們的解答是根據樹的結構以及節點中儲存的值：

- 在「萬聖節糖果收集」中，藉由加總葉節點中的數值來計算糖果總數，並利用樹的高度和形狀計算走過的街道總數。

- 在「子孫的距離」中，利用每個節點的子節點數來計算特定深度的子孫數目。

也就是說，我們所需要的東西——糖果數值、高度、樹的形狀——都已經編碼在樹上了。在這一道題目中，我們要找出巴比必須倒入的最小公升數——但是這個樹並沒有包含任何這樣的數值！該樹提供的資訊是管子百分比、超級管的狀態以及螞蟻的食量，但是卻沒有直接告訴我們應該倒入根節點的液

體量。尤其超級管又有流量平方的功能，使得「螞蟻需要的液體量」跟「應該倒入的液體量」之間關係變得很不清楚。

因為樹上並沒有給予我們所需要的，我就隨便選一個數值，10。來吧，巴比，倒 10 公升下去吧。

我希望你會強烈質疑我剛剛亂選一個數字的行為。要是 10 真的是答案那你就該驚訝了，畢竟我是憑空選了 10。你可能也會很訝異，原來可以從嘗試 10 的這件事情中學到很多東西。

讓我們再看一次圖 6-1。假設，我們倒入了 10 公升的液體到根節點中。

此時，10 的 20% 為 2，有 2 公升的液體會來到節點 2 的螞蟻窩。完美：這隻螞蟻就是需要 2 公升液體，所以我們剛好送出了足夠的量。讓我們繼續進行。

由於 10 的 50% 是 5，節點 3 的螞蟻得到 5 公升的液體。這下子麻煩了，因為這隻螞蟻需要 9 公升液體，5 公升是不夠的，而節點 1 到節點 3 之間的管子並不是超級管，所以我們也只能宣布 10 並非答案了。

我們是可以繼續隨便再挑選一個公升數、用類似方法去模擬新數值的液體流量。不過，因為 10 公升確定是不夠的，此時應該把憑空選取範圍限制為**大於 10** 的數值。既然 10 公升不夠，比它小的數值當然也不夠，根本不用去試 2 公升、7 公升、9.5 公升或任何小於 10 的數值，都太小了。

接著來試試 20 公升吧。這一次，節點 2 的螞蟻得到 4 公升，這沒問題，因為該螞蟻只需要 2 公升；節點 3 的螞蟻獲得 10 公升，這也沒問題，因為該螞蟻只需要 9 公升。

介於節點 1 和 4 之間的管子得到 30% 的液體，也就是全部 20 公升中的 6 公升。不過，這根管子是一根超級管！如果使用它的特殊功能，這根管子就能把 6 公升變成 $6^2 = 36$ 公升，於是有 36 公升抵達了節點 4。這下子節點 5 和 6 的螞蟻就都滿足了：牠們各得到 18 公升；其最低需求量分別為 7 公升（節點 5）和 8 公升（節點 6）。

不同於 10 公升，20 公升是一個可行解；但它是最佳（也就是最小）的解嗎？也許是，也許不是；我們所能確知的是，不需要再試任何比 20 更大的

公升數。已經有了一個可行解是 20 公升，幹嘛要試像是 25 或 30 這樣更差（大）的數值？

此時，我們已將問題化簡成了找出 10 到 20 公升之間的最佳解。我們可以繼續挑選數字，在每一個步驟中縮小範圍，直到範圍縮小到其中一個端點可以作為精準的解答。

就一般情況來說，我們應該先選擇什麼樣的公升數？最佳解有可能大到二十億，所以從 10 開始可能差得太遠。我們測試了一個公升數之後，接下來又該往哪個方向？最佳解有可能遠比目前所猜的更大或更小，因此每一次增加或減少 10 未必能讓我們有所進展。

這些都是好問題：好問題我當然要回答…不過不是現在。我想先解決如何讀取輸入（以便能探索樹）以及如何判斷一個公升數是否為可行解這兩個部分。然後，我將展示一個搜尋龐大範圍用的超快演算法。二十億的範圍嗎？當早餐吃都行。

讀取輸入

第二章中，我使用了一個 node 結構在樹的核心表示法上，然後在第四章的「書籍翻譯」介紹並使用了 edge 結構來表示圖的相鄰串列。當時我解釋了，要用 node 還是 edge 結構，取決於帶有額外資訊的是節點還是邊。而在當前的問題中，邊夾帶了資訊（一個百分比值和一個超級管狀態），但葉節點也有（每隻螞蟻需要的液體量）。這樣看來，**同時**使用 edge 和 node 結構就是一個誘人且合理的提議，但是為了高度對應相鄰串列的使用方式，我選擇了只用 edge 結構。如同題目描述中所說的，我們將節點從 1 開始編號，但是由於沒有 node 結構，沒有地方可以儲存每隻螞蟻所需的液體量。基於這個理由，我把相鄰串列添加了一個 liquid_needed 陣列，其中 liquid_needed[i] 給出了節點 i 的螞蟻所需要的液體量。

這是我們在程式碼中會用到的巨集與型別定義：

```
#define MAX_NODES 1000

typedef struct edge {
  int to_node, percentage, superpipe;
```

```
  struct edge *next;
} edge;
```

如同第四章「書籍翻譯」與第五章的兩道問題，我們可以透過 next 指標
將這些 edge 結構串連起來形成邊的鏈結串列。如果一條邊在節點 i 的鏈結串
列中，那麼就可以知道該邊的父節點為 i，而 to_node 則告訴我們這條邊連接
父節點的哪一個子節點。Percentage 為介於 1 到 100 之間的整數，代表著該管
（邊）的百分比數值；superpipe 是一個旗標，若該管是超級管則其值為 1，若
是普通的管子則為 0。

現在我們可以從輸入中讀取樹了，如清單 6-1 所示。

```
int main(void) {
  static edge *adj_list[MAX_NODES + 1] = {NULL};
  static int liquid_needed[MAX_NODES + 1];
  int num_nodes, i;
  int from_node, to_node, percentage, superpipe;
  edge *e;
  scanf("%d", &num_nodes);

  for (i = 0; i < num_nodes - 1; i++) {
    scanf("%d%d%d%d", &from_node, &to_node, &percentage, &superpipe);
    e = malloc(sizeof(edge));
    if (e == NULL) {
      fprintf(stderr, "malloc error\n");
      exit(1);
    }
    e->to_node = to_node;
    e->percentage = percentage;
    e->superpipe = superpipe;
    e->next = adj_list[from_node];
❶  adj_list[from_node] = e;
  }

  for (i = 1; i <= num_nodes; i++)
❷  scanf("%d", &liquid_needed[i]);
  solve(adj_list, liquid_needed);
  return 0;
}
```

清單 6-1：建立樹用的 main 函數

這個程式碼跟清單 4-15（「書籍翻譯」）很類似但更簡單一些。具體來說，每一條邊從輸入中讀取、設定好成員後，就加到 from_node 的邊串列中 ❶。你可能會期待在 to_node 之中有一條對應的邊，因為這個圖是無向的，但我省去了這樣的邊：因為液體是沿著樹往下流，不會往上，加入反轉邊只會使得探索樹的程式碼徒增不必要的複雜度。

一旦邊的資訊讀取進來之後，接下來只需讀取每隻螞蟻需要的液體量數值，我使用 liquid_needed 陣列來完成它 ❷。adj_list 加上 liquid_needed，已捕捉到了我們對於測試案例所需要的一切資訊。

可行性測試

我們的下一個里程碑是：判斷一個給定的公升數是否為可行解。這是個十分關鍵的步驟，因為一旦我們有了一個函數能測試一個數值的可行性，就可以用它來逐漸縮小搜尋空間，直到找到最佳解為止。我們要寫的函數標頭如下：

```
int can_feed(int node, double liquid,
             edge *adj_list[], int liquid_needed[])
```

在此，node 為樹的根節點，liquid 是我們倒入根節點的液體量，adj_list 為樹的相鄰串列，而 liquid_needed 是每隻螞蟻所需的液體量。如果 liquid 足以餵飽螞蟻則傳回 1，否則會傳回 0。

我們在第二章花了一整章篇幅講解樹的遞迴函數；想想看，這裡能否再次使用遞迴。

請記得，使用遞迴需要一個基本情況——不用遞迴就可以解決的情況。很幸運，我們真的有！如果這個樹是單一的葉節點，那我們就可以馬上判斷 liquid 是否足夠。如果 liquid 大於或等於在葉節點中螞蟻所需的液體量，我們就有可行解；否則就沒有。

我們可以藉由檢查 liquid_needed 中的對應值來判斷節點是否為葉節點；如果該值為 -1 表示它不是葉節點，否則即為葉節點（也可以使用鏈結串列檢查該節點的鏈結串列是否為空）。這是我們的程式碼：

```
if (liquid_needed[node] != -1)
  return liquid >= liquid_needed[node];
```

其次，考慮遞迴情況。想像某個樹的根節點有 p 條向下的管子（也就是 p 個子節點），我們有倒入根節點的液體量。利用管子的百分比數值，可以判斷流到每根管子的液體量；利用超級管的狀態，則可判斷到達每根管子底端的液體量。如果到達每根管子底端的液體量是足夠的，表示倒入根節點的液體量是足夠的，應該傳回 1；否則，表示有些管子底端的液體量不足，應該傳回 0。這暗示著我們應該對離開根節點的管子執行 p 次遞迴呼叫，每根管子執行一次；這項工作會在迴圈中進行，該迴圈使用相鄰串列來迭代每一根管子。

完整的程式碼在清單 6-2 中給出。

```
int can_feed(int node, double liquid,
             edge *adj_list[], int liquid_needed[]) {
  edge *e;
  int ok;
  double down_pipe;
  if (liquid_needed[node] != -1)
    return liquid >= liquid_needed[node];
  e = adj_list[node];
❶ ok = 1;
  while (e && ok) {
    down_pipe = liquid * e->percentage / 100;
    if (e->superpipe)
❷   down_pipe = down_pipe * down_pipe;
    if (!can_feed(e->to_node, down_pipe, adj_list, liquid_needed))
❸   ok = 0;
    e = e->next;
  }
  return ok;
}
```

清單 6-2：對特定液體量測試可行性

其中 ok 變數追蹤「liquid 是否為樹的可行解」。如果 ok 的值為 1，那麼解答是可行的；如果 ok 的值為 0，就一定不是。我們將 ok 初始化成 1 ❶，流過某一根管子的液體量若不夠就將它設為 0 ❸。如果一直到函數的最底下 ok 都還是 1，表示滿足了全部的管子，可以斷定 liquid 是可行的。

我們利用每一根管子的百分比數值判斷進入該管的液體量。如果管子是超級管，就將數值取平方 ❷⋯不過且慢！題目的描述說，巴比可以決定是否

要使用每根超級管的特殊功能。然而，我們卻無差別地對液體量取平方，亦即總是使用特殊功能。

之所以可以這樣做的原因在於取平方會讓數值變大：比較 2 與 $2^2 = 4$、3 與 $3^2 = 9\cdots$以此類推。既然我們想知道給定的液體量是否可行，而使用超級管的特殊功能又無害處，大可產生愈多液體愈好。也許不需要使用某些超級管的特殊功能就能達成，但，反正沒人叫我們要節約。

（不用擔心小於 1 的數值取平方之後會變得更小，例如 0.5，因為 $0.5^2 = 0.25$；在這種情況中我們的確不會想要啟動超級管功能。然而，每一隻螞蟻都需要至少 1 公升液體，因此若某個節點只剩下 0.5 的量，不管怎麼做都不可能餵飽該節點子樹中的螞蟻，無論有沒有對該值取平方，最後都會傳回 0。）

讓我們延續在「新風味的樹問題」一節中所做的事，以展示這個 can_feed 函數的能耐；當時曾經示範 10 公升對於題目描述中的樣本實例是不夠的。把清單 6-1 底下的 solve 呼叫先註解掉（不過我們很快就會來寫那個 solve 函數了），並且加入 can_feed 的呼叫來測試 10 公升的液體：

```
printf("%d\n", can_feed(1, 10, adj_list, liquid_needed));
```

你應該會看到結果為 0，表示 10 公升是不夠的。我們在「新風味的樹問題」一節也示範過 20 公升是足夠的；現在，把 can_feed 的呼叫從 10 換成 20 公升來測試看看：

```
printf("%d\n", can_feed(1, 20, adj_list, liquid_needed));
```

你應該會看到結果為 1，表示 20 公升是足夠的。

現在，我們知道 10 公升不夠、但 20 公升夠。繼續縮小這個範圍，試試看 15，你應該會看到輸出為 0，看樣子 15 是不夠的；最佳解如今為大於 15、最多不超過 20。

再來試試 18：你應該會看到 18 是夠的。那麼 17 呢？ 17 不夠，而 17.5 或 17.9 也是不夠的。結果顯示，最佳解的確是 18。

對於這個特定搜尋來說，這樣已經夠了；我們來加以系統化吧。

搜尋解答

從題目的描述可以知道，一個最佳解最多為二十億，因此，最佳解存在的搜尋空間極為龐大，而我們的目標是在不浪費猜測的情況下盡量縮小這個空間。

很容易就會浪費一次猜測；比方說，我們從 10 開始猜，而最佳解事實上是二十億，基本上就是浪費了這次猜測：僅僅排除掉 0 到 10 之間的數目而已。倘若最佳解是 8，10 當然就是很不錯的猜測，因為一次就把範圍縮小到 0 到 10 之間，而且很快就會找到 8。只不過，那樣的嘗試並不划算，即使偶爾僥倖猜對了一次，也不能彌補盲目猜測幾乎無法得到資訊的情況。基於這個緣故，當有人要你猜一個 1 到 1,000 之間的數目時，你不會第一次就猜 10。當然啦，如果他們說答案「更低」，你會卯足全勁，但如果他們說答案「更高」（基本上更有可能），你就浪費掉第一次的猜測了。

為確保每次猜測盡可能得到最多的資訊，永遠猜範圍的正中間值。為此，我們會維護兩個變數 low 跟 high，分別儲存當前範圍的低點跟高點，然後去測試這個範圍的中間值 mid，看看 mid 是否可行，並且根據結果來更新 low 或 high。我在清單 6-3 當中實作了這項策略。

```
#define HIGHEST 2000000000

void solve(edge *adj_list[], int liquid_needed[]) {
  double low, high, mid;
  low = 0;
  high = HIGHEST;
❶ while (high - low > 0.00001) {
❷   mid = (low + high) / 2;
❸   if (can_feed(1, mid, adj_list, liquid_needed))
      high = mid;
    else
      low = mid;
  }
❹ printf("%.4lf\n", high);
}
```

清單 6-3：搜尋最佳解

重點在於將 low 跟 high 初始化，才能保證它們的範圍包含了最佳解。從頭到尾我們都會保持 low 小於等於最佳解、而 high 大於等於最佳解。我讓 low 一

開始為 0，由於每隻螞蟻都需要至少 1 公升，0 公升肯定小於等於最佳解。我讓 high 一開始為二十億，因為題目描述保證了最佳解的最大值為二十億。

while 迴圈的條件會迫使 low 跟 high 之間的差距在迴圈結束時變得非常小 ❶。我們需要四位小數的精準度，因此在 0.00001 的小數點後面放了四個零。

迴圈中第一件要做的事就是去計算範圍的中間值。我取 low 跟 high 的平均值，並且將它儲存在 mid 當中 ❷。

現在可用 can_feed 測試 mid 公升的可行性了 ❸。如果 mid 可行，猜測任何比 mid 大的值都會是浪費，於是我們設定 high = mid 將最大值範圍縮小至 mid。

如果 mid 不可行，那麼猜測任何比 mid 小的值都會是浪費，因此就設定 low = mid 將最小值範圍改為 mid。

一旦迴圈結束，low 和 high 就非常靠近了；我選擇把 high 印出來 ❹，不過也可以印出 low。

這種持續將範圍減半、直到範圍非常小的技巧，就稱為**二元搜尋（binary search）**。這是一個出乎意料巧妙而強大的演算法，在本章後面的小節會提出更多的證明。同時，它非常快速，能夠輕易處理數億或數兆的範圍。

把解答提交給解題系統後繼續往下看，關於二元搜尋還有很多要學的呢。

二元搜尋

「螞蟻餵食」是二元搜尋擅長解決的這類問題其中一個例子。這類問題都有兩個元素；如果面對新問題時看到下面兩種元素，值得花時間嘗試以二元搜尋法解決。

元素一：最佳性很難但可行性很容易　對於某些問題，要找到一個方法去找出最佳解是很難的。幸好在多數情況下，判斷某個建議的解答是否可行倒是相對簡單很多。「螞蟻餵食」中就是如此：我們不知道怎麼樣直接找出最佳解，但是我們知道如何判斷某個公升數是否可行。

元素二：不可行與可行的分界線　問題需要具備一種特性，在不可行解答和可行解答之間存在一個分界線，分界線其中一側的解答都是不可行、而另一側都是可行的解。在「螞蟻餵食」問題中，小的數值為不可行、而大的數值為可行的解。也就是說，如果我們從小到大去考慮數值的話，會先看到一堆不可行解，然後才會看到一個可行解，而在看到第一個可行解之後，再也不會看到不可行解。假設我們嘗試了 20 公升的數值並且發現它不可行，那就表示我們還處於搜尋空間中的不可行區域，必須搜尋更大的數值；如果 20 公升可行，表示我們處於可行區域，應該搜尋更小的數值（如果元素二不符合，那麼二元搜尋就派不上用場了。例如，假定有一個問題是「小的數值不可行、較大的數值可行、而更大的數值又再次不可行」；我們嘗試 20 之後發現它不可行，但不能一味地著眼於大於 20 的值，因為就我們所知的訊息來看，有可能「比 10 小的數值不可行而 10 到 15 之間可行」，結果 10 才是最佳解）。如果搜尋空間是從可行轉變成不可行，而不是從不可行變成可行，這也可以。我們的下一道題目就是這樣的例子。

二元搜尋的執行時間

二元搜尋之所以如此強大，是因為它只用了一次迭代就能做出大量的進展。舉個例子，假設我們要在二十億的範圍內搜尋最佳解，那麼執行一次二元搜尋的迭代就能刪去一半範圍、只剩下十億。聽清楚了：只使用一個 if 陳述式並且將一個變數更新為 mid，就能得到十億單位的進展！如果二元搜尋花了 p 次迭代來搜尋十億的範圍，那麼只要再進行一次迭代，即 $p + 1$，就能搜尋二十億的範圍。相對於範圍的寬度，迭代的次數增長非常緩慢。

　　二元搜尋要將 n 的範圍縮減成 1 的範圍所需要的迭代次數，大約就是 n 反覆除以 2 變成 1 所需要的次數。假設從 8 的範圍開始；一次迭代之後，範圍縮小到最多為 4；兩次迭代之後縮小到最多為 2；三次迭代之後範圍就縮小到 1。假如不在乎小數點的精準度，那麼這樣就算完成：三次迭代。

　　有一個數學函數稱為**基底為 2 的對數（base-2 logarithm）**，給定一個數值 n，它能告訴你 n 需要除以 2 多少次才能得到 1 或更小的數值。該函數寫成 $\log_2 n$，或者，如果當前的討論中很明顯地基底就是 2，也可以簡寫成 log

n。例如，$\log_2 8$ 為 3，而 $\log_2 16$ 為 4。至於 $\log_2 2{,}000{,}000{,}000$（也就是二十億）為 30.9，因此大約要進行 31 次迭代才能將該範圍縮減成 1。

二元搜尋是**對數時間（logarithmic-time）**演算法的一個例子，因此亦稱之為 $O(\log m)$（通常在這裡會用 n 而不是 m，不過本節後面要用到 n 表示其他東西）。要將範圍縮小至 1 時，m 就是初始範圍的寬度；然而在「螞蟻餵食」中，我們需要更進一步取得精準的四位小數。那麼 m 在這裡是什麼呢？

該解釋清楚「螞蟻餵食」怎麼使用二元搜尋了：我們進行 $\log_2 2{,}000{,}000{,}000$ 次以上的二元搜尋迭代，因為我們並沒有在範圍寬度為 1 的時候就停止，反而是在達到小點後四位的精準度時才停止。因此再加五個零才是我們進行的迭代次數：$\log_2 200{,}000{,}000{,}000{,}000$ 取整數後為 48，只要 48 次迭代就可以從令人傻眼的數兆範圍中找出達到四位小數精準度的解答。這個，就是二元搜尋的本事。

對於一個有 n 個節點的樹，「螞蟻餵食」的 can_feed 函數（清單 6-2）需要線性時間；也就是時間與 n 成正比。我們呼叫了該函數 $\log_2 m \times 10^4$ 次，其中 m 為範圍的寬度（在測試案例中為二十億），而這與 $\log m$ 的工作量成正比。整體來說，我們總共要做 n 的工作量 $\log m$ 次，這是 $O(n \log m)$ 演算法，它並非完全線性，因為多了一個 $\log m$ 的因子，但還是非常地快。

判斷可行性

關於二元搜尋，我特別喜歡的一個部分是，要判斷一個值是否可行往往會需要用到其他類型的演算法。也就是說，在外部我們有二元搜尋，但在內部為了要測試每個數值的可行性，則使用其他演算法。它可以是任何一種演算法，在「螞蟻餵食」中為樹搜尋演算法，而在下一道題目中，會使用貪婪演算法，在第三道題目中則會用到動態規劃演算法。此外，我在這邊雖然沒有示範，但也有問題的可行性判斷需要執行圖論演算法；你在前幾章所學到的東西會再次派上用場。

判斷可行性常常需要相當程度的創意（但願不會像找最佳解一樣需要那麼有創意！）。

搜尋排序過的陣列

如果你在閱讀本章之前就很熟悉二元搜尋法，我猜會是跟搜尋排序過的陣列有關。一種典型的情境是，給我們一個陣列 a 和一個數值 v，而我們想找出 a 中的最小索引，使對應的值大於等於 v。例如，如果給的陣列為 {-5, -1, 15, 31, 78} 且 v 為 26，我們傳回索引 3，因為在索引 3 上的值（31）是第一個大於等於 26 的數值。

為什麼二元搜尋可以在這裡使用？再看一次上面提到的兩個元素：

元素一 如果不用二元搜尋，要找出最佳解就需要耗費大量時間掃描整個陣列。因此，最佳解難以取得，但是檢驗其可行性非常容易：如果我給你一個索引 i，只要比較 a[i] 和 v，你馬上就能告訴我 a[i] 是否大於等於 v。

元素二 任何小於 v 的值都會出現在任何大於等於 v 的值前面——記得，a 是排序過的！也就是說，不可行的值排在可行的值前面。

確實，二元搜尋可以用於在對數時間內查找陣列中的適當索引，然而我們用了二元搜尋來解決「螞蟻餵食」問題，並沒有出現什麼陣列。別限制自己只在需要搜尋陣列時才考慮到二元搜尋，實際上二元搜尋法遠比那靈活多了。

題目二：跳躍河流 *River Jump*

現在我們來看一道需要使用貪婪演算法判斷可行性的題目。

這是 POJ 題號 3258。

問題

有一條長度為 L 的河流，沿著河流放置了 些岩石。在位置 0（河的起點）有一塊岩石，位置 L（河的終點）也有一塊岩石，0 與 1 之間有 n 塊其他的岩石。舉例，在長度為 12 的河流，下列的位置可能有岩石：0、5、8 及 12。

有一隻牛位於第一塊岩石（位置 0）上，從那裡跳到第二塊岩石，再從第二塊岩石跳到第三塊岩石…如此繼續下去，直到牠抵達了河流終點（位置 L）的岩石。牠的最小跳躍距離就是任意連續兩個岩石之間的最小距離。在上面的例子中，最小跳躍距離為三，亦即位置 5 岩石和位置 8 岩石之間的距離。

農夫約翰對於牛每次跳那麼短的距離感到厭倦，因此他想盡量增加牛的最小跳躍距離。他無法移除位置 0 或位置 L 的岩石，但是可以移除 m 塊其他的岩石。

在上述例子中，假設農夫約翰可以移除掉一塊岩石，那麼他的選項就是移除位置 5 或 8 的岩石。如果他移除位置 5 的岩石，那麼最小跳躍距離變成四（從位置 8 到位置 12）；但他不應該這麼做，因為要是移除位置 8 的岩石，可以得到更大的最小跳躍距離五（從位置 0 到位置 5）。

而我們的任務是，將農夫約翰移除 m 塊岩石之後所能得到的最小跳躍距離給最大化。

輸入

輸入包含一個測試案例，由下面幾行組成：

- 一行包含了三個整數 L（河的長度）、n（岩石的數目，不包括起點和終點的岩石）和 m（農夫約翰可以移除的岩石數目）。整數 L 介於 1 到 1,000,000,000（十億）之間，n 介於 0 到 50,000 之間，而 m 介於 0 到 n 之間。

- n 行，每一行包含了一塊岩石的整數位置。不會有兩塊岩石位於同一個位置上。

輸出

輸出最大可達成的最小跳躍距離。在前述例子中，我們會輸出 5。

解決測試案例的時間限制為兩秒鐘。

貪婪演算法的思路

第三章解決「守財奴」問題的時候，我介紹過了貪婪演算法的概念。所謂的貪婪演算法就是會執行當下看起來最有利的決策，而不去考慮決策所帶來的長期影響。這樣的演算法往往很容易提出來：只要講出它要做出下一個決策所採用的規則就好。例如，我曾在解決「守財奴」問題時提議過用貪婪演算法選擇每顆蘋果成本最低的方案，但那個貪婪演算法是不正確的，當中的教訓值得我們牢記：提出一個貪婪演算法很容易，但要找到一個正確的貪婪演算法卻不容易。

我在本書中並沒有安排一個章節專門探討貪婪演算法，有兩個原因：首先，它們並不像其他演算法的設計那麼廣泛應用（例如動態規劃）；其次，若恰巧派上用場，通常也是基於巧妙的理由且僅針對特定問題。多年來，我被乍看之下正確而到頭來有瑕疵的貪婪演算法騙了好幾次。通常需要小心地去證明其正確性，才能區分哪些貪婪演算法是正確的、哪些貪婪演算法只是看似正確。

無論如何，貪婪演算法確實曾經偷偷地出現——而且這次是正確的——在第五章中，就是 Dijkstra 演算法。演算法學者通常把 Dijkstra 演算法歸類為貪婪演算法；一旦該演算法表明找到了某個節點的最短路徑，它就不會再更動該決定，永久認可其決定，不會讓未來的任何發現改變它過去的決策。

現在貪婪演算法要再次登場了。幾年前我接觸到「跳躍河流」問題時，直覺告訴我應該可以用貪婪演算法來解決它。我很好奇你會不會跟我一樣認為提出這個演算法很自然。貪婪演算法的規則如下：找出距離最近的兩塊岩石，移除距離另一個相鄰岩石較近的那一塊，然後重覆此步驟。

我們回到題目描述中的例子。測試案例如下：

```
12 2 1
5
8
```

為方便起見，岩石的位置如下：0、5、8 和 12。我們可以移除一塊岩石。距離彼此最近的岩石為位置 5 和位置 8 的岩石，因此貪婪規則會導致這兩個位置的其中一顆岩石被移除。位置 8 的岩石離右邊鄰石的距離為四，而

位置 5 的岩石離左邊鄰石的距離為五，於是貪婪規則會將位置 8 的岩石移除。在這個例子中它是可行的。

讓我們來看一個比較大的例子，看看貪婪演算法會做些什麼。假設河流的長度為 12，且允許我們移除兩塊岩石。測試案例如下：

12　4　2
1
3
8
9

岩石的位置為 0、1、3、8、9 和 12。貪婪演算法會怎麼做呢？最靠近彼此的岩石為位置 0 和 1 的岩石，以及位置 8 和 9 的岩石；我們必須選擇其中一對，先選擇 0 和 1 好了。由於移除掉位置 0 的岩石是不允許的，因此直接移除位置 1 的岩石，剩下的岩石位於 0、3、8、9 和 12。

此時位置 8 和 9 為最靠近的兩塊岩石，而 9 到 12 的距離小於 8 到 3 的距離，所以移除掉位置 9 的岩石，剩下 0、3、8 和 12；最小跳躍距離同時也是正確答案為三，貪婪演算法再次獲勝了。

沒錯吧？不斷消除兩塊岩石之間的最小距離。我們怎麼可能做得更好？貪婪演算法帥啊。

可惜，這個貪婪演算法並不正確。在下一段揭曉原因之前，我鼓勵你試著找出一個反例。

反例如下：

12　4　2
2
4
5
8

我們可以移除兩塊岩石，而岩石的位置為 0、2、4、5、8 和 12。貪婪演算法找出了距離最短的岩石為位置 4 和 5 的岩石，它會移除位置 4 的岩石，因為 4 到 2 的距離小於 5 到 8 的距離。現在，剩下 0、2、5、8 和 12。

貪婪規則接著會找出位置 0 和 2 為距離最近的一對岩石。移除位置 0 的岩石是不允許的，所以它會移除位置 2 的岩石。我們剩下 0、5、8 和 12，最小跳躍距離為三。貪婪演算法在這裡就出錯了，因為能夠達到最大的最小跳躍距離是四才對。具體來說，應移除位置 2 和 5 留下 0、4、8 和 12 的岩石，而非移除位置 2 和 4 的岩石。

哪裡出錯了？貪婪演算法第一步就把位置 4 的岩石移除，製造出兩個跳躍距離三，而它的第二步頂多只能修正其中一個，因此不可能產生大於三的最小跳躍距離。

我不知道有貪婪演算法是可以解決這道題目的。跟「螞蟻餵食」一樣，這題很難用正攻法解決；幸好，我們並不需要。

測試可行性

在「二元搜尋」一節中，我提供了兩個指向二元搜尋解的訊號：測試可行性比產生最佳解容易，以及搜尋空間是從不可行解轉變到可行解（或從可行到不可行解）。我們將會看到，「跳躍河流」問題兼具這兩者。

與其直接去解出最佳解，不如解決一個不一樣的問題：有沒有辦法讓最小跳躍距離至少為 d ？如果我們可以搞定這問題，就可以用二元搜尋來找出 d 的最大可行值了。

這是前一節中的測試案例：

```
12 4 2
2
4
5
8
```

我們可以移除兩塊岩石。岩石的位置為 0、2、4、5、8 和 12。

問題來了：如果要達到最小跳躍距離至少為六，最少需要移除幾塊岩石？我們從左邊開始向右一一檢查。位置 0 的岩石必須保留——這是題目描述中的說明。顯然，對於位置 2 的岩石，我們別無選擇只能移除它，否則位置 0 和 2 之間的岩石距離就會小於六。因此，移除了一塊岩石，剩下 0、4、5、8 和 12。

接著，考慮位置 4 的岩石——要保留它還是移除它？還是一樣，我們不得不移除它；如果保留它，那麼位置 0 和 4 的岩石距離會小於六。這是第二次移除，現在剩下位置 0、5、8 和 12 的岩石。

位置 5 的岩石也必須移除，因為它離岩石 0 的距離只有五。這是第三次的移除，剩下位置 0、8 和 12 的岩石。

我們也要移除位置 8 的岩石！雖然它距離位置 0 夠遠，但卻距離位置 12 太近。這是我們第四次的移除，最後只剩下位於 0 和 12 的兩塊岩石了。

結果，需要四次的移除才能達到至少六的最小跳躍距離，可是題目只允許移除兩塊岩石。由此可知，六並非可行解，這個數目太大了。

那麼三是可行解嗎？也就是說，我們只移除兩塊岩石就能達到三的最小跳躍距離嗎？讓我們來看看。

位置 0 的岩石要保留。位置 2 的岩石要移除，這是第一次移除，剩下 0、4、5、8 和 12。

位置 4 的岩石可以留下：它和位置 0 的距離超過三。但位置 5 的岩石則必須移除，因為它距離位置 4 的岩石太近；這是我們的第二次移除，剩下 0、4、8 和 12。

位置 8 的岩石沒問題：它離位置 4 和 12 都夠遠。這樣任務就完成了：只進行兩次移除就達到三的最小跳躍距離了。三是可行的。

看起來我們似乎逐步接近一種檢查可行性的貪婪演算法，其規則是：依序考慮每塊岩石，如果它距離上一塊保留的岩石太近就移除它。此外也要檢查我們保留的最右邊岩石，如果它離河的終點太近，也需要移除它。然後，再計算一下移除的岩石數量——結果將告訴我們，在考慮可移除的岩石數量前提下，建議的最小跳躍距離是否可行（澄清一下，這是一個用於檢查特定跳躍距離可行性的貪婪演算法，而不是一口氣找出最佳解的貪婪演算法）。我在清單 6-4 中實作了這個演算法。

```c
int can_make_min_distance(int distance, int rocks[], int num_rocks,
                          int num_remove, int length) {
  int i;
  int removed = 0, prev_rock_location = 0, cur_rock_location;
```

```
  if (length < distance)
    return 0;
  for (i = 0; i < num_rocks; i++) {
    cur_rock_location = rocks[i];
❶ if (cur_rock_location - prev_rock_location < distance)
      removed++;
    else
      prev_rock_location = cur_rock_location;
  }
❷ if (length - prev_rock_location < distance)
    removed++;
  return removed <= num_remove;
}
```

清單 6-4：測試跳躍距離的可行性

這個函數有五個參數：

Distance	要測試可行性的最小跳躍距離
rocks	每塊岩石位置組成的陣列，不包括河的起點和終點位置之岩石
num_rocks	在 rocks 陣列中的岩石數
num_remove	允許移除的岩石數
length	河的長度

如果 distance 是可行解則此函數會傳回 1（true），否則傳回 0。

變數 prev_rock_location 追蹤我們最近保留的一塊岩石。在 for 迴圈中，cur_rock_location 儲存著目前考慮中的岩石位置。接著做關鍵的測試，判斷要保留或移除當前的岩石 ❶：如果當前的岩石離前一塊岩石太近，就將當前的岩石移除並將移除數目加上一；否則保留當前的岩石並隨之更新 prev_rock_location。

當迴圈終止時，我們計算了必須移除的岩石數目。呢…幾乎啦，還需要檢查保留的最右邊那塊岩石是否離河的終點太近 ❷。如果是，就移除該岩石（不用擔心可能移除位置 0 的岩石，如果真的把所有岩石都移除掉，prev_rock_location 會是 0，然而 length - 0 < distance 不可能為真；如果是，應該會在函數一開始的 if 陳述式就返回了）。

現在，沒有任何兩塊岩石的距離小於最小跳躍距離，而我們也沒有做多餘的移除。怎麼可能做得比這更好？貪婪演算法實在太帥了…但，又來了；

上次在「貪婪演算法的思路」一節中,貪婪演算法到最後其實是不正確的。不要因為幾個例子剛好成功了就相信它,也不要因為我隨便講幾句好聽話就讓你相信一切沒問題。在我們繼續之前,我想提出一個十分精確的論證說明為什麼這個貪婪演算法是正確的。我會具體展示出它確實移除最少數目的岩石,並達到至少 d 的最小跳躍距離。我假設 d 至多為河的長度,否則貪婪演算法馬上就能正確判斷出 d 的最小跳躍距離是不可行的。

我們的貪婪演算法會從左到右考慮每一塊岩石,決定應該保留還是移除。我們的目標是要證明它與一個最佳解的每個步驟完全吻合:當貪婪演算法決定要保留一塊岩石,我們會展示最佳解也保留了那塊岩石;而當貪婪演算法決定要移除一塊岩石,我們會展示最佳解也移除了那塊岩石。如果貪婪演算法的做法跟最佳解完全一樣,表示我們得到的結果也必然正確。在這個例子中,「最佳」表示一個最佳解。對於每塊岩石,會有四種可能情況:貪婪法和最佳解都移除岩石、貪婪法和最佳解都保留岩石、貪婪法移除岩石但最佳解保留岩石、貪婪法保留岩石但最佳解移除岩石。我們需要證明第三和第四種情況是不會發生的。

在我們開始處理四種情況之前,再次考慮從這些位置中移除兩塊岩石:0、2、4、5、8 和 12。當被問及是否可能達到至少三的最小跳躍距離時,我們看到貪婪法會移除位置 2 和 5 的岩石,剩下 0、4、8 和 12,所以我們會預期最佳解也是移除同樣的兩塊岩石。雖然這確實是最佳解,但另一個最佳解則是移除位置 2 和 4 的岩石,留下 0、5、8 和 12。這是透過移除兩塊岩石得到最小跳躍距離至少為三的另一種方法,而這跟貪婪演算法產生的最佳解一樣好。只要能夠符合「一個」最佳解我們就很開心了,用不著符合「正港的」最佳解。不管貪婪法符合的是哪一個:所有的最佳解都一樣是最佳的。

有一個最佳解 S,我們希望貪婪法能夠符合。貪婪演算法開始執行,且有好一段時間沒有出現分歧:它所做的跟 S 完全一樣。至少貪婪法對位置 0 的岩石做了正確決定:不管怎樣都必須保留。

於是貪婪法從左到右一一檢視岩石,持續做了正確的決定,跟最佳解 S 在保留和移除岩石上做出一樣的判斷…突然間,貪婪法跟 S 對於某塊岩石的處置有了不同看法。我們來思考貪婪法跟 S **第一塊**意見不同的岩石。

貪婪法移除它，但最佳解保留它。 貪婪演算法只有在某塊岩石離另一塊岩石太近的時候才會移除它，如果貪婪法移除了一塊岩石是因為它與左岩石的距離小於 d，那麼 S 一定也會移除該岩石。因為這是第一次意見不同，所以 S 在左邊保留的岩石跟貪婪法一模一樣，所以如果 S 不移除這塊岩石，就會有兩塊岩石的距離小於 d，然而這不可能發生：因為 S 是所有岩石距離至少為 d 的最佳（且必然是可行的）解。我們於是可以做出結論，S 真的移除該岩石，跟貪婪法是一致的。類似的論證可以說明，如果貪婪法移除某塊岩石是因為它離河的終點太近，那 S 必然也會移除該岩石。

貪婪法保留它，但最佳解移除它。 我們在這裡無法讓貪婪法跟 S 相吻合，但沒關係，因為我們能夠造出一個新的最佳解 U 是保留這塊岩石的。令 r 為當前的岩石、即貪婪法保留但 S 移除的那一塊。想像有一個新的岩石集合 T，它包含了跟 S 一樣的那些岩石再加上岩石 r。這表示 T 比 S 少移除一塊岩石，因此 T 不會是可行解；如果是，那它就會是一個比 S 還要更好（少移除一塊岩石）的解，而這跟 S 是最佳解的事實相矛盾。因此，在 T 當中，r 跟它右邊那塊岩石 r_2 的距離一定小於 d [譯註]。我們知道 r_2 不可能是河的終點岩石，因為那樣一來貪婪法是不會保留 r 的（因為 r 離河的終點太近）；所以 r_2 是一塊可以移除的岩石。

現在，思考另一個岩石集合 U，它與 T 完全一樣但不包含 r_2。我們可以說 U 與 S 擁有相同的岩石數：我們把 r 加入了 S 會得到 T，從 T 中移除 r_2 就得到 U。此外，U 中沒有任何岩石的距離小於 d，因為它並沒有包含條件不符的 r_2 岩石；也就是說，U 是一個最佳解，跟 S 一樣。重點是，U 包含了岩石 r！因此，貪婪演算法與最佳解 U 都同意將 r 包含在內。

[譯註] 我們知道 T 不是可行的解，所以裡面必然有某一對岩石的距離不到 d，然而 S 是可行的解，也就是任何一對岩石的距離都在 d 以上，所以 T 當中任何一對距離不到 d 的岩石之中必定至少有一塊是 S 當中沒有的岩石，而 T 只比 S 要多出了 r，所以 r 必然跟某塊岩石的距離不到 d。然而 r 是一塊被貪婪法所保留的岩石，可見它和它左邊的岩石距離是足夠的，如此一來便知道只有可能 r 和它右邊的岩石距離是不足的。

在繼續往下之前，先來看看我們的可行性測試效果如何。在本節使用的範例上呼叫它的方法如下：

```c
int main(void) {
  int rocks[4] = {2, 4, 5, 8};
  printf("%d\n", can_make_min_distance(6, rocks, 4, 2, 12));
  return 0;
}
```

上面的程式碼要問的是：可否藉由移除兩塊岩石來達到最小跳躍距離六。答案會是「否」，所以你應該會看到輸出為 0（false）。把第一個參數從 6 改成 3，則你現在要問的就是：最小跳躍距離三是否可行。再次執行該程式，你應該會看到輸出 1（true）。

太好了：現在我們有了檢查可行性的辦法。是時候搬出二元搜尋來搜尋最佳解了。

搜尋解答

讓我們改寫清單 6-3 的程式碼以使用二元搜尋。在「螞蟻餵食」中，我們必須達到小數點之後四位數的精準度，在這裡則是要最佳化岩石的數目，而那是一個整數數值，因此我們會在 high 和 low 相差在一之內就停止，不需要算到四位小數。清單 6-5 給出了更新後的程式碼。

```c
void solve(int rocks[], int num_rocks, // 有錯誤！
           int num_remove, int length) {
  int low, high, mid;
  low = 0;
  high = length;
  while (high - low > 1) {
    mid = (low + high) / 2;
❶ if (can_make_min_distance(mid, rocks, num_rocks, num_remove, length))
   ❷ low = mid;
    else
   ❸ high = mid;
  }
  printf("%d\n", high);
}
```

清單 6-5：搜尋最佳解（有錯誤！）

在每一次迭代，我們計算範圍的中間值 mid，然後用輔助函數測試其可行性 ❶。

如果 mid 可行，那麼任何小於 mid 的數值也會可行，因此更新 low 來刪去範圍中較低的那一半 ❷。注意此程式碼與清單 6-3 之間的不同：在 6-3 中，一個可行 mid 是表示所有大於 mid 的值都是可行，所以刪去的是範圍中較高的一半。

如果 mid 不可行，表示任何大於 mid 的數值也都不可行，更新 high 以刪去範圍中較高的那一半 ❸。

不幸的是，這個二元搜尋並不正確。用它執行這個測試案例就能明白為什麼了：

```
12 4 2
2
4
5
8
```

你應該會得到輸出為 5，但是最佳解其實是 4。

啊，我知道要怎麼做了。把底下的 printf 呼叫從輸出 high 改成輸出 low。當迴圈終止時，low 會比 high 少一，所以這個變更會導致輸出為 4 而不是 5。新的程式碼請參見清單 6-6。

```c
void solve(int rocks[], int num_rocks, // 有錯誤！
           int num_remove, int length) {
  int low, high, mid;
  low = 0;
  high = length;
  while (high - low > 1) {
    mid = (low + high) / 2;
    if (can_make_min_distance(mid, rocks, num_rocks, num_remove, length))
      low = mid;
    else
      high = mid;
  }
  printf("%d\n", low);
}
```

清單 6-6：搜尋最佳解（還是有錯誤！）

這修正了有問題的測試案例，但現在我們卻把這個測試案例弄錯了：

```
1 2 0 0
```

這是一個完全合法的測試案例，雖然有一點奇怪：河的長度為 12，沒有任何岩石。最大可以達到的最小跳躍距離為 12，但是我們的二元搜尋卻對這個例子傳回了 11。又再次差了一。

二元搜尋就跟傳說中一樣，難以正確實作。這裡的 > 應該要用 >= 嗎？應該使用 mid 還是 mid + 1 ？我們要取 low + high 還是 low + high + 1 ？如果你繼續接觸二元搜尋的題目，遲早會遇到這些問題。我不曉得有沒有其他演算法跟二元搜尋一樣，具有這麼高的出錯風險。

下一次的嘗試要更加謹慎。假設我們知道，從頭到尾 low 以及所有小於 low 的值都是可行的，且 high 以及所有大於 high 的值都是不可行。這樣的聲明稱為**不變式（invariant）**，簡單來說就是，它在程式碼執行的過程中永遠為真（true）。

當迴圈終止時，low 會比 high 少一。如果成功地維持我們的不變式，就可以知道 low 是可行的，也會知道任何大於 low 的值都是不可行：high 就是下一個數，而不變式告訴我們 high 不可行，所以 low 將會是最大的可行值，我們需要輸出 low。

然而，在這裡面我們假設了可以在程式碼的一開始讓不變式為真、且之後也一直維持為真。

我們從迴圈前面的程式碼開始看。這一段程式碼**不一定**讓不變式為真：

```
low = 0;
high = length;
```

這個 low 是可行的嗎？當然是！零的最小跳躍距離永遠是可行的，因為任何跳躍都有非零的距離。那 high 是不可行的嗎？有可能，但要是我們在移除了允許的岩石數目後可以跳過整條河呢？那麼 length 就會是可行的，而我們的不變式就破功了。下面是一個比較好的初始化：

```
low = 0;
high = length + 1;
```

現在 high 肯定是不可行：當河流的長度只有 length，我們無法達到 length + 1 的最小跳躍距離。

我們接下來需推敲出如何處理迴圈中的兩種可能情況。如果 mid 可行，那麼我們可以設定 low = mid，此時不變式沒問題，因為 low 和它左邊所有的值都是可行；而如果 mid 不可行，我們可以設定 high = mid，不變式再次沒問題，因為 high 和它右邊所有的值都是不可行。因而在兩種情況中，我們都維持了不變式。

此時確定程式碼中沒有任何會破壞不變式的東西，因此可以放心在迴圈終止時輸出 low 了。正確的程式碼在清單 6-7 中給出。

```c
void solve(int rocks[], int num_rocks,
           int num_remove, int length) {
  int low, high, mid;
  low = 0;
  high = length + 1;
  while (high - low > 1) {
    mid = (low + high) / 2;
    if (can_make_min_distance(mid, rocks, num_rocks, num_remove, length))
      low = mid;
    else
      high = mid;
  }
  printf("%d\n", low);
}
```

清單 6-7：搜尋最佳解

讀取輸入

我們快要完成了。剩下的工作就是讀取輸入並呼叫 solve，見清單 6-8 的程式碼。

```c
#define MAX_ROCKS 50000

int compare(const void *v1, const void *v2) {
  int num1 = *(const int *)v1;
  int num2 = *(const int *)v2;
  return num1 - num2;
}
```

```
  int main(void) {
    static int rocks[MAX_ROCKS];
    int length, num_rocks, num_remove, i;
    scanf("%d%d%d", &length, &num_rocks, &num_remove);
    for (i = 0; i < num_rocks; i++)
      scanf("%d", &rocks[i]);
❶ qsort(rocks, num_rocks, sizeof(int), compare);
    solve(rocks, num_rocks, num_remove, length);
    return 0;
  }
```

清單 6-8：讀取輸入的 main 函數

到目前為止，我們在分析這道題目時都是從左往右考慮岩石的位置（也就是從小到最大的位置），然而輸入中的岩石可能不按大小順序出現；題目描述中並沒有保證它們會是排序過的。

雖然已經過一段時間了，不過我們確實在第二章解決「子孫的距離」時用過 qsort 來排序節點。排序岩石相對之下簡單得多，我們的比較函數 compare 接受兩個整數的指標，然後傳回第一個整數減去第二個整數的結果。當第一個整數小於第二個整數時將產生負整數，當兩個整數相等時返回 0，而當第一個整數大於第二個整數時則返回正整數。我們使用 qsort 搭配這個比較函數來排序岩石 ❶，然後用排序過的岩石陣列來呼叫 solve。

如果你將我們的解答提交至解題系統，應該會看到所有的測試案例均通過。

題目三：生活品質 *Living Quality*

這一章到目前為止，我們已經看過兩種檢查可行性的方法：使用遞迴遍歷樹，以及使用貪婪演算法。現在來看一個例子，我們會用動態規劃（第五章）的想法來有效檢查可行性。

這是本書中第一道不會從標準輸入中讀取或寫入標準輸出的題目。我們會寫一個解題系統指定名稱的函數，然後使用解題系統傳過來的陣列代替標準輸入，並且以函數傳回的正確值代替標準輸出。這樣更好：我們完全不用煩惱 scanf 和 printf！

巧合的是，這也是我們第一道來自世界程式競賽冠軍賽（IOI 2010）的問題。你可以的！

這是 DMOJ 題號 `ioi10p3`。

問題

有一個城市由區塊組成的矩形網格構成，每個區塊是由其列與欄的座標來辨視。從上到下一共有 r 列，編號為 0 到 $r-1$，而從左到右一共有 c 行，編號為 0 到 $c-1$。

每一個區塊都被賦予一個獨特的**品質等級**，介於 1 到 rc 之間。例如，假設有七列七欄，那麼每個區塊的等級會是 1 到 49 的某種排列。參見表 6-1 所示的樣本城市。

表 6-1：樣本城市

	0	1	2	3	4	5	6
0	48	16	15	45	40	28	8
1	20	11	36	19	24	6	33
2	22	39	30	7	9	1	18
3	14	35	2	13	31	12	46
4	32	37	21	3	41	23	29
5	42	49	38	10	17	47	5
6	43	4	34	25	26	27	44

一個矩形的**中位品質等級**是指矩形中有一半的品質等級比它小、另一半比它大。考慮表 6-1 左上角五列三欄（5×3）的矩形，它包含 15 個品質等級：48, 16, 15, 20, 11, 36, 22, 39, 30, 14, 35, 2, 32, 37 和 21，中位品質等級為 22，因為有七個數字比它小、另外七個數字比它大。

我們會得到整數 h 和 w，用來指定候選矩形的高度（列數）與寬度（欄數），而我們的任務是要找出所有 h 列 ×w 欄的矩形當中最小的中位品質等級。

讓我們用 (x,y) 來代表第 x 列第 y 欄的區塊。假設 h 是 5 而 w 是 3，那麼對於表 6-1 的城市來說，我們將識別出最小中位品質等級為 13；中位品質等級為 13 的那個矩形是，左上角座標為 (1,3)、右下角座標為 (5,5) 的矩形。

輸入

這裡並沒有從標準輸入中讀取任何東西，解題系統會把所有我們需要的資訊透過函數參數傳過來。這是我們要寫的函數：

```
int rectangle(int r, int c, int h, int w, int q[3001][3001])
```

此處，r 和 c 分別是城市的列數與欄數；類似概念，h 和 w 分別是候選矩形的列數與欄數，h 最多為 r，w 最多為 c，同時保證 h 和 w 都是奇數。（為什麼呢？由於兩個奇數相乘會得到一個奇數，因此候選矩形中的區塊數目 hw 會是一個奇數。在這種情況，中位數的定義是很明確的：其品質等級為剩下的品質等級一半比它小、另一半比它大。如果有偶數個品質等級例如 2, 6, 4 和 5，那麼中位數又會是什麼？我們得在 4 和 5 之間做選擇[譯註]。題目的作者已經替我們省去了這個選擇。）

最後一個參數 q 給出了區塊的品質等級。例如，q[2][3] 給出位於第 2 列第 3 欄的區塊品質。注意，q 的維度告訴我們城市中列與欄的最大數目：均為 3001。

輸出

我們不會在標準輸出中產生任何東西；反之，從剛才描述的 rectangle 函數中，我們將會傳回最小的中位品質等級。

解決測試案例的時間限制為 10 秒。

[譯註] 統計學上對於這種情況，通常會將中位數定義為「最中央兩個元素之平均值」，所以，以這個例子來說會是 4.5。

排序所有的矩形

不使用二元搜尋很難得到一個有效率的解答，不過反正我們在這個小節會試試看。我們將有機會練習用迴圈遍歷所有的候選矩形，下一個小節再探索二元搜尋。

一開始，我們需要一些常數和一個型別定義：

```
#define MAX_ROWS 3001
#define MAX_COLS 3001

typedef int board[MAX_ROWS][MAX_COLS];
```

就像我們在第四章中的做法，每當需要一個正確大小的二維陣列時就使用 board。

假設題目給你一個矩形的左上角和右下角座標，並且要求你判斷該區塊的中位品質等級，你要怎麼做？

排序是有幫助的。將品質等級從最小排序到最大，然後挑出中間索引的元素。例如，假定還是用這 15 個品質等級：48, 16, 15, 20, 11, 36, 22, 39, 30, 14, 35, 2, 32, 37 和 21，如果加以排序，會得到 2, 11, 14, 15, 16, 20, 21, 22, 30, 32, 35, 36, 37, 39 和 48。一共有 15 個品質等級，所以只要取出第八個──即 22，這就是我們的中位數。

有更快的演算法可以直接找出中位數，無須透過較長的排序途徑。排序的演算法會需要 $O(n \log n)$ 的時間複雜度來找出中位數；有一個較複雜的 $O(n)$ 演算法可以找到中位數，如果你有興趣，我鼓勵你去查找看看，不過我們不會使用那個方法。本節中要使用的方法非常地慢，就算用更好的演算法來找中位數也不會有太大幫助。

要找出一個給定矩形的中位數，程式碼如清單 6-9 所示。

```
int compare(const void *v1, const void *v2) {
  int num1 = *(const int *)v1;
  int num2 = *(const int *)v2;
  return num1 - num2;
}
```

```
int median(int top_row, int left_col, int bottom_row, int right_col,
           board q) {
  static int cur_rectangle[MAX_ROWS * MAX_COLS];
  int i, j, num_cur_rectangle;
  num_cur_rectangle = 0;
  for (i = top_row; i <= bottom_row; i++)
    for (j = left_col; j <= right_col; j++) {
      cur_rectangle[num_cur_rectangle] = q[i][j];
      num_cur_rectangle++;
    }
❶ qsort(cur_rectangle, num_cur_rectangle, sizeof(int), compare);
  return cur_rectangle[num_cur_rectangle / 2];
}
```

清單 6-9：找出給定矩形的中位數

其中，median 函數的前四個參數藉由指定左上角的列與欄及右下角的列與欄來定出矩形的範圍，最後一個參數 q 存放著品質等級。我使用一維陣列 cur_rectangle 來囤積矩形中的品質等級。巢狀的 for 迴圈遍歷矩形中的每一個區塊，並將區塊的品質等級加到 cur_rectangle 中。收集品質等級之後，就可以把資料餵給 qsort 函數 ❶。然後就會知道中位數的確切位置了——陣列的中央——因此只需傳回它。

有了這個函數，我們現在可以用迴圈遍歷每一個候選矩形，並持續追蹤中位品質等級最小的那一個；請看清單 6-10 的程式碼。

```
int rectangle(int r, int c, int h, int w, board q) {
  int top_row, left_col, bottom_row, right_col;
❶ int best = r * c + 1;
  int result;
  for (top_row = 0; top_row < r - h + 1; top_row++)
    for (left_col = 0; left_col < c - w + 1; left_col++) {
❷     bottom_row = top_row + h - 1;
❸     right_col = left_col + w - 1;
❹     result = median(top_row, left_col, bottom_row, right_col, q);
      if (result < best)
        best = result;
    }
  return best;
}
```

清單 6-10：找出所有候選矩形的最小中位數

變數 best 追蹤著我們目前找到的最佳（最小）中位數。我們一開始先將它設為一個很大的值，比任何候選矩形的中位數都要大 ❶。矩形的中位數不可能是 r * c + 1：那表示它有一半的品質等級比 r * c 還要大，但是根據題目描述，**沒有**任何品質等級大於 r * c。巢狀的 for 迴圈考慮了每一個可能矩形之左上角，給了我們最上面的列和最左邊的欄，但我們還需要最下面的列和最右邊的欄才能呼叫 median。要算出底部的列，我們取最上面的列加上 h（候選矩形中的列數），然後減去 1 ❷。這裡很容易犯偏移量導致的差一錯誤（off-by-one error），但這個 - 1 是必要的：如果最上面一列為 4 而 h 為 2，那麼我們希望最下面一列是 4 + 2 - 1 = 5；如果我們讓最下面一列為 4 + 2 = 6，會出現一個三列的矩形而不是我們想要的兩列。使用類似的計算來找出最右邊的欄 ❸。有了四個座標值之後，呼叫 median 來計算矩形的中位數 ❹。若找到更好的中位數時，其餘的程式碼會更新 best。

這樣就完成這個解答了。這裡沒有使用 main 函數，因為解題系統會直接呼叫 rectangle，不過，缺少了 main 函數也代表無法在自己的電腦上測試程式碼。如果是為了進行測試，你可以引入一個 main 函數，不過當你提交到解題系統的時候記得刪除它。這是一個 main 函數的例子：

```
int main(void) {
  static board q = {{48, 16, 15, 45, 40, 28, 8},
                    {20, 11, 36, 19, 24, 6, 33},
                    {22, 39, 30, 7, 9, 1, 18},
                    {14, 35, 2, 13, 31, 12, 46},
                    {32, 37, 21, 3, 41, 23, 29},
                    {42, 49, 38, 10, 17, 47, 5},
                    {43, 4, 34, 25, 26, 27, 44}};
  int result = rectangle(7, 7, 5, 3, q);
  printf("%d\n", result);
  return 0;
}
```

你可以把我們的解答去掉 main 函數後提交到解題系統，它會通過一些測試案例，但剩下的就會逾時了。

為了感受一下為什麼我們的程式碼這麼慢，先把焦點放在「r 跟 c 都是同樣的數目 m」的情況上。為展示最差的情況，取 h 和 w 皆為 m/2（我們不希望矩形太大，否則就不會有很多矩形；但也不希望矩形太小，太小的話每一個都很容易處理）。我們的 median 函數中最慢的部分是去呼叫 qsort。它

會被給予一個具有 $m/2 \times m/2 = m^2/4$ 個數值的陣列;而對於有 n 個數值的陣列,qsort 會用上 $n \log n$ 個步驟。將 n 置換為 $m^2/4$ 得到了 $(m^2/4)\log(m^2/4) = O(m^2 \log m)$。所以我們已經比二次還要慢了——而我們只計算了一個矩形的中位數而已!函數 rectangle 總共會呼叫 median $m^2/4$ 次,所以全部的執行時間為 $O(m^4 \log m)$。這個 4 的次方使得這個解法只能夠處理非常小的問題實例。

此處有兩個瓶頸:一是對每個矩形進行排序,二是為每個矩形從頭開始建立 cur_rectangle 陣列。利用二元搜尋法可以解決前一個問題,而俐落的動態規劃技巧則能夠對付後一個問題。

二元搜尋

為什麼我們會樂觀地認為二元搜尋在這裡可以加快執行速度?首先,在前一個小節中我展示過,直接找出最佳解是個非常耗時的大工程;我那種仰賴排序的途徑比 m^4 演算法還要慢一點。其次,我們有另一個問題範例是所有不可行解都在前面、後面跟著所有的可行解。假如我告訴你沒有中位數最多為五的矩形,那就沒有必要去尋找有中位品質為五或任何小於五的矩形了。反過來,假如我告訴你有一個矩形的中位品質最多為五,就沒必要去找中位品質為六、七或任何大於五的矩形。

這完全是量身打造的二元搜尋領域。

在「跳躍河流」問題中,小的數值為可行而大的數值為不可行。這裡剛好相反:小的數值為不可行而大的數值為可行。因此我們需要改變不變式,翻轉解空間可行區段與不可行區段的位置。

我們要採用的不變式為:low 以及所有小於 low 的值為不可行,high 與所有大於 high 的值為可行[譯註]。這告訴我們,應該在程式完成時傳回 high,因為它會是最小的可行值。除此之外,清單 6-11 中的程式碼和清單 6-7 很相似。

[譯註] 從這裡開始,作者會使用「某個中位數可行」這樣的口語講法,當他這樣說的時候是指「存在某個矩形的中位數最多為給定的數值」。

```
int rectangle(int r, int c, int h, int w, board q) {
  int low, high, mid;
  low = 0;
  high = r * c + 1;
  while (high - low > 1) {
    mid = (low + high) / 2;
    if (can_make_quality(mid, r, c, h, w, q))
      high = mid;
    else
      low = mid;
  }
  return high;
}
```

清單 6-11：搜尋最佳解

為了完成任務，我們需要實作 can_make_quality 來測試可行性。

測試可行性

要寫的可行性測試函數為：

```
int can_make_quality(int quality, int r, int c, int h, int w, board q)
```

在「搜尋所有的矩形」一節中，我們被迫必須計算每一個矩形的中位品質等級。現在情況變了：我們只需要判斷某個矩形的中位數值是否最多為某個截止的（cutoff）quality 等級數值。

這是一個比較簡單的問題，不需要用到排序的步驟。關鍵的觀察為：特定的數值本身不再重要，真正重要的是每個數值和 quality 之間的關係。為了善用這項觀察，我們將把所有小於等於 quality 的值替換成 −1，把所有大於 quality 的值替換成 1，接著對於一個給定的矩形，將這些 −1 和 1 加總起來。如果我們的 −1 至少跟 1 一樣多（也就是，和 quality 相比之下，較小的值多過於較大的值），那麼總和就會是零或負數，我們可以斷定這個矩形的中位品質等級最多為 quality。

來練習一個例子。再次使用表 6-1 左上角 5×3 矩形中的 15 個品質等級：48, 16, 15, 20, 11, 36, 22, 39, 30, 14, 35, 2, 32, 37 和 21。請問這個矩形的中位品質等級是否最多為 16？來看每一個數值，如果小於等於 16，就將它替換成

–1，如果大於 16 就替換成 1，因此新的數值會變成：1, –1, –1, 1, –1, 1, 1, 1, 1, –1, 1, –1, 1, 1 和 1。如果我們將它們加起來，會得到 5，這表示較大的數值比較小的數值多出了五個，於是我們必須斷言，這個矩形的中位數不可能最多為 16。如果想要知道 30 的中位數是否可行，在替換成 –1 和 1 之後會得到：1, –1, –1, –1, –1, 1, –1, 1, –1, –1, 1, –1, 1, 1, –1，加總之後得到 –3。哈！因此 30 是一個可行的中位數。關鍵在於，我們得以在完全不排序的情況下做出這個可行與否的判斷。

我們需要用迴圈遍歷所有的矩形，測試是否具有至多為 quality 的中位品質等級；清單 6-12 在做的就是這件事。

```
int can_make_quality(int quality, int r, int c, int h, int w, board q) {
❶ static int zero_one[MAX_ROWS][MAX_COLS];
  int i, j;
  int top_row, left_col, bottom_row, right_col;
  int total;

  for (i = 0; i < r; i++)
    for (j = 0; j < c; j++)
  ❷ if (q[i][j] <= quality)
        zero_one[i][j] = -1;
      else
        zero_one[i][j] = 1;

  for (top_row = 0; top_row < r - h + 1; top_row++)
    for (left_col = 0; left_col < c - w + 1; left_col++) {
      bottom_row = top_row + h - 1;
      right_col = left_col + w - 1;
      total = 0;
      for (i = top_row; i <= bottom_row; i++)
        for (j = left_col; j <= right_col; j++)
        ❸ total = total + zero_one[i][j];
      if (total <= 0)
        return 1;
    }
  return 0;
}
```

清單 6-12：測試 quality 的可行性

我們不能直接把 q 陣列用 −1 和 1 覆蓋掉，因為這樣一來就無法用原本的品質等級去測試其他的 quality 值了。因此，我們使用一個新的陣列來存放 −1 和 1 ❶。注意，這個陣列是根據每個數值小於等於（−1）或是大於（1）參數 quality（即我們正在檢查的斷點）來進行填充 ❷。

接著遍歷每一個矩形，如同在清單 6-10 中的步驟。我們將所有 −1 和 1 的值加起來 ❸，如果它具有一個夠小的中位品質等級就傳回 1（true）。

如此一來就避開排序了——很聰明吧？我們在這個小節中所做的，對於題目的快速解是非常重要的，不過還沒結束，因為你若計算巢狀迴圈的層數，會發現多達四層。

在「排序所有的矩形」結尾，我們觀察到第一個解法——完全沒有二元搜尋！——是非常慢的 $O(m^4 \log m)$，其中 m 是城市的列數或欄數。在這裡，光是檢查可行性就已經是 $O(m^4)$ 了，再乘上二元搜尋的 log 因子，很難說我們是否真的有進展。

但真的有！只是被埋藏在層層巢狀迴圈之下，牽涉到太多重複的計算了。現在動態規劃將要帶我們走完剩下的路。

更快速測試可行性

假設我們從表 6-1 開始，想知道是否有任何 5×3 矩形的中位品質等級最多為 16。把所有小於等於 16 的數值換成 −1，並把所有大於 16 的數值換成 1，會得到表 6-2。

表 6-2：已替換品質等級的城市

	0	1	2	3	4	5	6
0	1	-1	-1	1	1	1	-1
1	1	-1	1	1	1	-1	1
2	1	1	1	-1	-1	-1	1
3	-1	1	-1	-1	1	-1	1
4	1	1	1	-1	1	1	1
5	1	1	1	-1	1	1	-1
6	1	-1	1	1	1	1	1

　　一開始，我們可能會把左上角座標為 (0,0) 的 5×3 矩形之元素加起來。如同在「測試可行性」一節中看到的，該矩形的總和為 5；接著，或許會想加總左上角座標為 (0, 1) 的 5×3 矩形之元素，因為把 15 個數目加起來是我們在前一節的做法。但是這樣做就沒有善加利用前一個矩形的計算工作，沒錯，第二個矩形跟第一個矩形有 10 個相同的元素，對於這個矩形以及其他所有的矩形，應該有辦法避免這樣的重複計算。

　　要避免重複計算，等同於有效解決所謂的二維**區間和查詢**（range sum query）。一維的情況使用到了類似的想法但脈絡上比較簡單，所以我們先快速研究一下，再回頭解決「生活品質」一題（第七章有一半是關於區間查詢，所以別轉台喔）。

一維區間和查詢

這是一個一維陣列：

Index	0	1	2	3	4	5	6
Value	6	2	15	9	12	4	11

如果題目要求找出陣列中從索引 2 到索引 5 的總和，我們可以直接把該區間的數值加起來：15 + 9 + 12 + 4 = 40。可是這樣並沒有很快，尤其是如果題目要求算出整個陣列的總和，那就更慘了。然而，如果只需要回答少數幾次這樣的查詢，那麼我們可以透過加總適當的數值來回答每一次的查詢。

現在，想像一下我們接收到成千上百次這樣的查詢；如果事先做一點預備工作能夠讓我們更快速回答這些查詢，那麼這樣做就是合理的。

考慮「索引 2 到 5」的查詢。要是我們能夠直接查看「索引 0 到 5」的總和：其總和為 48，不是我們想要的答案 40。但它並非完全沒用處，這個 48 跟我們需要的答案很接近，錯只錯在它包含了索引 0 和索引 1 的數值而已，只要去掉它們就好。如果我們能直接查看「索引 0 到 1」的總和，就能做到這一點：其總和為 8。從 48 中減去 8，就得到 40 了。

於是我們需要一個新的陣列，其中索引 i 存放著從索引 0 到索引 i 的所有數值之總和。這個新的陣列在下面表格中以 **prefix sum（前綴和）** 列來表示：

Index	0	1	2	3	4	5	6
Value	6	2	15	9	12	4	11
Prefix Sum	6	8	23	32	44	48	59

不管是什麼樣的查詢，我們現在都能利用 prefix sum 陣列快速回答了：要計算從索引 a 到 b 的區間和，只要取出索引 b 的值並減去索引 $a-1$ 的值。對索引 2 到 5 來說，我們會得到 48 – 8 – 40；對索引 1 到 6 則是 59 – 6 = 53。這些都是常數時間的回答，永遠都是，而我們要做的就是一次性預處理整個陣列。

二維區間和：查詢

讓我們回到品質等級的二維世界。把每個矩形的元素加起來太慢了，所以我們要把一維的做法推廣到二維上。具體來說，要建立一個新的陣列，其中索引 (i,j) 是左上角座標為 $(0,0)$ 而右下角座標為 (i,j) 的矩形元素之和。

再次來看表 6-2。

	0	1	2	3	4	5	6
0	1	-1	-1	1	1	1	-1
1	1	-1	1	1	1	-1	1
2	1	1	1	-1	-1	-1	1
3	-1	1	-1	-1	1	-1	1
4	1	1	1	-1	1	1	1
5	1	1	1	-1	1	1	-1
6	1	-1	1	1	1	1	1

對應的 prefix 陣列如表 6-3 所示（這裡稱之為「prefix 陣列」可能有點怪，但我們要繼續沿用以符合一維情況中的用詞）。

表 6-3：二維區間和查詢用的陣列

	0	1	2	3	4	5	6
0	1	0	-1	0	1	2	1
1	2	0	0	2	4	4	4
2	3	2	3	4	5	4	5
3	2	2	2	2	4	2	4
4	3	4	5	4	7	6	9
5	4	6	8	6	10	10	12
6	5	6	9	8	13	14	17

在煩惱該如何快速建立這個陣列之前，先確定這個陣列告訴我們什麼。第 4 列第 2 欄的值為「左上角座標為 (0,0) 而右下角座標為 (4,2) 的矩形」之所有數值總和；我們在「測試可行性」一節中已知該總和為 5，而這個陣列該座標上的數值也確實為 5。

我們要怎麼利用其他已經計算出來的數值推算出 (4,2) 的值為 5？需要從表 6-2 中的該數值開始，把在它上面的所有值加起來，再加上它所在列左邊的所有值。我們可以巧妙地利用表 6-3 的陣列來完成它，如表 6-4 所示。

表 6-4：研究如何快速計算給定的總和

	0	1	2	3	4	5	6
0	xy	xy	x				
1	xy	xy	x				
2	xy	xy	x				
3	xy	xy	x				
4	y	y	1				
5							
6							

我們需從 1 開始，抓出所有包含 x 的格子（在它上面的格子），以及所有包含 y 的格子（在它左邊的格子），然後把它們全部加起來。我們可以透過查找第 3 列第 2 欄的元素抓出所有包含 x 的格子，也可以藉由查看第 4 列第 1 欄的元素抓出所有包含 y 的格子。然而，把這些格子加起來會重複計算那些 xy 的格子（既在上面也在左邊的格子）兩次。不過這不成問題，因為在第 3 列第 1 欄的元素恰好抓出了這些 xy 的格子，用減去法就可以抵銷掉重複的計算。總共有 1 + 2 + 4 − 2 = 5，如同我們預期的一樣。只要從上到下並從左到右去處理，每個格子僅需進行兩次加法和一次減法，便能建立這個陣列。

現在我們知道了要怎麼建立表 6-3 這樣的陣列；那又怎樣？

這個「怎樣」可以讓我們快速計算任何矩形的總和。假設我們想要計算「左上角座標為 (1,3) 且右下角座標為 (5,5) 的矩形」之數值總和，不能夠只是用表 6-3 第 5 列第 5 欄的數值 10；那樣做除了會抓出我們想要的矩形元素，還會包含矩形外面（上面或左邊）的元素。然而就像一維的情況，我們有辦法去調整數值、讓結果只包含矩形內的元素。請看表 6-5 以理解如何進行：在這個表格中，我們要的矩形元素用星號來表示。

表 6-5：研究如何快速計算一個矩形的總和

	0	1	2	3	4	5	6
0	xy	xy	xy	x	x	x	
1	y	y	y	★	★	★	
2	y	y	y	★	★	★	
3	y	y	y	★	★	★	
4	y	y	y	★	★	★	
5	y	y	y	★	★	★	
6							

這次，我們需要減去那些包含了 x 的格子和包含了 y 的格子。從第 0 列第 5 欄可以取得有 x 的格子，從第 5 列第 2 欄可以取得有 y 的格子；不過減去這兩者會重複減去有 xy 的格子，所以要把第 0 列第 2 欄加回去。如此一來就會得到 $10 - 2 - 8 + (-1) = -1$，此即為矩形的總和。

下面是這個計算式的一般表達式：

```
sum[bottom_row][right_col] - sum[top_row - 1][right_col] -
  sum[bottom_row][left_col - 1] + sum[top_row - 1][left_col - 1]
```

下一節的程式碼中會用到它。

二維區間和：程式碼

現在我們準備好將全部整合起來——使用 – 1 和 1 的概念，建立 prefix 陣列，並利用 prefix 陣列快速計算矩形總和——結果如清單 6-13 所示。

```
int can_make_quality(int quality, int r, int c, int h, int w, board q) {
  static int zero_one[MAX_ROWS][MAX_COLS];
  static int sum[MAX_ROWS + 1][MAX_COLS + 1];
  int i, j;
  int top_row, left_col, bottom_row, right_col;
  int total;

❶ for (i = 0; i < r; i++)
    for (j = 0; j < c; j++)
      if (q[i][j] <= quality)
        zero_one[i][j] = -1;
      else
        zero_one[i][j] = 1;

  for (i = 0; i <= c; i++)
    sum[0][i] = 0;
  for (i = 0; i <= r; i++)
    sum[i][0] = 0;
❷ for (i = 1; i <= r; i++)
    for (j = 1; j <= c; j++)
      sum[i][j] = zero_one[i - 1][j - 1] + sum[i - 1][j] +
                  sum[i][j - 1] - sum[i - 1][j - 1];

❸ for (top_row = 1; top_row <= r - h + 1; top_row++)
    for (left_col = 1; left_col <= c - w + 1; left_col++) {
      bottom_row = top_row + h - 1;
      right_col = left_col + w - 1;
      total = sum[bottom_row][right_col] - sum[top_row - 1][right_col] -
              sum[bottom_row][left_col - 1] + sum[top_row - 1][left_col - 1];
      if (total <= 0)
        return 1;
    }
  return 0;
}
```

清單 6-13：快速測試 quality 的可行性

　　第一個步驟是建立 zero_one 陣列 ❶，跟我們在清單 6-12 中的做法完全一樣。步驟二是要建立 prefix sum 陣列，sum ❷，索引會從 1 開始而非 0，如此一來就不用擔心處理第 0 列或第 0 欄的時候會有超出邊界的問題。最後，步驟三是利用 prefix sum 陣列快速計算每一個矩形的總和 ❸。注意，此處每一個

矩形都可以在常數時間中加總完畢！我們在步驟二付出了代價進行預處理工作，但之後就會有所回報，因為每當要加總矩形時，不必再加總所有元素。

和清單 6-12 相比，我們把巢狀的 for 迴圈移除了兩層，因此這是一個 $O(m^2 \log m)$ 的演算法，快到足夠通過所有測試案例了。去提交吧！然後呢，你值得好好休息一下，因為我們在本章結束之前還有一道大題目要解。

題目四：洞穴門 *Cave Doors*

又是一道 IOI 的題目嗎？放馬過來吧！這一題對本章來說十分獨特，因為它不是使用二元搜尋找出最佳解、而是用它來快速鎖定一個特定元素。如同在「生活品質」問題中的做法，我們不會從標準輸入中讀取任何東西，也不會寫入任何東西到標準輸出中。反之，我們會透過呼叫解題系統提供的函數去得知問題的實例，並且傳回我們的答案。在你閱讀題目描述時，試著預測一下為什麼二元搜尋在這邊仍舊適用。

這是 DMOJ 題號 ioi13p4。

問題

你位於一個長而狹窄的洞穴入口，你希望通過這個洞穴抵達另一側。裡面有 n 扇門是你必須通過的：第一扇門為 0 號門，第二扇為 1 號門，依此類推。

每一扇門都可以是開啟或關閉的。你能夠穿過任何開啟的門，但是無法通過或看穿一扇關閉的門。所以如果 0 號門和 1 號門開啟但 2 號門關閉，則你能前進到 2 號門，但無法再往前。

在洞穴的入口有一個面板，上面有 n 個開關。跟門一樣，開關的編號從 0 開始。每一個開關位置都可以朝上（0）或朝下（1），而每一個開關都跟不同的門相關聯，它決定了該扇門是開啟還是關閉著。如果一個開關設定在正確的位置上，那麼關聯的門就會開啟，否則關聯的門會是關閉的。你不知道哪個開關跟哪一扇門相聯，你也不知道開關應該朝上還是朝下才能開啟對應的門。例如，也許開關 0 跟 5 號門相關聯，開關必須朝下才能讓 5 號門開啟，又或許開關 1 與 0 號門相聯，而開關必須朝上才能讓 0 號門開啟。

你可以把開關設定為你所選擇的位置，然後走進洞穴判斷第一扇關閉著的門。你的體力最多只能做 70,000 次判斷，而你的目標是判斷每個開關的正確位置（0 或 1）以及與之關聯的門。

我們需要寫出這個函數：

```
void exploreCave(int n)
```

其中 n 是門和開關的數目（介於 1 到 5,000 之間）。為了實作這個函數，呼叫兩個解題系統提供的函數，底下會描述。

輸入

我們不會從標準輸入中讀取任何東西。要得知問題實例的唯一方法，就是去呼叫解題系統提供的 tryCombination 函數，其簽章為：

```
int tryCombination(int switch positions[])
```

參數 switch_positions 是一個長度為 n 的陣列，給出了每一個開關的位置（0 或 1）。也就是說，switch_positions[0] 代表開關 0 的位置、switch_positions[1] 代表開關 1 的位置，依此類推。這個 tryCombination 函數模擬了如果我們照著 switch_positions 設定開關走進洞穴會發生什麼事。它會傳回第一扇關閉的門號碼，或者，如果所有的門都開著則傳回 -1。

輸出

我們不會寫入任何東西到標準輸出中。反之，當我們準備好了，就會透過呼叫解題系統提供的 answer 函數來提交答案。其簽章為：

```
void answer(int switch_positions[], int door_for_switch[])
```

我們只有一次機會：一旦呼叫了 answer，程式就會終結，所以最好第一次就提交正確的答案。參數 switch_positions 是我們提出的開關位置，格式如同 tryCombination；參數 door_for_switch 是我們提出的開關與門之關聯：door_for_switch[0] 代表開關 0 所關聯的門，door_for_switch[1] 代表開關 1 所關聯的門，依此類推。

此處的稀少資源並非執行時間，而是呼叫 tryComination 的次數。允許的呼叫次數最多 70,000 次；如果我們超過這個次數，程式就會終結。

解決子任務

這道題目的作者將得分分配在五項**子任務**上。第五項子任務就是我在上面所呈現一般完整形式下的題目；其他的子任務則在問題的實例上添加一些額外的約束條件、使問題簡化一些。

我很喜歡題目的作者使用子任務，特別是當我解問題解到頭大的時候；此時我可以先輪流鎖定各個子任務，一路改良我的解答，直到解開完整的問題為止。此外，就算無法解開整道題目，還是可以在解開的子任務上拿到一些分數。

「洞穴門」問題的第一項子任務為，在每個開關 i 與 i 號門相關聯的情況下解決問題。意思是，開關 0 與 0 號門相關聯、開關 1 與 1 號門相關聯，以此類推。我們需要推斷出每個開關的正確位置（0 或 1）。

不用擔心：我們在完整解開這道題目之前是不會停止的。先從子任務 1 開始，把焦點放在解題系統函數 tryCombination 和 answer 的呼叫上，後面再去應付題目的其他面向。

我們不能存取那兩個解題系統函數，因此無法在本地端編譯並執行我們的程式（如果你想在本地設置好一切，可以上網搜尋「IOI 2013 tasks」，會找到「Cave」問題的測試資料與範本，不過你並不需要做那些事來跟隨這裡的討論）。每當想測試我們在做的事情，可以把程式碼提交給解題系統；特別是，一旦我們成功解開子任務 1 並且提交了程式碼，解題系統應該就會給我們一些分數。子任務 1 的程式碼在清單 6-14 中給出。

```
void exploreCave(int n) {
  int switch_positions[n], door_for_switch[n];
  int i, result;
  for (i = 0; i < n; i++) {
❶ switch_positions[i] = 0;
❷ door_for_switch[i] = i;
  }

  for (i = 0; i < n; i++) {
❸ result = tryCombination(switch_positions);
```

```
   if (result == i)  // i 號門是關閉的
 ❹ switch_positions[i] = 1;
  }
❺ answer(switch_positions, door_for_switch);
}
```

清單 6-14：解決子任務 1

一開始，我們將每個開關的位置設為 0 ❶，並且將 i 號門和開關 i 關聯起來 ❷。需要時就更新開關的位置，但（基於子任務的約束條件）我們沒有必要去動門的關聯。

第二個 for 迴圈遍歷了每一個開關。它的任務是去判斷當前的開關是否該繼續處於 0 的位置上、還是要改成 1。我們來執行第一次迭代，其中 i 為 0。我們呼叫了 tryCombination ❸，它會傳回第一扇關閉的門號碼。如果它傳回 0，那麼開關 0 的設置就是錯的；開關 0 的設置如果正確，0 號門應該會是開啟的，而 tryCombination 會傳回 0 以外的數目。因此，如果 0 號門是關閉的，我們將開關 0 的設置從 0 改為 1 ❹；如此一來會打開 0 號門，而我們可以繼續往 1 號門前進。

當 i 為 1，再次呼叫 tryCombination。我們不會得到 0 的結果，因為程式碼已經做完了保證 0 號門會是開啟的工作了。如果我們得到的結果為 1，那就表示 1 號門是關著的，而我們必須把開關 1 從位置 0 改成 1。

進一步推廣，我們可以這樣說，當開始進行迴圈的新一次迭代時，到 i - 1 號門（含）為止的所有門都是打開的。如果 i 號門是關著的，就把開關 i 的位置從 0 改為 1；否則 i 號門已經是開著，且開關 i 的位置已正確設置了。

一旦完成了第二個 for 迴圈，就已經找出了每個開關的正確位置。我們藉由呼叫 answer 函數來將結果告知解題系統 ❺。

我建議你將這段程式碼題交給解題系統以確認有正確呼叫 tryCombination 和 answer。一旦你準備好了，我們就繼續來解真正的問題。

使用線性搜尋

除了純粹試水溫之外，能夠完成子任務 1 本身也是件好事，因為在我們的解答當中有一個很好的策略為我們鋪路。這個策略相當單純：想出該如何開啟每一扇門，並且讓它再也不會干擾我們。

對子任務 1 的解答中，首先聚焦於 0 號門，並且讓該門開啟。一旦它開啟後，我們就不會再更動它的開關。解決掉 0 號門之後，接著專注於打開 1 號門；1 號門一旦打開，我們就不再更動它的開關。對我們來說，0 號和 1 號門已經不存在，門現在是從 2 號開始。如此繼續下去，一扇一扇打開，直到全部的門都開啟為止。

在子任務 1 當中，我們知道和每一個開關相關聯的門是哪一扇，不需要進行任何搜尋來找出這層關聯性；但是，解決完整版的問題需要進行搜尋，因為我們並不知道哪一個開關控制著當前的門。首先讓 0 號門關閉，然後去搜尋開關。我們改變當前開關的位置並詢問 0 號門是否開啟；如果不是開著，則此開關並不是正確的開關，而如果門是開的，即找到了 0 號門的開關。我們從這個時間點開始讓 0 號門維持開啟狀態，然後對 1 號門重複這個過程：先讓它關上，然後迭代所有開關以找出可以打開它的那一個。

讓我們先從清單 6-15 提供的新 exploreCave 程式碼開始。程式碼很短，因為它把搜尋放到了一個輔助函數中。

```
void exploreCave(int n) {
  int switch_positions[n], door_for_switch[n];
  int i;
  for (i = 0; i < n; i++)
❶ door_for_switch[i] = -1;

  for (i = 0; i < n; i++)
❷ set_a_switch(i, switch_positions, door_for_switch, n);
  answer(switch_positions, door_for_switch);
}
```

清單 6-15：main 函數

跟解決子任務 1 的情況一樣，switch_positions 中的每個元素都會是 0 或 1，代表每個開關的位置，而陣列 door_for_switch 則代表與開關相關聯的門。我們將 door_for_switch 的每個元素初始化成 -1 ❶，表示每個開關對應的門都是

未知的。當開關 i 對應的門變成已知，我們就會相應更新 door_for_switch[i] 的值。

來做一個隨堂測驗：如果 door_for_switch[5] 為 8，這代表什麼意思？是指開關 5 和 8 號門相關聯，還是指 5 號門跟開關 8 相關聯？

前者才對喔！務必確定你弄清楚這點再繼續往下看。

對於每一扇門 i，我們呼叫 set_a_switch 輔助函數 ❷。它的任務是搜尋所有開關以判斷跟 i 號門關聯的開關，同時也會判斷該開關的位置應該是 0 或 1。

函數 set_a_switch 的程式碼在清單 6-16 中給出。

```
void set_a_switch(int door, int switch_positions[],
                  int door_for_switch[], int n) {
  int i, result;
  int found = 0;

  for (i = 0; i < n; i++)
    if (door_for_switch[i] == -1)
  ❶ switch_positions[i] = 0;

  result = tryCombination(switch_positions);
  if (result != door) {
    for (i = 0; i < n; i++)
      if (door_for_switch[i] == -1)
      ❷ switch_positions[i] = 1;
  }

  i = 0;
  while (!found) {
    if (door_for_switch[i] == -1)
  ❸ switch_positions[i] = 1 - switch_positions[i];
    result = tryCombination(switch_positions);
  ❹ if (result != door)
      found = 1;
    else
      i++;
  }
  door_for_switch[i] = door;
}
```

清單 6-16：使用線性搜尋找出當前門的開關並進行設置

參數 door 決定我們要解決的下一扇門。

首先用迴圈遍歷所有開關，並且將位置設為 0 ❶，但僅限於那些還沒有跟門關聯起來的開關（記住，如果一個開關已經跟一扇門關聯了，不要再改變它的位置）。

所有候選的開關位置都設為 0 之後，我們需判斷當前的門是開啟還是關閉。如果門是開著，那麼要把它關上，以便在後面逐一改變開關位置，以分辨哪一個開關可以打開它。要把門關上，只要把所有開關位置都設為 1 即可 ❷。之所以可以這樣做是因為，當所有開關皆為 0，該扇門是開啟的，所以，當開關位置改變，此門必定會關上。

門關上之後，就可以開始搜尋能打開它的開關了。對於還沒有與門關聯的每一道開關，**切換**其位置，從 0 切換為 1 或從 1 切換為 0 ❸。注意，拿 1 減去當前的位置就能進行切換：如果原本是 1 就會變成 0，如果原本是 0 就會變成 1。然後，檢查門的新狀態。如果是開著 ❹，我們就找到相關聯的開關了！如果門仍舊為關閉狀態，那麼這就不是正確的開關，迴圈會繼續執行。

我們在 set_as_switch 中所做的，是利用線性搜尋找尋所有剩下的開關。我們最多有 5,000 個開關，所以一扇門可能會花上 5,000 次呼叫 tryCombination。

題目允許我們呼叫 tryCombination 70,000 次。如果運氣不好，第一扇門就用掉 5,000 次呼叫，第二扇用掉 4,999 次，第三扇用掉 4,998 次，照這樣下去，大概處理到 14 扇門就會超過呼叫次數上限。14 扇門實在沒多少，而我們最多可能會有 5,000 扇門——根本連邊都沒碰到！所以線性搜尋到這裡就沒搞頭了。

使用二元搜尋

5,000（門的最大數目）和 70,000（猜測的最大次數）這兩個數目，巧妙地暗示了二元搜尋會是一個可能的解決策略。注意，$\log_2 5,000$ 向上取整數為 13，如果我們能找到使用二元搜尋的方法，那麼它只要 13 個步驟就能找出當前門的開關，不需要用到 5,000 個步驟。如果每扇門需要 13 個步驟，且有 5,000 扇門，那麼總共會用 13×5,000 = 65,000 個步驟；我們應該可以在 70,000 次的限制內完成！

二元搜尋要怎麼應用在這裡？它必須跟「每個步驟移除一半的開關範圍」有關才行。請花一點時間思考這一點再繼續往下看！

　　我用一個例子來解釋這個思維。假設我們有八扇門和八個開關，且 0 號門目前是關著的。如果我們切換開關 0 而 0 號門沒有打開，那麼得到的資訊很有限：只能得知開關 0 並不是與 0 號門相關聯的開關（這好比要猜測某人想的一個數字介於 1 到 1,000 時而去猜 1）。比較好的做法是，切換一半的開關；所以，我們來切換開關 0、1、2、3 吧。無論對 0 號門有沒有效果，我們都會得到很多資訊：如果 0 號門仍然關閉，那麼開關 0 到 3 就跟 0 號門無關，因此可以聚焦於開關 4 到 7；如果 0 號門此時打開了，我們就知道開關 0 到 3 其中一個就是與 0 號門關聯的開關，只要關注在開關 0 到 3 就好。一個步驟就能消去一半的範圍。照這樣繼續下去，直到找到了 0 號門關聯的開關（及其位置）為止。

　　假設我們一路把開關的範圍一次又一次減半、直到只剩下一個開關，例如找到開關 6 是與 0 號門相關聯，接著去設置開關 6 的位置使 0 號門為開啟，之後它會維持開啟狀態。之後要去解決 1 號門或者任何其他門的時候，要特別小心不要更改開關 6 的位置。

　　現在我可以來展示這個問題的二元搜尋解答了。新的 set_a_switch 程式碼在清單 6-17 中給出，exploreCave 函數跟之前（清單 6-15）是一樣的。

```
void set_a_switch(int door, int switch_positions[],
                  int door_for_switch[], int n) {
  int i, result;
  int low = 0, high = n - 1, mid;

  for (i = 0; i < n; i++)
    if (door_for_switch[i] == -1)
      switch_positions[i] = 0;

  result = tryCombination(switch_positions);
  if (result != door) {
    for (i = 0; i < n; i++)
      if (door_for_switch[i] == -1)
        switch_positions[i] = 1;
  }

❶ while (low != high) {
    mid = (low + high) / 2;
```

```
    for (i = low; i <= mid; i++)
      if (door_for_switch[i] == -1)
        switch_positions[i] = 1 - switch_positions[i];
❷ result = tryCombination(switch_positions);
    if (result != door) {
      high = mid;
      for (i = low; i <= mid; i++)
        if (door_for_switch[i] == -1)
          switch_positions[i] = 1 - switch_positions[i];
    } else
      low = mid + 1;
  }
  door_for_switch[low] = door;
❸ switch_positions[low] = 1 - switch_positions[low];
}
```

清單 6-17：用二元搜尋來找出當前門的開關並設置位置

對照清單 6-16，唯一真正的變更就是把線性搜尋換成二元搜尋。每次我們評估二元搜尋條件 ❶，都會設法讓當前的門關閉；特別是當 low 跟 high 相等且迴圈結束之後，門依然會是關閉的。然後，只要改變開關 low 的位置去打開門就好了。

讓我們來研究二元搜尋本身。在每一次迭代中，我們計算中間值 mid，然後改變前面一半開關的位置（但僅限於還沒和門關聯的開關）。這樣做對當前的門會有什麼影響 ❷？有兩種可能：

門現在打開了。 我們現在知道，要找的開關介於 low 和 mid 間，因此可以捨棄所有大於 mid 的開關，同時把 low 和 mid 之間的開關切換回這次迭代之前的狀態；這樣做會讓門再次關上，以準備好進行下一次的迭代。

門仍然是關著。 因此我們要的開關就在 mid + 1 到 high 之間，可以捨棄 mid 以下的開關了。就這樣！在這裡不需要切換開關，因為門是關閉狀態，正合我們的意。

當我們完成了二元搜尋，low 跟 high 將會相等，並且告訴我們與當前的門關聯的開關是哪一個。此刻，當前的門仍然是關著，所以我們切換該開關來打開它 ❸。

沒有其他注意事項了：我們有了一個乾淨、快速、基於二元搜尋的解答。把它提交給解題系統，你應該會通過所有的測試案例。

總結

有的時候，找出最佳解遠比檢查某個提出的解答是否可行要困難得多。應該倒入多少液體到樹中？我不知道。但是 10 公升的液體夠嗎？這倒是我能處理的問題。

在條件正確的情況下，二元搜尋能夠將一個困難的最佳化問題轉換成一個較簡單的可行性檢查問題。有些時候感覺就像作弊一樣！我們只需要付出一個額外的對數因子來加入二元搜尋，而對數因子在實務上幾乎是免費的，但換來的卻是讓我們得以處理一個更簡單的問題。

我並不是說二元搜尋是解決本章問題的唯一方法；我在猜，應該是有稍微快一點的方法解決「螞蟻餵食」問題，不用二元搜尋法[譯註]。有些可以用二元搜尋解決的問題也可以用動態規劃來解決。我要講的是，二元搜尋可以提供既具競爭力、同時又比其他可能解法更容易設計的解決方案。如果你有興趣，可以重新看看本章的每一道題目，而這一次，思考一下如何不用二元搜尋來解決它們。不過，說真的：如果你看到一道題目是可以用上二元搜尋的，那就別再猶豫了吧。

筆記

「螞蟻餵食」原出自 2014 年克羅埃西亞資訊公開賽第四回合；「跳躍河流」原出自 2006 年 12 月美國計算機奧林匹亞銀組；「生活品質」原出自 2010 年國際資訊奧林匹亞；「洞穴門」原出自 2013 年國際資訊奧林匹亞。

[譯註] 事實上「螞蟻餵食」的解答確實是有正面進攻的解法：我們可從最底下的葉節點開始、倒過來推算其父節點至少需要多少液體。例如，一個節點若需要 n 公升、而該點往上連的邊百分比數值為 p，我們就知道其父節點至少需要 $100n/p$ 的液體（而若往上連的邊為超級管、則父節點至少需要 $\sqrt{100n/p}$ 的液體）。對於每一個節點，我們都取其子節點所建議數值中的最大值作為自身所需的液體量，再以同樣的方式往上繼續建議，如此一路往上推算就可以直接算出根節點所需的液體量了。

二元搜尋是一種更具一般性演算法設計技巧的體現，稱為**分治法**（divide and conquer，簡稱 D&C）；D&C 演算法是為解決一個以上的獨立子問題，然後將它們的解答結合起來以解決當前的問題（二元搜尋只解決一個子問題——在輸入中找出我們知道包含有解答的那一部分——而其他的 D&C 演算法通常會解兩個以上的子問題）。要了解更多關於 D&C 演算法及其有效解決的問題，可參見 Tim Roughgarden 著的《Algorithms Illuminated (Part 1): The Basics》（2017）。

7

堆積與區段樹

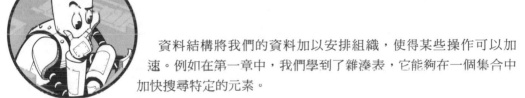

　　資料結構將我們的資料加以安排組織，使得某些操作可以加速。例如在第一章中，我們學到了雜湊表，它能夠在一個集合中加快搜尋特定的元素。

　　在本章中，我們將學到兩種新的資料結構：堆積（heap）和區段樹（segment tree）。堆積是當你需要最大（或最小）元素的時候使用，而區段樹則是在你需要對一個陣列的區段進行多次查詢的時候使用。在本章第一道問題中，我們將看到堆積如何將緩慢的最大值計算變成快速的堆積操作；而在第二道和第三道問題中，我們將看到區段樹如何對更一般的陣列查詢做到類似的事情。

題目一：超市促銷 *Supermarket Promotion*

這是 SPOJ 題號 PRO。

問題

在一個超市中，每位顧客會去挑選他們想要購買的商品，然後通過結帳櫃台去結帳支付。顧客付款後就會拿到一張收據，上面有其購買的總金額。例如，如果某人挑選了某些商品且總價為 $18，那麼在他收據上的金額就會寫 $18。我們並不在意個別商品的價格。

超市正在舉辦一項為期 n 天的促銷活動。在促銷期間，每一張收據會被放進一個票券箱。在每一天結束時，會從票券箱取出兩張收據：一張是消費金額最高的 x 收據，另一張是消費金額最低的 y 收據，而產生出最高金額收據的顧客將獲得 $x - y$ 美金的獎項（不用在意超市是如何根據收據來辨識出顧客的）。之後 x 收據跟 y 收據就會丟掉，不會再次出現，但當天的其他所有收據都還會留在票券箱中（並且可能會在未來某一天被取出）。

每天結束的時候都保證票券箱裡面至少會有兩張收據。

我們的任務是要計算出超市在這波促銷活動中會發放的獎金數目。

輸入

輸入包含一個測試案例，其中包含了下面幾行：

- 一行包含了整數 n，表示促銷活動的天數。n 介於 1 到 5,000 之間。
- n 行，每一行對應促銷活動的一天。每一行開始為一個整數 k，指出這一天有 k 張收據，接著會有 k 個整數，代表每一張收據的金額，數目 k 介於 0 到 100,000 之間；而每一張收據的金額至多為 1,000,000。

輸出

輸出超市發放的總獎金金額。

解決測試案例的時間限制是一秒之內。

解答一：陣列中的最大值與最小值

你該如何開始呢？你可以在第一天開始把超市裡的東西全部買下，除了一分錢糖果之外，然後再回去一趟買下那個一分錢糖果。

我們要怎麼樣用演算法思維來進行描述？

對於本書中的許多題目，光是要生出一個正確的演算法都有挑戰性了，更別說是一個有效率的演算法。至少對於當下的題目來說，正確性似乎並不是那麼難。要知道每天的獎金數目，只要搜尋票券箱找出最大的那筆金額，然後再搜尋一次找出最小的金額。感覺上這好像也滿有效率的。

讓我們來看一個測試案例：

```
2
16 6 63 16 82 25 2 43 5 17 10 56 85 38 15 32 91
1 57
```

在第一天結束、取出任何收據之前，我們會有這 16 張收據：

```
6 63 16 82 25 2 43 5 17 10 56 85 38 15 32 91
```

最大的收據為 91，而最小的收據為 2。這兩張收據會被移除，貢獻出 $91 - 2 = 89$ 的獎金。移除了 91 和 2 之後會剩下：

```
6 63 16 82 25 43 5 17 10 56 85 38 15 32
```

繼續進入第二天。我們加入 57 並得到

```
6 63 16 82 25 43 5 17 10 56 85 38 15 32 57
```

此時的最大值為 85，而最小值為 5，所以會增加 $85 - 5 = 80$ 的獎金金額。因此這次促銷活動的總獎金為 $80 + 89 = 169$。

有一種實作的想法是，把收據儲存在一個陣列中。要移除一張收據，我們可以照字面上移除它，就像剛才做的那樣。這會牽涉到把後面的收據全部往左移，以填補空缺的陣列位置。比較簡單的方法是把收據繼續留在原本位置，並且把各收據和一個 used 標記關聯起來。如果 used 為 0，那麼該收據就

還沒有被使用；如果為 1，表示它已經被使用過了，邏輯上就是已經被移除（從此最好忽略它）。

這裡是一些巨集以及 receipt 結構：

```c
#define MAX_RECEIPTS 1000000
#define MAX_COST 1000000

typedef struct receipt {
  int cost;
  int used;
} receipt;
```

我們會需要一些輔助函數來找出最大以及最小的收據金額並且移除它們，現在就來搞定它們吧。清單 7-1 給出了程式碼。

```c
int extract_max(receipt receipts[], int num_receipts) {
  int max, max_index, i;
❶ max = -1;
  for (i = 0; i < num_receipts; i++)
  ❷ if (!receipts[i].used && receipts[i].cost > max) {
      max_index = i;
      max = receipts[i].cost;
    }
❸ receipts[max_index].used = 1;
  return max;
}

int extract_min(receipt receipts[], int num_receipts) {
  int min, min_index, i;
❹ min = MAX_COST + 1;
  for (i = 0; i < num_receipts; i++)
  ❺ if (!receipts[i].used && receipts[i].cost < min) {
      min_index = i;
      min = receipts[i].cost;
    }
❻ receipts[min_index].used = 1;
  return min;
}
```

清單 7-1：找出並移除最大和最小的金額

操作「移除並傳回最大值」的標準詞彙是**擷取最大值（extract-max）**，同樣地，操作「移除並傳回最小值」的標準詞彙是**擷取最小值（extract-min）**。

這些函數的操作非常相似；首先 extract_max 函數將 max 設為 -1 **❶**，這個數值比任何收據的金額還小。當它找到了一個「真正的」收據金額，max 會被設定為該金額，並從這裡開始追蹤目前為止找到的最大金額。類似的論述解釋了為什麼 extract_min 要將 min 初始化成比任何合法金額都還高的金額 **❹**。注意，在這兩個函數中，只考慮了那些 used 值為 0 **❷❺** 的收據，而且它們會將找出收據的 used 設定為 1 **❸❻**。

有了這兩個輔助函數之後，我們就可以寫一個 main 函數來讀取輸入並且解決問題了。有趣的點在於，讀取輸入和解決問題是交錯進行的：我們讀取一點輸入（第一天的收據），計算當日的獎金，再讀取一點輸入（第二天的收據），計算那一天的獎金，以此類推；實作方法請見清單 7-2。

```
int main(void) {
  static struct receipt receipts[MAX_RECEIPTS];
  int num_days, num_receipts_today;
  int num_receipts = 0;
❶ long long total_prizes = 0;
  int i, j, max, min;
  scanf("%d", &num_days);

  for (i = 0; i < num_days; i++) {
    scanf("%d", &num_receipts_today);
    for (j = 0; j < num_receipts_today; j++) {
      scanf("%d", &receipts[num_receipts].cost);
      receipts[num_receipts].used = 0;
      num_receipts++;
    }
    max = extract_max(receipts, num_receipts);
    min = extract_min(receipts, num_receipts);
    total_prizes += max - min;
  }
  printf("%lld\n", total_prizes);
  return 0;
}
```

清單 7-2：讀取輸入並解決問題用的 main 函數

這裡唯一的陷阱就是 total_prizes 變數的型別 ❶；一個整數或者長整數的型別可能不夠。一個典型的長整數最多可以存放大約四十億，但總獎金可能高達 5,000×1,000,000，也就是五十億。長長整數可以存放數十億、數兆甚至更大的整數，因此我們在這裡使用長長整數就安全了。

外層的 for 迴圈會對每一天執行一次，而內層 for 迴圈則讀取該日的收據。一天的收據讀取完之後，我們就擷取最大的收據、再擷取最小的收據，並且更新總獎金。

這是本題目的完整解答；它對我們的樣本測試案例正確輸出了 169，你應該花一點時間說服自己此程式在一般情況下也是正確的。

可惜它太慢了，你會從解題系統得到「超過時間限制」的錯誤。

我們可以藉由思考最差情況的測試案例來探索程式碼沒效率的地方。假設促銷活動持續了 5,000 天，而一開始的十天當中，每天都有 100,000 張收據。在十天過後，陣列裡會有大約一百萬張收據。要找出最大和最小值涉及到陣列的線性搜尋，然而，由於每天只會移除兩張收據，因此整個促銷活動期間都會有接近一百萬張收據。於是，這 5,000 天幾乎每一天都需要將近一百萬個步驟找出最大值，再用另一百萬個步驟找出最小值，如此一來大約是 5,000×2,000,000，等於一百億個步驟！在給定的嚴格時間限制內根本不可能做得到，除非我們可以加速最大值和最小值的計算。

讓我們快速排除用排序作為可能的改進方法。如果維持收據陣列排序，那麼找出並且移除最大金額的收據需要常數時間，因為最大值會在最右邊的索引之上，而要找出最小值也需要常數時間，但是要移除最小值卻需要線性時間，因為我們需要把其他元素都往左移動。排序也破壞了加入收據的效率：在沒有排序的時候，我們可以把元素加到陣列的最後面，但在排序的情況下，我們必須找出適合的位置。不，排序不會是答案，堆積才是。

最大堆積

讓我們先從如何從陣列中快速找出並擷取最大元素開始。這只解決了題目的一半——我們也需要找出並擷取最小值——不過這部分後面再來處理。

找出最大值

看一下圖 7-1 的樹。它有 13 個節點，對應下列 13 張收據（即我們的樣本測試案例中前 13 張收據）：6, 63, 16, 82, 25, 2, 43, 5, 17, 10, 56, 85 和 38。

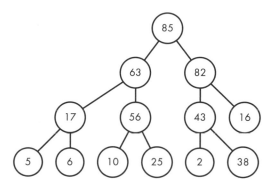

圖 7-1：一個最大堆積。

快：樹中的最大金額收據是啥？

是 85，而且它就在樹的根節點上。如果題目保證某樹的最大值在它的根節點，那麼你可以直接傳回根節點的元素，根本不需要搜尋或遍歷樹。

我們的計畫就是，讓樹維持著「最大收據金額永遠在根節點上」。必須小心謹慎，因為我們會一直面對兩種可能弄亂樹的事件：

一張新收據進來了。 我們需要研究出如何重新安排樹來加入這張收據。新的收據可能比樹上所有收據的金額都大，此時我們必須讓那張收據位於根節點。

一張收據從樹中被擷取出。 我們需要研究出如何重新安排樹，使得最大元素依然位於樹的根節點。

當然，還需要快速執行這些插入與擷取。尤其必須比線性時間更快，因為我們就是因為線性時間搜尋陣列太慢才會來到了這裡！

什麼是最大堆積？

圖 7-1 是一個**最大堆積**（max-heap）的例子。「最大」在這裡指的是這個樹能讓我們快速地找到最大的元素。

最大堆積具有兩項重要的特性。首先，它會是**完全（complete）二元樹** [譯註]，意思是說，樹的每一層都是滿的（亦即沒有缺少節點），除了最底層可能不是，其節點是從左邊填到右邊的。注意看圖 7-1，每一層都是全滿的。它的最底層並不是全滿的，不過沒關係，因為節點是左邊往右填的（請不要將這裡的完全二元樹和第二章中的完滿二元樹搞混了）。最大堆積是完全二元樹的這件事，並不會直接幫助我們找出最大值、插入元素或擷取最大值，但它確實會導致堆積的超神速實作，接下來會看到。

其次，每一個節點的數值都大於等於它的子節點數值（圖 7-1 中的數值都各不相同，所以父節點的數值嚴格大於子節點的數值）。這稱為**最大堆積順序（max-heap-order）**特性。

考慮圖 7-1 中數值 56 的那個節點。就像剛才說的，56 大於它的子節點數值（10 和 25）。這個特性在整個樹上都成立，而這也是為什麼最大值一定在根節點上，因為其他節點都有一個數值更大的父節點！

插入至最大堆積

當一張新的收據到達，我們將它插入至最大堆積中，但是必須小心執行這件事，以維持最大堆積順序特性。

從圖 7-1 開始，我們來插入 15。只有一個地方可以插入該元素而不會破壞完全樹的性質：最底下一層，38 的右邊（參見圖 7-2）。

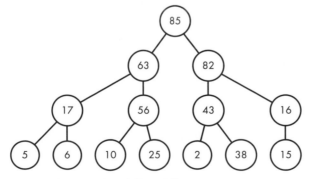

圖 7-2：插入 15 之後的最大堆積。

[譯註] 更精確地說，使用二元樹作為結構的堆積稱為二元堆積，而在資料結構上也有所謂 d- 元堆積（d-ary heap）的概念；不過沒有特別強調的堆積均指二元堆積。

這確實是一個完全二元樹沒錯，但是最大堆積順序特性有維持住嗎？有的！15 的父節點是 16，而 16 比 15 大，正是我們要的。不需要做其他額外的工作。

再來考慮一個比較難的情況。要在圖 7-2 中插入 32，導致圖 7-3。

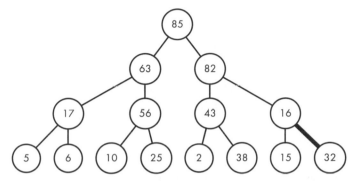

圖 7-3：插入 32 之後的最大堆積。

這裡有點麻煩。插入 32 破壞了最大堆積順序的性質，因為它的父節點 16 是小於 32（此處以及之後的圖中，以粗邊表示違反最大堆積順序）。我們可以藉由交換（swapping）16 和 32 的位置來修正這個問題，如圖 7-4 所示。

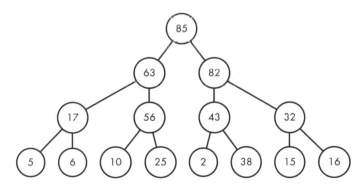

圖 7-4：修正了最大堆積順序違規之後的最大堆積。

啊，順序恢復了：32 必須大於它的兩個子節點。正是因為我們進行了交換，32 才大於子節點 16，而它大於另一個子節點 15 是因為 15 本來就是 16 的子節點。一般來說，進行這種交換可以保證維持新節點與其子節點之間的最大堆積順序特性。

我們再次回到最大堆積，而且只用了一次交換就做到了。不過一般可能會需要更多次交換，我將在圖 7-4 中插入 91 來示範；請看圖 7-5 的結果。

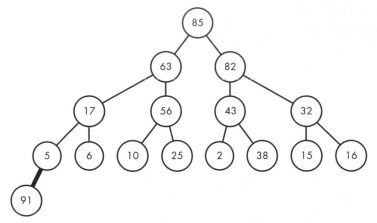

圖 7-5：插入 91 之後的最大堆積。

我們需要在樹的底下開啟一個新的層次，因為原來的最底層已經滿了。然而我們不能讓 91 作為 5 的子節點，因為這樣違反最大堆積順序特性。交換一次就能修正此問題…算是啦。請看圖 7-6。

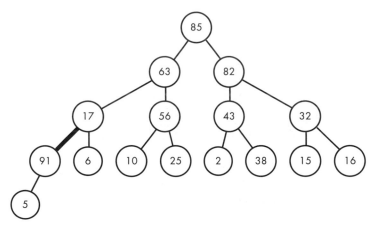

圖 7-6：把 91 往上移動後的最大堆積。

我們修正了 5 和 91 之間的問題，但現在 17 和 91 之間出現新的問題。我們可以再交換一次來修正它；請看圖 7-7。

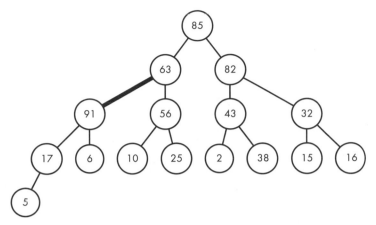

圖 7-7：91 再次往上移動後的最大堆積。

又有另一處違反最大堆積順序，這次是在 63 和 91 之間。不過，注意到違規處一直往上移動，愈來愈靠近根節點。最差的情況中，我們會一路把 91 往上移到樹的根節點，而這正是在此會發生的事，因為 91 就是最大的元素。需要再進行兩次交換才能收工：第一次如圖 7-8 所示，第二次如圖 7-9 所示。

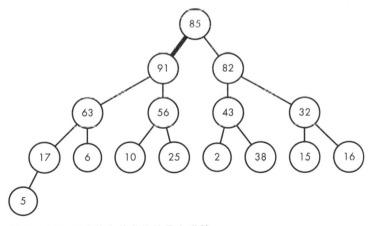

圖 7-8：91 再次往上移動後的最大堆積。

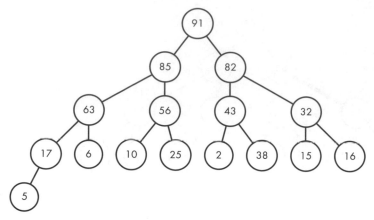

圖 7-9：修正所有違反堆積順序之後的最大堆積。

我們再次得到了一個最大堆積！只需要執行四次交換，而且是一個數值一路往上移至根節點。如我們所見，插入無須一路移至根節點的數值，會比這更快。

從最大堆積中擷取

在促銷期間的每一天結束之時，我們需要從最大堆積中擷取最大金額的收據。跟插入一樣，需要小心修正樹使它再次成為最大堆積。我們將會看到其過程跟插入是相反的，這次數值不是往上而是往下。

我們從圖 7-1 開始，並且擷取其最大值。再次來看這張圖：

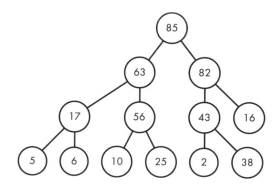

擷取最大值會使得 85 從樹的根節點中被移除，但我們需要在根節點上放一個數值，否則這就不是樹了。在不破壞完全樹的性質前提下，我們唯一能用的節點就是最底層最右邊的節點，於是我們將 85 跟 38 交換，得到圖 7-10。

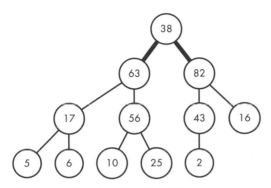

圖 7-10：擷取 85 之後的最大堆積。

我們從樹的底層取一個小的數值塞到最上面，一般來說這樣會破壞最大堆積順序的特性，而確實是這樣，因為 38 比 63 和 82 小。

我們將再次利用交換修正最大堆積順序的特性。跟插入不同，擷取可以有選擇。應該交換 38 和 63，還是交換 38 和 82 ？交換 38 和 63 並不會解決根節點的問題，因為 82 還是會變成是 63 的子節點；因此交換 38 和 82 才是正確的選擇。通常我們會跟比較人的子節點進行交換，來修正較大子節點及其新子節點之間最大堆積順序的特性。圖 7-11 呈現了交換 38 和 82 的結果。

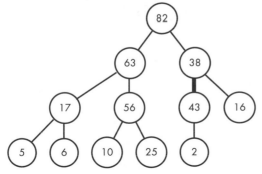

圖 7-11：把 38 往下移之後的最大堆積。

我們還沒脫離困境——在 38 和 48 之間仍然有最大堆積順序的違規現象。好消息是，這個違規現象開始往下層移動了；如果繼續讓它往下移動，那麼在最差情況下，一旦 38 抵達樹的底層，我們就會再次得到最大堆積。

來交換 38 和 43；參見圖 7-12。

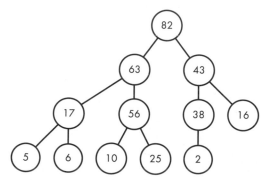

圖 7-12：把 38 再次往下移動之後的最大堆積。

38 此時的位置沒問題，所以我們恢復了最大堆積順序的特性。

最大堆積的高度

插入和擷取這兩項操作在每一層最多只會執行一次交換：插入由下往上交換，而擷取由上往下交換。插入和擷取這兩項操作很快嗎？這取決於最大堆積的高度：如果高度很小，那麼操作就很快。因此我們需要了解「最大堆積中的元素數目」和「最大堆積的高度」之間的關聯。

請看圖 7-13，我在圖中畫了一個有 16 個節點的完全二元樹。

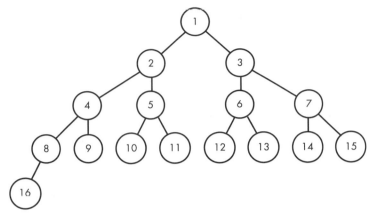

圖 7-13：有 16 個節點的完全二元樹（由上往下並且由左往右編號）。

我把節點先由上往下、再由左往右編號，因此根節點為 1，它的兩個子節點為 2 和 3，它們的子節點為 4、5、6 和 7，依此類推。我們可以觀察到，每一個新的層次都是從一個 2 的冪次開始的：根節點為 1，下一層的開頭為 2，下下一層的開頭為 4，再下一層為 8，最後是 16。也就是說，需要將節點數目加倍才能在樹中產生新的一層。這跟二元搜尋很像，當元素數目加倍時，只需要再執行一次迴圈迭代。因而，跟二元搜尋一樣，完全二元樹的高度以及最大堆積的高度是 $O(\log n)$，其中 n 為樹中的節點數目。

我們贏了！插入到最大堆積中需時 $O(\log n)$，而從最大堆積中擷取也是 $O(\log n)$；不會再有 $O(n)$ 的線性時間工作量來拖慢速度了。

以陣列展示最大堆積

最大堆積只是一個二元樹，而我們知道如何實作二元樹。回頭想一下，在第二章解決「萬聖節糖果收集」題目時，使用了一個 node 結構，該結構有指向左右子節點的指標；那足以讓我們從最大堆積中擷取數值，因為將數值往下推以滿足最大堆積會需要存取子節點。然而，這樣無法讓我們插入元素到最大堆積中，因為插入需要能夠存取父節點。我們也會需要一個父節點的指標，就像這樣：

```
typedef struct node {
    ... 收據所需的欄位
    struct node *left, *right,*parent;
} node;
```

對於任何插入到最大堆積中的新節點，不要忘了將其父節點指標初始化；當從最大堆積中移除對應的子節點時，也不要忘了將節點的左子節點和右子節點指標設為 NULL。

實際上，**請**忘記這些事，因為我們完全不用子節點和父節點的指標！

再次使用圖 7-13，其中我將節點以由上到下並由左到右順序編號。編號 16 的節點之父節點為 8，編號 12 的節點之父節點為 6，編號 7 的節點之父節點為 3。請問，一個節點的編號與其父節點的編號之間關係為何？

答案是：除以 2！16/2 = 8、12/2 = 6、7/2 = 3。最後一個實際上是 3.5 啦，把小數部分捨去就可以了。

我們用整數除法除以 2 就可以在樹中往上移動。再來看看，如果我們把這個過程反過來乘以二會發生什麼事。8×2 = 16，因此乘以 2 會讓我們從 8 到達它的左子節點。然而，大部分的節點都有兩個子節點，我們也有可能從一個節點移動到其右子節點。很簡單：把左子節點的編號加 1 就好。例如，我們可以用 6×2 = 12 從 6 移動到它的左子節點，而用 6×2 + 1 = 13 就可以從 6 移動到它的右子節點（13/2 和 6 之間的關係驗證了，為何從子節點移動到父節點時把 0.5 捨棄掉是安全的）。

這些節點之間的關係之所以成立，是因為最大堆積是完全二元樹。一般來說，二元樹會有更混亂的結構，可能一邊有很長的節點鏈而另一邊的節點鏈很短。我們無法藉由乘除以 2 在這樣的樹上快速移動，除非插入一些假的節點（dummy node）來製造此樹是完全樹的假象。如果樹非常不平均，這會浪費大量的記憶體。

如果我們把一個最大堆積儲存在陣列之中——先是其根節點，然後是其子節點、再來它們的子節點、依此類推——那麼節點在陣列中的索引會對應於其節點編號。我們必須從索引 1 開始而不是 0，才能跟圖 7-13 中的編號相符（是有可能從索引 0 開始，但是那樣會導致節點之間的關係稍微亂了點：索引 i 的節點之父節點會是 $(i - 1)/2$，而子節點則會是在索引 $2i + 1$ 和 $2i + 2$）。

再次看圖 7-1，它是一個有 13 張收據的堆積：

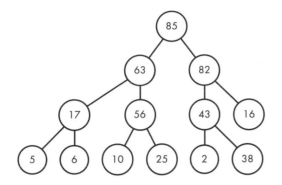

這是對應的陣列：

Index	1	2	3	4	5	6	7	8	9	10	11	12	13
Value	85	63	82	17	56	43	16	5	6	10	25	2	38

陣列中索引 6 的數值為 43；請問 43 的左子節點是什麼？要回答這個問題，只要看陣列中的索引 6×2 = 12：答案為 2。那麼 43 的右子節點呢？來看索引 6×2+1=13，答案是 38。那 43 的父節點呢？查看索引 6/2 = 3：答案為 82。不管當前我們聚焦在樹中的哪一個節點，都只需要一點點數學計算就可以利用陣列來移動至子節點或父節點。

實作最大堆積

我們的堆積每一個元素會存放著一張收據索引和一張收據金額。當我們擷取出一張收據，會想要知道兩則資訊。

結構如下：

```c
typedef struct heap_element {
  int receipt_index;
  int cost;
} heap_element;
```

現在我們已經準備好實作最大堆積了。兩項關鍵的操作分別為「插入至堆積中」和「從堆積中擷取出最大值」。先從「插入至堆積中」開始；請看清單 7-3。

```
void max_heap_insert(heap_element heap[], int *num_heap,
                     int receipt_index, int cost) {
  int i;
  heap_element temp;
❶ (*num_heap)++;
❷ heap[*num_heap] = (heap_element){receipt_index, cost};
❸ i = *num_heap;
❹ while (i > 1 && heap[i].cost > heap[i / 2].cost) {
    temp = heap[i];
    heap[i] = heap[i / 2];
    heap[i / 2] = temp;
❺ i = i / 2;
  }
}
```

清單 7-3：插入至最大堆積

　　這個 max_heap_insert 函數接受四個參數。前兩個是關於堆積：heap 是存放最大堆積的陣列，而 num_heap 是指向堆積中元素數目的指標。num_heap 之所以是一個指標，是因為我們會需要將堆積中的元素數目增加一、並且要讓函數呼叫者意識到這項增加。後兩個參數是關於新收據：receipt_index 是我們要插入的收據索引，而 cost 為其金額。

　　我們首先將堆積中的元素數目增加一 ❶，並且把新的收據儲存在新的堆積空位上 ❷。變數 i 追蹤新插入元素在堆積中的索引| ❸。

　　此時無法保證還會有一個最大堆積。剛才插入的可能會比它的父節點更大，所以我們需要進行必要的交換；這就是 while 迴圈 ❹ 的重點所在。

　　while 迴圈要繼續有兩個條件。首先，必須 i > 1，否則 i 為 1 且沒有父節點存在（記住，堆積是從索引 1 開始不是 0）。其次，節點的收據金額需要大於它的父節點。而 while 迴圈的主體執行了交換，並從當前的節點移動到它的父節點 ❺。啊！我們再次得到那個在樹中除以 2 以往上移動的方案；如此簡潔易讀且正確的程式碼就是最好的。

　　現在來看一下從最大堆積中擷取的部分；清單 7-4 給出了程式碼。

```
heap_element max_heap_extract(heap_element heap[], int *num_heap) {
  heap_element remove, temp;
  int i, child;
❶ remove = heap[1];
```

```
❷  heap[1] = heap[*num_heap];
❸  (*num_heap)--;
❹  i = 1;
❺  while (i * 2 <= *num_heap) {
   ❻  child = i * 2;
      if (child < *num_heap && heap[child + 1].cost > heap[child].cost)
      ❼  child++;
   ❽  if (heap[child].cost > heap[i].cost) {
         temp = heap[i];
         heap[i] = heap[child];
         heap[child] = temp;
      ❾  i = child;
      } else
         break;
   }
   return remove;
}
```

清單 7-4：從最大堆積中擷取最大值

首先我們把要擷取的收據儲存在堆積的根節點位置 ❶。接著把根節點替換成最底層最右邊的節點 ❷，並把堆積中的元素數量減一 ❸。新的根節點可能不符合最大堆積順序的特性，所以需要用變數 i 追蹤它在堆積中的位置 ❹。然後，如同清單 7-3，有一個 while 迴圈會執行必要的交換。這次，while 迴圈的條件 ❺ 表明，堆積中存在節點 i 的左子節點；如果沒有，節點 i 就沒有子節點，因此不可能違反最大堆積順序。

在迴圈內部，child 設置為 i 的左子節點 ❻。然後，如果右子節點存在，我們檢查它的金額是否比左子節點高。如果是，將 child 設為這個右節點 ❼。現在 child 會是最大的子節點，所以我們檢查它是否違反最大堆積順序 ❽。若是違反就執行交換。最後，我們在樹中往下移動 ❾，以準備好檢查下一個最大堆積順序違規。

要注意當節點及其最大子節點已經照正確順序排列時會如何：我們跳出迴圈（break），因為在樹中不會有更多的違規了。

這個函數所做的最後一件事就是回傳最大金額的收據。我們會用它來決定當日的獎金，並確保永遠不再考慮這張收據。不過在這之前，先來研究最小堆積，以便在最大值之外也能擷取最小值。

最小堆積

最小堆積（min-heap）能讓我們快速地插入一張收據並擷取最小金額的收據。

定義與操作

猜看看怎麼著，你已經知道了關於最小堆積所需要知道的大多內容，因為操作和最大堆積幾乎完全相同。

一個最小堆積是完全二元樹。它會有高度 $O(\log n)$，其中 n 是堆積中的元素數目。就像我們在最大堆積中所做的，可以把它儲存在一個陣列中，要找出一個節點的父節點，就除以 2；要找出左子節點，就乘以 2；要找出右子節點，就乘以 2 再加上 1。這些都是老方法。

唯一的新鮮事是最小堆積順序特性：一個節點的數值必須小於等於其子節點的數值。這將導致根節點為最小值而非最大值，這正是我們希望的，以便快速擷取最小值。

讓我們再次考慮下列 13 張收據金額：6、63、16、82、25、2、43、5、17、10、56、85 和 38。圖 7-14 展示了這些金額的最小堆積。

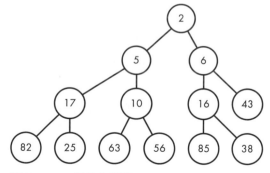

圖 7-14：一個最小堆積。

「插入到最小堆積中」以及「從最小堆積中擷取最小值」，跟最大堆積中的對應操作是相似的。

要執行插入，將新節點放在最小堆積最底層所有節點的右邊，或是如果最底層節點位置都滿了，就開啟一個新的層次。然後往上去交換節點，直到它成為根節點，或是它大於等於它的父節點。

若要擷取最小值，則將根節點替換成最底層最右邊的數值，然後往下交換，直到它成為葉節點或是小於等於它的所有子節點。

實作最小堆積

實作一個最小堆積，不過就是把我們的最大堆積程式碼複製貼上再改一下函數名稱，並且把 > 比較改成 <，就這樣。插入用的程式碼請看清單 7-5。

```
void min_heap_insert(heap_element heap[], int *num_heap,
                     int receipt_index, int cost) {
  int i;
  heap_element temp;
  (*num_heap)++;
  heap[*num_heap] = (heap_element){receipt_index, cost};
  i = *num_heap;
  while (i > 1 && heap[i].cost < heap[i / 2].cost) {
    temp = heap[i];
    heap[i] = heap[i / 2];
    heap[i / 2] = temp;
    i = i / 2;
  }
}
```

清單 7-5：插入至最小堆積中

清單 7-6 給出了擷取最小值的程式碼。

```
heap_element min_heap_extract(heap_element heap[], int *num_heap) {
  heap_element remove, temp;
  int i, child;
  remove = heap[1];
  heap[1] = heap[*num_heap];
  (*num_heap)--;
  i = 1;
  while (i * 2 <= *num_heap) {
    child = i * 2;
    if (child < *num_heap && heap[child + 1].cost < heap[child].cost)
      child++;
    if (heap[child].cost < heap[i].cost) {
      temp = heap[i];
```

```
      heap[i] = heap[child];
      heap[child] = temp;
      i = child;
    } else
      break;
  }
  return remove;
}
```

清單 7-6：從最小堆積中擷取最小值

　　這裡重複的程式碼還真多啊！實務上，你應該要做的事情是寫出更一般性的 heap_insert 和 heap_extract 函數，讓它們接受一個比較函數作為參數（就像 qsort 那樣）。不過，不使用這種方法會比較容易理解程式碼，所以就維持現在這樣吧。

解答二：堆積

現在我們有了最大堆積和最小堆積，準備好進入這個問題的第二回合了。

　　我們只需要一個 main 函數來讀取輸入，並且使用堆積快速插入與擷取收據；請見清單 7-7 所示的程式碼。在你閱讀它的時候，會遇到兩個 while 迴圈；它們是做什麼用的啊？

```
int main(void) {
❶ static int used[MAX_RECEIPTS] = {0};
❷ static heap_element min_heap[MAX_RECEIPTS + 1];
  static heap_element max_heap[MAX_RECEIPTS + 1];
  int num_days, receipt_index_today;
  int receipt_index = 0;
  long long total_prizes = 0;
  int i, j, cost;
  int min_num_heap = 0, max_num_heap = 0;
  heap_element min_element, max_element;
  scanf("%d", &num_days);

  for (i = 0; i < num_days; i++) {
    scanf("%d", &receipt_index_today);
    for (j = 0; j < receipt_index_today; j++) {
      scanf("%d", &cost);
❸     max_heap_insert(max_heap, &max_num_heap, receipt_index, cost);
❹     min_heap_insert(min_heap, &min_num_heap, receipt_index, cost);
      receipt_index++;
```

```
    }

❺  max_element = max_heap_extract(max_heap, &max_num_heap);
    while (used[max_element.receipt_index])
      max_element = max_heap_extract(max_heap, &max_num_heap);
    used[max_element.receipt_index] = 1;

❻  min_element = min_heap_extract(min_heap, &min_num_heap);
    while (used[min_element.receipt_index])
      min_element = min_heap_extract(min_heap, &min_num_heap);
    used[min_element.receipt_index] = 1;
    total_prizes += max_element.cost - min_element.cost;
  }
  printf("%lld\n", total_prizes);
  return 0;
}
```

清單 7-7：利用堆積解決問題的 main 函數

我們有一個 used 陣列 ❶，其中的值對應於每一張收據，如果是用過的即 1，否則為 0。最大堆積 ❷ 和最小堆積比 used 陣列多了一個元素，這是因為在堆積中不使用索引 0。

對於給定的一天，將每一張收據的索引插入到最大堆積 ❸ 和最小堆積 ❹ 中。接著從最大堆積中擷取一張收據 ❺，並從最小堆積中擷取一張收據 ❻。這裡就是那兩個 while 迴圈登場的時候了：它們會持續迭代直到取得一張還沒有用過的收據為止。讓我來解釋一下發生了什麼事。

當我們從最大堆積中擷取一張收據的時候，若也能將它從最小堆積中擷取出來當然最好，這樣一來兩個堆積始終包含了一樣的收據。但是注意了，實際上並沒有把相同的收據從最小堆積中擷取出來。為什麼呢？因為我們並不知道那張收據在最小堆積中的**位置**！在之後某個時間點，那張收據有可能會從最小堆積中被擷取出來──可是它已經用過了，所以我們要把它丟棄、不再使用。

反之亦然，因為我們從最小堆積擷取一張收據並把它留在最大堆積中；之後的某個時間點，那張用過的收據可能會從最大堆積中被擷取出來。我們必須忽略它，並再次從最大堆積中進行擷取。

這就是兩個 while 迴圈在做的事情：忽略掉那些已經在其中一個堆積中被使用過的收據。

用一個新的測試案例來幫助說明，如下：

```
2
2 6 7
2 9 10
```

在此第一天的獎金為 7 – 6 = 1，而第二天的獎金為 10 – 9 = 1，所以總獎金為 2。

讀取了第一天的兩張收據之後，兩個堆積各存放著兩張收據。對於最大堆積，我們有：

receipt_index	cost
1	7
0	6

而對於最小堆積，則有：

receipt_index	cost
0	6
1	7

接下來，執行堆積的擷取，從兩個堆積中各移除一張收據。

這是最大堆積剩餘的：

receipt_index	cost
0	6

這是最小堆積剩餘的：

receipt_index	cost
1	7

收據 0 仍然留在最大堆積中，而收據 1 仍然留在最小堆積中。然而，它們都已經被用過了，所以最好不要再使用到它們。

現在考慮第二天。收據 2 和 3 被加入到兩個堆積中,所以最大堆積會變成:

receipt_index	cost
3	10
0	6
2	9

而最小堆積則是:

receipt_index	cost
1	7
2	9
3	10

我們從最大堆積中擷取時會得到收據 3,這樣很好。然而,當我們從最小堆積中擷取時會得到收據 1。如果沒有 while 迴圈來把它丟棄,麻煩就大了,因為收據 1 是已經用過的。

在給定一大結束時,這兩個 while 迴圈都可能曾迭代許多次。如果這種情況口復　口地持續發生,必須要小心對於程式效能的影響,不過,　張收據最多只能從一個堆積中移除一次,如果一個堆積中有 r 張收據,那麼最多可從堆積中擷取 r 次,無論是聚集在同一天還是橫跨多個日期。

該提交至解題系統了。跟解答一耗費時間進行慢速搜尋不同,我們這個用堆積寫成的解答應該能在時間限制內通過所有測試案例。

堆積

如果你有一連串的數值陸續進來,而且在任何時間點都可能被要求處理最大或最小值,那麼堆積就是你要的。最大堆積是用來擷取並處理最大值;而最小堆積則是用來擷取並處理最小值。

堆積可以用來實作**優先佇列(priority queue)**。在一個優先佇列中,每個元素都有一個根據其重要性所決定的優先度。在某些應用中,重要元素以大的數目為優先,此時就應該使用最大堆積;在其他應用中,重要元素以小的數目為優先,此時使用最小堆積。當然,如果我們同時需要高優先度和低優先度的元素,可以像在「超市促銷」問題中那樣使用兩個堆積。

兩個額外的應用

我發現最小堆積比最大堆積更常使用;讓我們來探索兩個使用最小堆積的例子。

堆積排序

既然我們已經了解最小堆積,就可以實作一個有名的排序演算法,**堆積排序**(**heapsort**)。只要把所有元素的值插入到最小堆積中,並且逐一擷取出最小值。擷取首先會取出最小值,然後是第二小的值、第三小的值,以此類推,把排序好的數值由小到大取出。總共只要四行程式碼而已,請看清單7-8。

```
#define N 10

int main(void) {
  static int values[N] = {96, 61, 36, 74, 45, 60, 47, 6, 95, 93};
  static int min_heap[N + 1];
  int i, min_num_heap = 0;

  // 堆積排序。才四行!
  for (i = 0; i < N; i++)
    min_heap_insert(min_heap, &min_num_heap, values[i]);
  for (i = 0; i < N; i++)
    values[i] = min_heap_extract(min_heap, &min_num_heap);

  for (i = 0; i < N; i++)
    printf("%d ", values[i]);
  printf("\n");
  return 0;
}
```

清單 7-8:堆積排序

在這裡我們將整數插入到堆積中,所以你應該改寫 min_heap_insert 和 min_heap_extract,使用整數來比較,而非 heap_element 結構。

堆積排序執行了 n 次插入和 n 次擷取，而堆積在 log n 時間中實作每一個操作，所以堆積排序是 $O(n \log n)$ 的演算法，它的最差情況執行時間跟最快排序演算法的執行間是一樣的 [譯註1]（C 語言當中 qsort 的「q」可能是來自**快速排序（quicksort）**，實務上這是一種比堆積排序更快的排序演算法 [譯註2]）。

Dijkstra 演算法

Dijkstra 演算法（第五章）花了很多時間在尋找下一個要處理的節點，它會尋遍所有的節點距離來找出最小的一個。我們可以用最小堆積來加速 Dijkstra 演算法！附錄 B 中會進行示範。

選擇一個資料結構

一個資料結構通常只對幾種不同的操作類型有用；沒有一種超級資料結構可以讓所有操作都能快速執行，所以，取決於你要解決的問題，再去選擇適合的資料結構去處理它。

回想一下第一章，當時我們學到了雜湊表的資料結構。能用雜湊表解決超市促銷問題嗎？

不行的！雜湊表擅長的是加快搜尋我們要找的特定項目。哪些雪花可能跟雪花 s 相似？單詞 c 是否在單詞清單中？這類問題才是你想求助於雜湊表的。這個陣列當中的最小元素是什麼？沒有任何雜湊可以派上用場。你得找遍雜湊表，而這並不會比搜尋一般陣列快。我們的責任是去選擇一個符合手

[譯註1] 可以證明，如果允許的基本操作為「比較兩個數值的大小」，那麼任何排序演算法再快也需要 $O(n \log n)$ 個步驟才能完成任意（完全無限制的）陣列的排序；其證明簡單來說是這樣的：n 個元素一共有 n!（階乘）種可能的排列，而排序演算法之所以能完成排序，就結果來說它就等於是研究出了輸入的陣列是這 n! 種當中的哪一種。假設我們非常節省地使用「比較」的操作，使得每次比較完都可以把可能的範圍縮小一半，那麼我們至少也會需要比較 $\log_2 n!$ 次才能把範圍縮小到只剩一種；而數學上有很多方法（例如使用 Stirling 公式）可以證明 $\log_2 n! = O(n \log n)$。

[譯註2] 更精確地來說，快速排序的「平均執行時間（考慮所有可能的輸入、並且取執行時間的平均值）」是比堆積排序要快的，所以會說前者比較實用；但是快速排序的「最差執行時間」卻是 $O(n^2)$，所以極端的情況下它會比堆積排序慢，因為堆積排序無論輸入有多差都能維持 $O(n \log n)$ 的速度。

上任務的資料結構設計。要找出陣列中的最小元素，所需的資料結構就是最小堆積。

　　就跟任何通用的資料結構一樣，堆積可以用來解決的問題範圍極為廣泛——不過堆積資料結構本身是不變的，就跟你在這裡學到的東西一樣。因此，與其再去解一道堆積問題，不如讓我們看另一道題目，它需要一種稱為**區段樹（segment tree）**的新資料結構。跟堆積一樣，區段樹只能加速少數幾種類型的操作；即便如此，在區段樹能夠解決的問題多到讓人驚訝，這些加速正好是我們需要的。

題目二：建立樹堆 *Building Treaps*

在這道問題當中，我們會建立一個**樹堆（treap）**[譯註] 表示法。樹堆是一種可以解決多類型搜尋問題的靈活資料結構，如果你有興趣，我鼓勵你深入研究這種資料結構。我們在這裡關切的只有如何建立樹堆，而不是如何使用它。當然，針對我們的目的，我會提供所有你需要知道的樹堆相關知識。

　　這是 POJ 題號 1785。

問題

樹堆是一個二元樹，每個節點都有一個標籤和一個優先度。圖 7-15 是一個樹堆的例子，其中大寫字母為標籤、正整數為優先度。我用斜線「/」來分隔每個節點的標籤和優先度。例如，根節點的標籤為 C、優先度為 58。

[譯註]　樹堆的英文就是「樹（tree）」和「堆積（heap）」兩個字結合而來的。

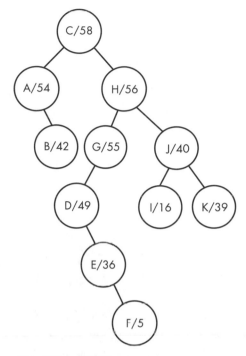

圖 7-15：一個樹堆。

樹堆需要滿足兩個性質：一個是關於它的標籤，另一個是關於它的優先度。

先講標籤。對於任何節點 x，其左子樹的所有標籤都比 x 的標籤小，而右子樹的所有標籤都比 x 的標籤大；此為**二元搜尋樹**（binary search tree, BST）特性。

你可以驗證圖 7-15 中的樹堆滿足這個標籤的特性。對於我們的字母標籤，如果一個字母在另一個字母的前面，表示前面字母比較小。以根節點為例，它的標籤為 C，而其左子樹的兩個標籤都比 C 小，且右子樹所有的標籤都比 C 大。再看一個例子，考慮標籤為 G 的那個節點：其左子樹的標籤 —— D、E、F —— 都小於 G。那它右子樹的標籤呢？因為它沒有右子樹，所以不需要檢查！

再講優先度。對於任何節點 x，其子節點的優先度都小於 x 的優先度。這恰好就是最大堆積的特性啊！

再次看根節點；其優先度為 58。其子節點優先度最好都比較小──確實是這樣，分別為 54 和 56。那麼優先度為 55 的節點 G 呢？其子節點需要具有較小的優先度──確實是，其優先度為 49。

這就是樹堆：一個標籤滿足 BST 特性、且優先度滿足最大堆積特性的二元樹。注意，這裡並沒有針對形狀方面的要求：一個樹堆可以為任何結構，它沒有像堆積那樣要求是完全樹。

這道題目提供了每個節點的標籤和優先度，而我們的任務是要把這些節點組合成樹堆並輸出它。

輸入

輸入包含了零個以上的測試案例。輸入的每一行以一個整數 n 開頭，其值介於 0 到 50,000 之間；如果 n 為 0，表示沒有更多測試案例需要處理了。

如果 n 大於 0，則它指出測試案例中的節點數目。在 n 的後面會是 n 個以空格分隔的標記，每個對應於一個節點。各個標記會是 L/P 的形式，其中 L 為節點的標籤、而 P 為其優先度；標籤為字母組成的字串，而優先度為正整數。所有的標籤都是獨一無二的，所有的優先度也是獨一無二的。

這是導致圖 7-15 的樹堆可能輸入：

```
11 A/54 I/16 K/39 E/36 B/42 G/55 D/49 H/56 C/58 J/40 F/5
0
```

輸出

對於每一個測試案例，在單獨一行中輸出樹堆。樹堆的要求格式如下：

```
(<left_subtreap><L>/<P><right_subtreap>)
```

這裡，`<left_subtreap>` 為左子樹堆，`<L>` 為根節點的標籤、`<P>` 為根節點的優先度，而 `<right_subtreap>` 為右子樹堆。子樹堆也是用同樣的格式輸出。

這是對應於樣本輸入的輸出：

```
((A/54(B/42))C/58(((D/49(E/36(F/5)))G/55)H/56((I/16)J/40(K/39))))
```

解決所有測試案例的時間限制為兩秒鐘。

遞迴輸出樹堆

讓我們再次考慮剛才的樣本節點，並且討論如何用它們建立樹堆。節點如下：

```
A/54 I/16 K/39 E/36 B/42 G/55 D/49 H/56 C/58 J/40 F/5
```

記住，樹堆的優先度必須遵守最大堆積的特性，特別是，這意味著具有最大優先度的節點必須是根節點。此外，因為輸入保證所有的優先度都是相異的，只有一個節點具有最大的優先度；所以這部分確定了：根節點一定是 C/58。

現在我們必須決定其他各個節點是要放在 C 的左子樹還是右子樹。這些節點的優先度都小於 58，所以優先度不會幫我們做任何左右分割──但 BST 特性倒是會！樹堆的 BST 特性告訴我們，左子樹的標籤必須小於 C、右子樹的標籤必須大於 C。於是我們可以將剩下的節點分成兩組，一組為左子樹而另一組為右子樹，如下：

```
A/54 B/42
I/16 K/39 E/36 G/55 D/49 H/56 J/40 F/5
```

也就是說，左子樹堆的節點為 A 和 B，而右子樹堆的節點為 I、K、E、G 等等。

完成了！我們將原本的問題分解成兩個較小的子問題且型式完全相同。題目要求建立 11 個節點的樹堆，而我們將該問題簡化成：建立兩個節點的樹堆與建立八個節點的樹堆。我們可以用遞迴執行！

來確立要使用的特定規則吧。對於基本情況，我們可以使用零個節點的樹堆，完全不需要輸出任何東西。對於遞迴情況，我們將找出具有最高優先度的節點作為根節點，然後將剩餘的節點分成較小標籤的一組和較大標籤的一組。先輸出一個左括號，再遞迴地輸出最小標籤的樹堆、樹堆的根節點、較大標籤的樹堆，最後輸出右括號。

對於樣本輸入，我們會輸出一個左括號，再輸出左樹堆為：

```
(A/54(B/42))
```

後面會接著根節點：

```
C/58
```

然後是右子樹堆：

```
(((D/49(E/36(F/5)))G/55)H/56((I/16)J/40(K/39)))
```

最後是右括號。

根據標籤排序

在我們開始寫程式碼之前，我還有另一個實作的想法：根據我到目前為止的描述，看似需要建立一個新陣列來存放較小標籤的節點，並傳遞給第一個遞迴呼叫，同時還需要一個新陣列來存放較大標籤的節點，並傳遞給第二個遞迴呼叫。這樣會導致陣列的大量複製。所幸只要在一開始時將節點標籤從小到大排序，就可以避免這個問題。然後，告訴每一個遞迴呼叫對應陣列的開始與結束索引即可。

例如，如果我們將樣本輸入按照標籤排序，會得到：

```
A/54 B/42 C/58 D/49 E/36 F/5 G/55 H/56 I/16 J/40 K/39
```

接著讓第一個遞迴呼叫建立前兩個節點的樹堆，並讓第二個遞迴呼叫建立後面八個節點的樹堆。

解答一：遞迴

下面是一些常數和結構：

```c
#define MAX_NODES 50000
#define LABEL_LENGTH 16

typedef struct treap_node {
```

```
  char *label;
  int priority;
} treap_node;
```

我們不知道標籤會有多長，所以我選擇了初始大小為 16。你會看到我呼叫了 read_label 函數來讀取每個標籤；如果 16 的長度不夠，該函數會配置更多記憶體直到可以放入所有標籤（這是殺雞用牛刀，因為測試案例看起來最多只用五個字母的短標籤，但是寧可安全也不要後悔）。

main 函數

現在讓我們來看 main 函數，如清單 7-9 所示。它使用了一些輔助函數——剛才提到的 read_label，以及比較樹堆節點用的 comapre ——並且呼叫 solve 來實際輸出樹堆。我們很快就會討論到這些函數。

```
int main(void) {
  static treap_node treap_nodes[MAX_NODES];
  int num_nodes, i;
  scanf("%d ", &num_nodes);
  while (num_nodes > 0) {
    for (i = 0; i < num_nodes; i++) {
      treap_nodes[i].label = read_label(LABEL_LENGTH);
      scanf("%d ", &treap_nodes[i].priority);
    }
    qsort(treap_nodes, num_nodes, sizeof(treap_node), compare);
    solve(treap_nodes, 0, num_nodes - 1);
    printf("\n");
    scanf("%d ", &num_nodes);
  }
  return 0;
}
```

清單 7-9：讀取輸入並解決問題的 main 函數

在一個混合讀取數目和字串的程式中，對 scanf 的使用要小心。在此，輸入中的每個數字後面會跟著一個空格，我們不希望這些空格被當作後面標籤的字首。為了讀取並丟棄那些空格，我在 scanf 格式指定中的 %d 後面都加了一個空格。

Chapter 7 堆積與區段樹 **319**

輔助函數

我們使用 scanf 來讀取優先度，但不用它來讀取標籤；標籤是由清單 7-10 中的 read_label 函數來讀取。我們已經使用了本質上相同的函數兩次，最近的一次是在清單 4-16 中。而這次唯一的差別在於，read_label 函數會在分隔標籤和優先度的 / 字元位置停止讀取 ❶。

```
/* 參考了 https://stackoverflow.com/questions/16870485 */
char *read_label(int size) {
  char *str;
  int ch;
  int len = 0;
  str = malloc(size);
  if (str == NULL) {
    fprintf(stderr, "malloc error\n");
    exit(1);
  }
❶ while ((ch = getchar()) != EOF && (ch !=  '/')) {
    str[len++] = ch;
    if (len == size) {
      size = size * 2;
      str = realloc(str, size);
      if (str == NULL) {
        fprintf(stderr, "realloc error\n");
        exit(1);
      }
    }
  }
  str[len] =  '\0';
  return str;
}
```

清單 7-10：讀取標籤

　　跟之前一樣，qsort 需要一個比較函數，清單 7-11 給出了我們要用的函數，它會根據標籤來比較節點。

```
int compare(const void *v1, const void *v2) {
  const treap_node *n1 = v1;
  const treap_node *n2 = v2;
  return strcmp(n1->label, n2->label);
}
```

清單 7-11：排序用的比較函數

這個 strcmp 函數正好可以當作比較函數，因為它會在第一個字串的字母順序小於第二個字串時傳回一個負整數，若兩個字串相等則傳回 0，並在第一個字串的字母順序大於第二個字串時傳回一個正整數。

輸出樹堆

進入重頭戲——solve 函數——之前，我們需要一個輔助函數來傳回具有最大優先度的節點之索引，清單 7-12 提供了這個輔助函數，它是一個緩慢地從索引 left 搜尋到索引 right 的線性搜尋（這應該會讓你有點擔心）。

```
int max_priority_index(treap_node treap_nodes[], int left, int right) {
  int i;
  int max_index = left;
  for (i = left + 1; i <= right; i++)
    if (treap_nodes[i].priority > treap_nodes[max_index].priority)
      max_index = i;
  return max_index;
}
```

清單 7-12：找出最大優先度

現在我們準備好要輸出樹堆了！solve 函數請參考清單 7-13。

```
void solve(treap_node treap_nodes[], int left, int right) {
  int root_index;
  treap_node root;
❶ if (left > right)
    return;
❷ root_index = max_priority_index(treap_nodes, left, right);
  root = treap_nodes[root_index];
  printf("(");
❸ solve(treap_nodes, left, root_index - 1);
  printf("%s/%d", root.label, root.priority);
❹ solve(treap_nodes, root_index + 1, right);
  printf(")");
}
```

清單 7-13：解決問題

這個函數接受三個參數：樹堆節點的陣列以及 left 和 right 索引，這些索引決定我們想建立的樹堆之節點範圍。main 的初次呼叫會傳入 left 為 0 而 right 為 num_nodes - 1，以便對所有的節點建立樹堆。

這個遞迴函數的基本情況發生在樹堆中沒有節點的時候 ❶;在這種情況,我們不輸出任何東西直接傳回即可。沒有節點、就沒有東西需要輸出。

否則,在 left 和 right 之間的索引節點中,我們找出具有最大優先度的節點之索引 ❷,那是樹堆的根節點,它會將問題分解成兩個:輸出一個由較小標籤的節點組成的樹堆,以及輸出一個由較大標籤的節點組成的樹堆。我們用遞迴呼叫來解決這兩個子問題 ❸❹。

這樣就搞定了:我們的第一個解答。

我會說這滿不錯的;事實上,它做對了兩件重要的事情。首先,它把節點做了一次性的排序,使得每次呼叫 solve 的時候只需要它的 left 和 right 索引。其次,它使用了遞迴把很嚇人的樹堆輸出過程一下子就解決了。

然而,如果你把這個程式碼提交給解題系統,你會發現由於搜尋最大優先度節點的線性搜尋(清單 7-12)而導致程式碼逐漸停頓下來。哪裡出了問題?什麼樣的樹堆導致它的最差效能表現?我們接下來就來談這部分。

區間最大值查詢

在第六章「一維區間和查詢」一節中,我們討論過區間和查詢問題的解法;該問題問的是:給予一個陣列 a、左索引 left 和右索引 right,從 a[left] 到 a[right] 所有元素之總和為多少?

而在「建立樹堆」問題中,要求解決一個相關的問題,也就是**區間最大值查詢(range maximum query, RMQ)**[譯註]問題,它問的是:給予一個陣列 a、左索引 left 和右索引 right,a[left] 到 a[right] 之間所有元素的**最大值**元素之索引為多少?(相較於索引,有些問題可能只需要求出最大值元素本身即可,但在「建立樹堆」一題,我們是需要其索引的。)

在解答一當中,我們在清單 7-12 中提供了一個 RMQ 的實作;它會從 left 迭代到 right,檢查是否找到一個索引,其元素的優先度比我們目前為止找到的還大。我們對每一個子樹呼叫該函數,而每次呼叫都涉及到線性搜尋

[譯註] 多數文獻中,RMQ 是區間最小值查詢(range minimum query)的縮寫才對,不過最大值問題和最小值問題是對稱的,所以這並不是很重要。

陣列的啟用區段。如果這些線性搜尋大部分都是用在很小的陣列區段，也許這樣可行；然而，有一些輸入會導致大多的搜尋用在陣列的大區段。這是一個可能從輸入中讀取到的節點清單：

A/1 B/2 C/3 D/4 E/5 F/6 G/7

我們掃描了全部七個節點，發現 G/7 是具有最大優先度的節點。因此遞迴地輸出較小標籤的節點組成的樹堆，並遞迴地輸出較大標籤的節點組成的樹堆。不幸的是，第一個遞迴呼叫會得到 G/7 之外的全部節點，而第二個遞迴對零個節點進行呼叫。第一個遞迴呼叫得到的是：

A/1 B/2 C/3 D/4 E/5 F/6

現在我們需要再次掃描這六個元素來找出優先度最高的節點。我們會找到該節點為 F/6，用它作為子樹堆的根節點，然後再進行兩次遞迴呼叫。然而，第一個遞迴呼叫再次會得到全部剩餘節點、導致另一次耗時的陣列掃描。這種耗時的陣列掃描模式會一直持續到沒有剩餘的節點為止。

進一步推廣，我們可以說，對於 n 個節點，第一次 RMQ 會花上 n 個步驟，第二次會用 $n-1$ 個步驟，依此類推，一路遞減至剩下 1 個步驟。全部為 $1 + 2 + 3 + \cdots + n$ 個步驟，此式的封閉型式為 $n(n + 1)/2$。回想第一章，我們在「診斷問題」一節中曾經看過類似的公式，因此可以得出類似的結論：這裡為 $O(n^2)$（平方）的時間複雜度。

有另一種方式可以看出這是 $O(n^2)$ 的時間複雜度。把式子中 $n/2$ 個最小的項丟棄，聚焦在剩下的 $n/2$ 個較大的項上（假設 n 為偶數，因此 $n/2$ 是一個整數）。如此一來得到 $n + (n-1) + (n-2) + \cdots + (n/2+1)$，這裡面一共有 $n/2$ 項，而每一項都大於 $n/2$，所以它們加起來至少是 $(n/2)(n/2) = n^2/4$，而這是平方時間複雜度！

於是，用線性搜尋來解決 RMQ 問題不夠理想。

第六章「一維區間和查詢」一節中，我們使用了 prefix 陣列來加速區間和查詢。趕快複習一下，因為我要問你一個問題：我們也能用那個技巧來解決 RMQ 嗎？

可惜的是，沒辦法（或者該說幸好沒辦法，因為這樣我就可以教你一個我最喜歡的資料結構）。要把從索引 2 到 5 的元素加總起來，可以查看索引 5 的 prefix sum 並減去索引 1 的 prefix sum，這是因為減法會抵銷掉加法：索引 5 的 prefix sum 包含了索引 1 的 prefix sum，所以把後者減掉就好。可惜我們無法用同樣的方法「抵銷」最大值的計算。如果至索引 5 為止的元素之最大值為 10，而至索引 1 為止的元素之最大值也是 10，請問：從索引 2 到 5 的最大值為何？天曉得！把那個 10 去掉之後，最大值可能是索引 2、3、4 或 5 中任何一個。一個較早出現的巨大元素，會使得後面的元素無法對 prefix 陣列造成任何改變，而當那個巨大的元素去除了之後，我們就迷失了方向。相形之下，prefix sum 陣列中每一個元素都會留下其蹤跡。

作為最後一搏，我們來試試看堆積吧。可以用最大堆積來解決 RMQ 嗎？再一次，答案是不行的。最大堆積可以告訴我們整個堆積中的最大元素，但沒辦法限制它在某個給定範圍內。

那麼該嘗試新的花樣了。

區段樹

樹堆，閃邊去！等到我們有一個更好的 RMQ 實作，再回到樹堆來。

區段樹[譯註] 是一個完滿二元樹，其中每個節點對應於底層陣列中的一個特定區段，並儲存了查詢該區段的答案。對於區間最大值查詢來說，每個節點儲存了其對應區段中最大元素之索引，不過區段樹也可以用在其他範圍的查詢；這些區段的安排方式是，僅需排列組合一小部分區段，即可回答任何查詢。

[譯註] 在計算機科學領域中，術語「segment tree」通常是指另外一種完全不同的資料結構，其中儲存了許多不同的、幾何空間中的線段（或是一維區間），並且能夠針對一個給定的點快速回答「有哪些線段包含了這個點」的查詢。這樣的資料結構通常翻譯為「線段樹」，而本書中的「segment tree」比較是程式競賽領域中特有的講法，其「segment」也跟幾何線段無關，純粹指陣列中的區段，因此這邊翻譯成「區段樹」以區隔之。

區段

區段樹的根節點覆蓋了整個陣列。因此，如果題目詢問整個陣列的 RMQ，只要查看根節點，一個步驟就可以解決。至於其他的查詢，我們需要使用其他的節點。根節點會有兩個子節點：左子節點覆蓋了陣列的前面一半，而右子節點覆蓋了後面一半。這兩個節點都各自有兩個子節點，而它們會繼續把區段分割下去，直到我們得到只有一個元素的區段為止。

圖 7-16 展示了一個支援對八個元素的陣列進行查詢的區段樹；每一個節點都標記了其左右端點。這個區段樹裡暫時還沒有任何關於 RMQ 的資訊，我們先聚焦在區段本身就好。

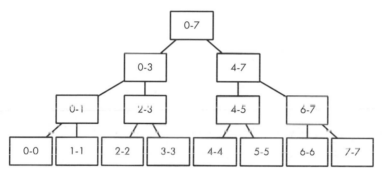

圖 7-16：八個元素的陣列對應的區段樹。

注意，當沿著樹往下，每一層區段的大小都會減半。例如，根節點區段覆蓋了八個元素，其子節點各覆蓋了四個元素，而它們的子節點則各覆蓋了兩個元素，依此進行下去。跟堆積一樣，區段樹的高度也是 $\log n$，其中 n 為陣列的元素數目。只要在每一層中做到常數的工作量就可以回答任何的查詢，因此每次查詢都只需要 $O(\log n)$ 的時間。

圖 7-16 是一個完全二元樹；透過對堆積的研究，我們知道要怎麼處理這種樹：把它們儲存在一個陣列中！這樣會很容易找到父節點的子節點，這在處理區段樹時是必要的。

現在我要展示另一個區段樹，它會給你帶來點驚喜；請見圖 7-17。

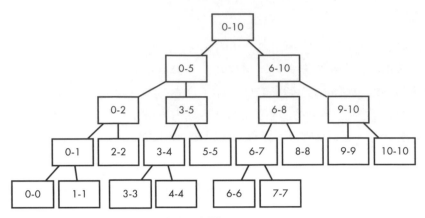

圖 7-17：11 個元素的陣列對應的區段樹。

這根本不是完全二元樹，因為最底層並不是從左到右填滿的！例如，雖然節點 3-4 有子節點，但節點 2-2 卻沒有。

不過沒問題啦，我們還是可以把區段樹儲存成一個陣列。持續地把一個節點的索引乘以 2 來取得其左子節點，並將其乘以 2 再加 1 來取得其右子節點。只不過這樣做會有點浪費陣列空間，例如，圖 7-17 的元素在陣列中的順序如下所示，其中 * 為未使用的元素：

```
0-10
0-5 6-10
0-2 3-5 6-8 9-10
0-1 2-2 3-4 5-5 6-7 8-8 9-9 10-10
0-0 1-1 * * 3-3 4-4 * * 6-6 7-7 * * * * * *
```

這樣的浪費**確實**會有點難以判斷區段樹的陣列所需要的元素數目。

底下我會把來自題目的資訊稱為「底層陣列」。例如，在「建立樹堆」一題，底層陣列就是優先度所形成的陣列。

如果底層陣列的元素數目 n 是 2 的一個冪次，我們可以放心地使用一個可以存放 $2n$ 個元素的區段樹。例如，數一下圖 7-16 中的節點數：有 15 個節點，比 $8 \times 2 = 16$ 要小（$2n$ 安全是因為所有小於 n 的那些 2 的冪次，加起來恰好為 $n - 1$。例如 $4 + 2 + 1 = 7$，恰好比 8 小了 1）。

如果 n 不是 2 的冪次，那麼 $2n$ 就不夠用；圖 7-17 就能證明這一點，它需要一個有 31 個元素的陣列（比 $2 \times 11 = 22$ 還大）才放得下。

區段樹中需要覆蓋的元素愈多，區段樹陣列就必須更大──但是該要多大？假設我們想對有 n 個元素的底層陣列建立區段樹。底下我將論證：安全起見應該分配一個具有 $4n$ 個元素的陣列給區段樹使用。

令 m 為 2 的冪次中大於等於 n 的最小值。例如，若 n 為 11，那麼 m 即為 16。我們可以把一個有 m 個元素的區段樹儲存在有 $2m$ 個元素的陣列中；而既然 $m \geq n$，具有 $2m$ 個元素的陣列一定放得下有 n 個元素的區段樹。

幸好，m 不可能大到哪裡去：它頂多是 n 的兩倍（最差情況會發生在 n 的值剛好比 2 的一個冪次大；例如，若 n 為 9，m 為 16，幾乎是 9 的兩倍）。因此，如果我們需要一個有 $2m$ 個元素的陣列而 m 最多為 $2n$，那麼 $2m$ 最多為 $2 \times 2n = 4n$。

將區段初始化

在區段樹的每一個節點中，我們會儲存二個東西：區段的左側索引、區段的右側索引以及該範圍內最大元素之索引。在本節中，我們會對前兩個索引進行初始化。

要作為區段樹節點的結構如下：

```
typedef struct segtree_node {
  int left, right;
  int max_index;
} segtree_node;
```

為了初始化每個節點的 left 和 right 成員，我們將寫出如下的函數：

```
void init_segtree(segtree_node segtree[], int node,
                  int left, int right)
```

假設 segtree 是一個具有足夠存放區段樹空間的陣列。參數 node 是區段樹的根節點索引，left 和 right 分別為區段的左側與右側索引，第一次對 init_segtree 的呼叫看起來會是這樣：

```
init_segtree(segtree, 1, 0, num_elements - 1);
```

此處 num_elements 是底層陣列的元素數目（例如樹堆中的節點數目）。

我們可以使用遞迴來實作 init_segtree。如果 left 和 right 相等，這就是單一元素的區段，不需要再進行分割，否則就是在遞迴情況中，必須將區段一分為二。清單 7-14 給出了該程式碼。

```
void init_segtree(segtree_node segtree[], int node,
                  int left, int right) {
  int mid;
  segtree[node].left = left;
  segtree[node].right = right;
❶ if (left == right)
    return;
❷ mid = (left + right) / 2;
❸ init_segtree(segtree, node * 2, left, mid);
❹ init_segtree(segtree, node * 2 + 1, mid + 1, right);
}
```

清單 7-14：初始化區段樹的各區段

首先把 left 和 right 的值儲存在節點中。然後，去檢查基本情況 ❶，如果沒有需要的子節點就從函數中返回。

如果需要產生子節點，就去計算當前範圍的中間值 ❷，然後建立從索引 left 到 mid 的左區段樹以及從索引 mid + 1 到 right 的右區段樹。這是透過兩次遞迴呼叫完成的：一次對左邊 ❸，一次對右邊 ❹。注意如何使用 node * 2 移動到左子節點，以及如何使用 node * 2 + 1 移動到右子節點。

填寫區段樹

區段樹初始化之後，就要對每一個節點加入區段中最大元素索引了。為了舉例說明，我們會需要一個區段樹以及該區段樹所依據的底層陣列。區段樹的部分讓我們使用圖 7-17，而底層陣列的部分用「根據標籤排序」一節中的 11 個優先度。圖 7-18 展示了填寫完成的區段樹。樹中每一個節點的最大值索引，均寫在其區段端點的下面。

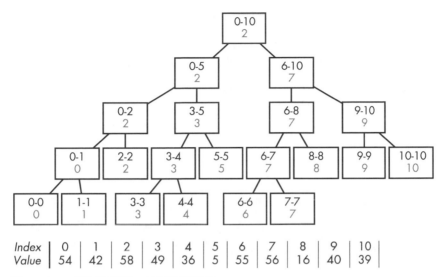

Index	0	1	2	3	4	5	6	7	8	9	10
Value	54	42	58	49	36	5	55	56	16	40	39

圖 7-18:一個區段樹與一個優先度陣列。

讓我們來執行幾個快速檢查。考慮樹底層的節點 0-0;那是一個只有索引 0 的區段,所以其最大值索引的唯一選擇就是 0。聽起來很像是基本情況呢!

再來考慮節點 6-10。這個節點表明了索引 6 到索引 10 之間最大元素的索引為 7;索引 7 存放的是 56,你可以驗證它確實是該區段中最大的元素。要執行快速計算,可以用 6-10 子節點中儲存的最大值索引:左子節點表明 6-8 區段中的期望索引為 7,而右子節點表明 9-10 區段中的期望索引為 9。因此,對於 6-10,我們只有兩種選擇:索引 7 及索引 9,我們從這些子樹中得到的兩個元素。這聽起來很像是遞迴情況呢!

沒錯,我們將使用遞迴來填這個樹,跟我們在初始化此樹的各區段做法類似。清單 7-15 為其程式碼。

```
int fill_segtree(segtree_node segtree[], int node,
                 treap_node treap_nodes[]) {
  int left_max, right_max;

❶ if (segtree[node].left == segtree[node].right) {
    segtree[node].max_index = segtree[node].left;
  ❷ return segtree[node].max_index;
  }

❸ left_max = fill_segtree(segtree, node * 2, treap_nodes);
```

```
❹  right_max = fill_segtree(segtree, node * 2 + 1, treap_nodes);

❺  if (treap_nodes[left_max].priority > treap_nodes[right_max].priority)
       segtree[node].max_index = left_max;
   else
       segtree[node].max_index = right_max;
❻  return segtree[node].max_index;
}
```

清單 7-15：加入最大值

　　參數 segtree 是儲存了區段樹的陣列；我們假設它已經被清單 7-15 初始化。參數 node 為區段樹的根節點索引，而參數 treap_nodes 為樹堆節點的陣列。在這裡需要樹堆節點以便存取它們的優先度，但除此之外不會進行任何跟樹堆有關的操作；你可以輕易地把樹堆節點替換成解決給定問題時所需要的任何東西。

　　這個函數會傳回區段樹根節點的最大元素索引。

　　程式碼一開始會做基本情況檢查：即節點只橫跨一個索引 ❶。如果是基本情況，那麼該節點的最大值索引只有其左側索引（或右側——反正它們都一樣）。接著傳回該最大值索引 ❷。

　　如果不是基本情況，表示這個區段橫跨不只一個索引。我們對左子樹進行一次遞迴呼叫 ❸，這個呼叫會找出該子樹中每一個節點的 max_index 值，並傳回該子樹根節點的 max_index 值。然後再對右子樹進行同樣操作 ❹，接著比較這兩次遞迴呼叫得到的索引 ❺，選出優先度比較高的那一個，並依此設定這個節點的 max_index 值。最後一件事就是傳回最大值索引 ❻。

　　用這種方式填滿樹只用了線性時間：對於每一個節點，都只做了常數量的工作就找到它的最大值索引了。

查詢區段樹

回顧一下，我們在解決「建立樹堆」問題時遇到了阻礙，因為我們並沒有一個快速的方法來回應區間最大值查詢。結果，花了很多時間在發展區段樹、決定如何選取區段、區段樹的陣列應為多大，以及如何儲存每一個節點的最大元素索引。

當然，除非這個區段樹的操作能讓我們快速進行查詢，不然都是白忙一場。終於，現在是得到回報的時候了：利用區段樹快速查詢。要來了喔！別擔心——這裡面牽涉到的遞迴，不會超出目前為止我們在區段樹所用到的。

為了更容易理解，我們來對圖 7-18 做一些樣本查詢，再次來看這張圖：

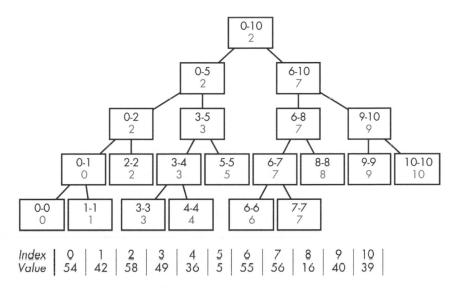

我們的第一個查詢來做 6-10 吧。這個範圍只覆蓋了根節點 0-10 所覆蓋的一部分範圍，所以把根節點的最大值索引傳回是不合理的。反之，我們讓根節點的兩個子節點查詢其區段中的最大值索引，然後用這個答案傳回整體的最大值索引。根節點的左子節點覆蓋了區段 0-5，這跟 6-10 的範圍並沒有重疊，所以左邊的遞迴呼叫無法提供任何資訊。然而根節點的右子節點則恰好覆蓋了區段 6-10，所以對右子節點進行遞迴呼叫會傳回 7，這就是我們需要傳回的整體答案：7 就是 6-10 範圍中的最大元素索引。

第二個查詢我們用 3-8 來試試。我們會再次讓根節點的兩個子節點查詢其區段中的最大值索引——只不過，這次兩個子節點都有話要說，因為 3-8 跟 0-5 還有 6-10 都有重疊。對左子節點進行遞迴呼叫會傳回 3，而對右子節點進行遞迴呼叫會傳回 7。於是在根節點中，我們只需要比較索引 3 的元素和索引 7 的元素即可；索引 7 的值比較高，所以那就是我們的答案。

通常我不會去展開遞迴過程，不過在這裡可以破例一下，我想那樣應該會有所幫助。讓我們潛入左子樹的遞迴呼叫吧。我們仍舊是在查詢 3-8，而這個節點的範圍是 0-5，其左子節點為 0-2，而 0-2 跟 3-8 查詢範圍並沒有任何共用的索引，所以直接出局。如此一來只剩下節點 3-5 必須處理。重點是，3-5 完全包含在我們要的 3-8 範圍之中，所以就此停止並傳回從 3-5 的遞迴呼叫中得到的 3。

查詢區段樹的節點會有三種情況，我們在上面的例子中都已經看到過。情況一是節點跟查詢範圍沒有共用的索引，情況二是節點的區段完全包含在查詢範圍內，情況三是節點的區段包含了查詢範圍的一部分，但也包含了一些不在查詢範圍內的索引。

我建議先在這邊暫停一下，手動多練習幾個查詢，再去查看程式碼，特別是試試查詢 4-9。你會注意到，它需要沿著樹往下追蹤兩條很長的路徑，這是最差情況：我們在樹的頂端分成兩個節點，然後一路往下追蹤這兩條路徑到底。請用更多例子（也許是用更大的區段樹）來說服你自己，這些路徑不會再分成兩條很長的路徑[譯註]。因此，雖然對區段樹進行查詢比起堆積操作要更花功夫——有的時候要追蹤兩條路徑而不是一條——但在每一層上仍舊只存取了少數幾個節點，使得執行時間為 $O(\log n)$。

查詢區段樹的程式碼在清單 7-16 中給出：

```
int query_segtree(segtree_node segtree[], int node,
                  treap_node treap_nodes[], int left, int right) {
  int left_max, right_max;

❶ if (right < segtree[node].left || left > segtree[node].right)
    return -1;

❷ if (left <= segtree[node].left && segtree[node].right <= right)
    return segtree[node].max_index;
```

[譯註] 其原因在於，如果從某一個節點開始的一條路徑一路往下追蹤到底，那就表示查詢範圍跟該節點的交集恰好只有一個元素（從而追蹤過程無法中途停止）。因此在最差的情況中，頂多也只會有兩條長路徑、分別對應於查詢範圍的起點跟終點，而任何中間的範圍必然會在更早的深度就因為「完全被節點包含」而停止；例如在這邊的例子，假如剛好查詢的範圍是 5-6，則此範圍和 0-5 的交集只有一個元素為 5、而和 6-10 的交集也只有一個元素為 6，此時兩者就會一路追蹤到底。

```
❸ left_max = query_segtree(segtree, node * 2,
                            treap_nodes, left, right);
❹ right_max = query_segtree(segtree, node * 2 + 1,
                            treap_nodes, left, right);

  if (left_max == -1)
    return right_max;
  if (right_max == -1)
    return left_max;
❺ if (treap_nodes[left_max].priority > treap_nodes[right_max].priority)
    return left_max;
  return right_max;
}
```

清單 7-16：查詢區段樹

這個函數的參數跟清單 7-15 的很類似，除了加入了查詢的 left 和 right
索引之外。程式碼逐一處理了前述的三個情況。

在情況一，節點跟查詢沒有任何共同之處；這恰好發生在「查詢範圍在
節點區段開始之前結束時」或「查詢範圍在節點區段結束後開始時」❶。我
們傳回 -1 表示這個節點沒有最大值索引可以傳回。

在情況二，節點的區段完全落在查詢範圍中 ❷，因此傳回該節點區段的
最大值索引。

最後是情況三，其中節點區段跟查詢範圍部分重疊。我們會進行兩次遞
迴呼叫：一次從左子節點取得最大值索引 ❸，另一次從右子節點取得最大值
索引 ❹。如果其中一個傳回 -1，就傳回另外一個；如果兩者都傳回合法的索
引，我們選取對應元素較大的那個索引 ❺。

解答二：區段樹

我們最後的任務就是去修改第一個解答（特別是清單 7-9 中的 main 函數以及
清單 7-13 的 solve 函數）以使用區段樹。不會很麻煩：只要適度呼叫那些已經
寫好的區段樹函數就可以了。

清單 7-17 為新的 main 函數。

```
int main(void) {
  static treap_node treap_nodes[MAX_NODES];
❶ static segtree_node segtree[MAX_NODES * 4 + 1];
  int num_nodes, i;
  scanf("%d ", &num_nodes);
  while (num_nodes > 0) {
    for (i = 0; i < num_nodes; i++) {
      treap_nodes[i].label = read_label(LABEL_LENGTH);
      scanf("%d ", &treap_nodes[i].priority);
    }
    qsort(treap_nodes, num_nodes, sizeof(treap_node), compare);
❷ init_segtree(segtree, 1, 0, num_nodes - 1);
❸ fill_segtree(segtree, 1, treap_nodes);
❹ solve(treap_nodes, 0, num_nodes - 1, segtree);
    printf("\n");
    scanf("%d ", &num_nodes);
  }
  return 0;
}
```

清單 7-17：加入了區段樹的 main 函數

添加的部分只有：宣告區段樹 ❶、呼叫函數來初始化區段樹的區段 ❷、計算每個區段樹節點的最大值索引 ❸ 以及在呼叫 solve 函數的時候傳入一個新的區段樹參數 ❹。

新的 solve 函數則在清單 7-18 中給出。

```
void solve(treap_node treap_nodes[], int left, int right,
           segtree_node segtree[]) {
  int root_index;
  treap_node root;
  if (left > right)
    return;
❶ root_index = query_segtree(segtree, 1, treap_nodes, left, right);
  root = treap_nodes[root_index];
  printf("(");
  solve(treap_nodes, left, root_index - 1, segtree);
  printf("%s/%d", root.label, root.priority);
  solve(treap_nodes, root_index + 1, right, segtree);
  printf(")");
}
```

清單 7-18：加入區段樹來解決問題

只有一個實質上的改變：藉由呼叫 query_segtree 來實作 RMQ ❶！

我們真是花了不少力氣呢。這個區段樹的解答應該會在時間限制內通過所有解題系統的測試案例。這一切到頭來都是值得的，因為區段樹能夠在各種問題當中巧妙地取得快速解答。

區段樹

區段樹在各地有其他不同的名稱，包括區間樹（interval tree）、淘汰賽樹（tournament tree）、順序統計樹（order-statistics tree）和範圍查詢樹（range query tree）。麻煩的是，「segment tree」有時也用於指稱另一種完全不同於我們在這裡學的資料結構！也許是我對術語的選擇方式，讓自己在不自覺的情況下跟特定的程式設計師族群站在一起了[譯註1]。

不管你怎麼稱呼它，區段樹對於學習演算法的人以及對程式競賽有興趣的人來說是必學的資料結構。對於有 n 個元素的陣列，你可以用 $O(n)$ 的時間來建立一個區段樹，並且在 $O(\log n)$ 時間內對它進行查詢[譯註2]。

在「建立樹堆」一節，我們使用了區段樹解決區間最大值查詢，但區段樹也可以用在其他查詢上。如果你可以結合兩個子查詢的答案去快速回答一個查詢，那麼使用區段樹可能就是一個好的選擇。那麼，區間最小值查詢呢？利用區段樹，你只要取子節點的答案之最小值（而非最大值）。區間和查詢呢？利用區段樹，只要把子節點的答案加起來就可以了[譯註3]。

[譯註1] 如前所述，將本章介紹的這種資料結構稱為「segment tree」比較是程式競賽領域中特有的現象。在一般的計算機科學領域，「範圍查詢樹」可能是更標準的稱呼。另外，「區間樹」一般又是指另一種（既不同於線段樹也不同於區段樹的）資料結構，其底層陣列為一系列區間、而可以快速查詢「這些區間當中有哪些跟給定的區間重疊」；而「順序統計樹」一般則是指二元搜尋樹（binary search tree）的一種變形。

[譯註2] 值得一提的是，對於 RMQ 問題來說，區段樹還不是最快的解法；例如透過笛卡爾樹（Cartesian tree）的巧妙應用，可以設計出一個預處理耗時同樣為 $O(n)$、但每次查詢只用了常數時間的超高速演算法。當然該演算法在實作上遠比區段樹要複雜得多，有興趣的讀者可以搜尋笛卡爾樹來了解其細節。

[譯註3] 當然，前面用 prefix 陣列方法來求區間和，每次查詢只需要常數時間，比起使用區段樹求區間和更快。但是區段樹允許我們變更底層陣列的內容，而每次變更只會耗時 $O(\log n)$；相較之下，採用 prefix 陣列方法時，每次變更底層陣列，prefix 陣列就必須加上 $O(n)$ 的步驟來維持同步。

也許你會好奇，區段樹是否只適用於，當底層陣列的元素在程式執行期間維持不變。例如在「建立樹堆」中，樹堆的節點永遠不變，所以我們的區段樹永遠不會跟儲存在陣列中的東西脫節。確實，很多區段樹的問題都有這樣的特徵：一個要被查詢但不會變更的陣列。不過，區段樹有一個超讚附加特性是，它可以在允許底層陣列變更的情況下使用；題目三會示範如何做到這一點，同時也會展示前面沒看過的新查詢類型。

題目三：二元素和 *Two Sum*

這次的題目並沒有情境——只是純粹的區段樹問題。你將看到，我們需要支援陣列的更新，而且所需要的查詢跟區間最大值查詢是不一樣的。

這是 SPOJ 題號 KGSS。

題目

題目提供我們一個整數序列 $a[1],a[2],...,a[n]$，其中每個整數至少為 0（把這個序列視作從索引 1 開始的陣列，而不是索引 0）。

我們需要支援序列上的兩種操作：

更新（update）　給予整數 x 和 y，把 $a[x]$ 變成 y。

查詢（query）　給予整數 x 和 y，傳回從 $a[x]$ 到 $a[y]$ 範圍中兩個元素的最大和。

輸入

輸入包含一個測試案例，其包含了下面幾行：

- 一行包含了整數 n，表示序列中的元素數目。整數 n 介於 2 到 100,000 之間。

- 一行包含了 n 個整數，從 $a[1]$ 到 $a[n]$ 依序給出序列中的元素。每一個整數至少為 0。

- 一行包含了整數 q，表示要在序列上執行的操作次數。整數 q 介於 0 到 100,000 之間。

- q 行，每一行表示一個要在序列上執行的更新或查詢操作。

在 q 行中可能出現的操作包括：

- 更新操作的指定格式為：字母 U、一個空格、一個整數 x、一個空格、一個整數 y。它指示 $a[x]$ 應該變更為 y；例如，U 1 4 代表 $a[1]$ 必須從當前的數值變更為 4。整數 x 介於 1 到 n 之間，而 y 至少為 0。這項操作不會導致任何的輸出。

- 查詢操作的指定格式為：字母 Q、一個空格、一個整數 x、一個空格、一個整數 y。它指示應該輸出 $a[x]$ 到 $a[y]$ 範圍內兩個元素的最大和[譯註]；例如，Q 1 4 要求 $a[1]$ 到 $a[4]$ 範圍中兩個元素的最大和。整數 x 和 y 介於 1 到 n 之間，而 x 小於 y。

輸出

將每一次查詢操作的結果輸出，每次一行。

解決測試案例的時間限制為 一秒鐘。

填寫區段樹

在「建立樹堆」一節，我們需要區段樹傳回索引，好刻劃出遞迴過程並分割樹堆節點。然而在這次的問題中，不需要把索引存在區段樹中。我們只關心元素的和，不在乎這些元素的索引。

我們會像在「將區段初始化」中相同的做法初始化區段樹中的區段；這一次需要讓區段從索引 1 開始覆蓋陣列而非索引 0，除此之外，沒有什麼新的東西。圖 7-19 展示了支援七個元素之陣列的區段樹；它覆蓋了索引 1 到 7（不是 0 到 6）以呼應題目的規格。

[譯註] 原本的題目描述中更精確指明，是兩個「不同索引」的元素之最大和；如果沒有明確指出這一點，那麼答案直接是區間內最大元素的兩倍，如此一來本題目就沒有看頭了。

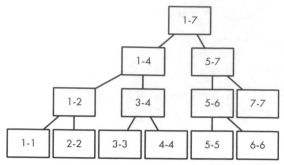

圖 7-19：具有七個元素之陣列的區段樹。

現在讓我們思考一下要如何填寫每個節點，使得它們具有其區段中的最大二元素和。假設已經找到了節點 1-2 的最大二元素和以及節點 3-4 的最大二元素和，而我們想找出節點 1-4 的最大二元素和，那麼要怎麼做呢？

當時解決 RMQ 的時候情況很單純，因為一個節點的最大值就是其子節點的最大值；例如，如果左子樹的最大值為 10 而右子樹的最大值為 6，那麼它們的父節點最大值就是 10，很正常嘛。

相較之下，在這個「最大二元素和」的區段樹中，會發生一些奇怪的事。

假設有這四個序列元素：10、8、6、15。區段 1-2 中的最大二元素和為 18，而區段 3-4 的最大二元素和為 21。請問，區段 1-4 的答案應該是 18 還是 21？兩者皆非！真正的答案是 10 + 15 = 25。如果我們只知道左邊有 18 而右邊有 21，不可能會想出 25 的答案。我們需要左右子節點再多提供一些其區段的資訊——不是只有「嘿，這就是我的最大二元素和」。

我要表明，有時候只傳回各個子節點的最大二元素和**確實**已經足夠。考慮這個序列：10、8、6、4；區段 1-2 的最大二元素和為 18，區段 3-4 的最大二元素和為 10，而區段 1-4 的最大二元素和為 18，剛好是其子區段 1-2 的答案——但這只是運氣好！

一個區段的最大二元素和最多只有三種可能（如果一個節點的子節點沒有一個合法的最大二元素和，那麼選項會少於三個），分別為：

選項一　最大和在左邊的子節點中，跟上面運氣好的情況一樣。此種情況下答案是從左子節點得到。

選項二　最大和在右邊的子節點中。這是另一種幸運情況，此種情況下答案是右子節點告訴我們的。

選項三　最大和包含左子節點的一個元素和右子節點的一個元素。這會需要較多處理工作，因為答案不是兩個子節點的最大二元素合之一。而這就是需要子節點提供更多資訊的情況。

如果某個區段的最大二元素和是由一個左邊的元素和一個右邊的元素組成，那麼它必定使用了左邊的最大元素及右邊的最大元素。再次看一下序列 10、8、6、15，這裡的最大和，就是使用一個左邊元素（10）和一個右邊元素（15）的例子。注意，這兩個分別是左邊的最大元素以及右邊的最大元素。不可能從兩邊各取一個元素加起來比這個值還大。

此時，我們知道區段樹節點需要告訴我們什麼了：除了外界關切的東西——最大二元素和——之外，我們還需它本身的最大元素。把資訊結合起來後，這兩項子區段的資訊就能告訴我們父區段要填寫的資訊了。

圖 7-20 展示了一個為陣列建立的區段樹範例。注意：每個節點都包含了 maxsum（最大二元素和）和 maxelm（最大元素）兩項資訊。

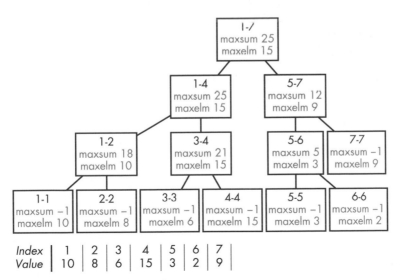

圖 7-20：區段樹以及對應的陣列。

我們已經知道要怎麼計算每一個節點的最大元素：就是在「建立樹堆」中解決的 RMQ 問題。

如此一來，只剩下每一個節點的最大和。首先，將一個單一元素元素的區段之節點（例如 1-1、2-2 等等）的最大和設定為特殊值 −1。之所以要這樣做，是因為這些區段裡面根本沒有兩個元素可以選取！−1 的值提醒了我們，其父節點的最大和不可能是子節點的最大和。

而其他節點的最大和則是根據其子節點的最大和來設定的。考慮節點 1-7，它的最大和有三種選項：我們可以使用左邊的最大和 25，或是使用右邊的最大和 12，又或者取左邊的最大元素 15 及右邊的最大元素 9 得到 15 + 9 = 24。在這三個值當中，25 最大，因此我們選擇它。

我們把假 −1 的最大和當成特殊情況，以強調那種數值不可能作為父節點的最大和選項。接下來的程式碼，請特別留意這部分。

我們將使用一個結構來當作區段樹的節點：

```
typedef struct segtree_node {
  int left, right;
  int max_sum, max_element;
} segtree_node;
```

用另外一個結構作為 fill_segtree 與 query_segtree 函數傳回的結果：

```
typedef struct node_info {
  int max_sum, max_element;
} node_info;
```

我們需要 node_info 以同時傳回最大和以及最大元素；如果不使用結構，只傳回一個整數是不夠的。

清單 7-19 中給出了計算每一個節點最大和及最大元素的程式碼。

```
int max(int v1, int v2) {
  if (v1 > v2)
    return v1;
  else
    return v2;
}
```

```
node_info fill_segtree(segtree_node segtree[], int node,
                       int seq[]) {
  node_info left_info, right_info;

❶ if (segtree[node].left == segtree[node].right) {
    segtree[node].max_sum = -1;
    segtree[node].max_element = seq[segtree[node].left];
  ❷ return (node_info){segtree[node].max_sum, segtree[node].max_element};
  }

❸ left_info = fill_segtree(segtree, node * 2, seq);
  right_info = fill_segtree(segtree, node * 2 + 1, seq);

❹ segtree[node].max_element = max(left_info.max_element,
                                  right_info.max_element);

❺ if (left_info.max_sum == -1 && right_info.max_sum == -1)
  ❻ segtree[node].max_sum = left_info.max_element +
                            right_info.max_element;

❼ else if (left_info.max_sum == -1)
    segtree[node].max_sum = max(left_info.max_element +
                                right_info.max_element,
                                right_info.max_sum);

❽ else if (right_info.max_sum == -1)
    segtree[node].max_sum = max(left_info.max_element +
                                right_info.max_element,
                                left_info.max_sum);

  else
  ❾ segtree[node].max_sum = max(left_info.max_element +
                                right_info.max_element,
                                max(left_info.max_sum, right_info.max_sum));
  return (node_info){segtree[node].max_sum, segtree[node].max_element};
}
```

清單 7-19：加總最大和以及最大元素

　　當區段中只包含了一個元素，就是屬於基本情況 ❶。我們將最大和設為 -1 的特殊值，表示這裡沒有合法的二元素和，並且將最大元素設定為區段中唯一的元素，然後傳回最大和與最大元素 ❷。

　　否則就會是遞迴情況；我使用 left_info 來存放左區段的資訊，並用 right_info 存放右區段的資訊。這兩個變數會用一次遞迴呼叫來初始化 ❸。

如同前面討論過，區段中的最大元素，就是左區段的最大元素和右區段的最大元素中之最大值 ❹。

接著考慮最大二元素和。如果兩個子節點都沒有最大和 ❺，我們就會知道兩個子節點的區段都只有一個元素，因此父節點的區段中只有兩個元素，而把這兩個加起來是最大二元素和的唯一選項 ❻。

再來，如果左子節點只有一個元素、右子節點不只一個元素呢 ❼？此時父節點的最大和會有兩種選項：第一個選項是把兩半當中的最大元素相加，第二個是直接取右區段中的最大和。我們使用 max 來選取兩者中的較大值。右子節點只有一個元素而左子節點不只一個元素的情況也是類似的 ❽。

最後一種情況是當兩個子節點都有不只一個元素 ❾。此時有三種選項：把兩半的最大元素相加，取左邊的最大和，或取右邊的最大和。

查詢區段樹

我們辛苦填寫區段資訊，現在就要在查詢區段樹的程式碼中得到回報了。見清單 7-20。

```
node_info query_segtree(segtree_node segtree[], int node,
                        int seq[], int left, int right) {
  node_info left_info, right_info, ret_info;

❶ if (right < segtree[node].left || left > segtree[node].right)
    return (node_info){-1, -1};

❷ if (left <= segtree[node].left && segtree[node].right <= right)
    return (node_info){segtree[node].max_sum, segtree[node].max_element};

  left_info = query_segtree(segtree, node * 2, seq, left, right);
  right_info = query_segtree(segtree, node * 2 + 1, seq, left, right);

  if (left_info.max_element == -1)
    return right_info;
  if (right_info.max_element == -1)
    return left_info;

  ret_info.max_element = max(left_info.max_element,
                             right_info.max_element);

  if (left_info.max_sum == -1 && right_info.max_sum == -1) {
```

```
        ret_info.max_sum = left_info.max_element + right_info.max_element;
        return ret_info;
    }

    else if (left_info.max_sum == -1) {
        ret_info.max_sum = max(left_info.max_element +
                                right_info.max_element,
                            right_info.max_sum);
        return ret_info;
    }

    else if (right_info.max_sum == -1) {
        ret_info.max_sum = max(left_info.max_element +
                                right_info.max_element,
                            left_info.max_sum);
        return ret_info;
    }

    else {
        ret_info.max_sum = max(left_info.max_element +
                                right_info.max_element,
                            max(left_info.max_sum, right_info.max_sum));
        return ret_info;
    }
}
```

清單 7-20：查詢區段樹

這個程式碼的結構跟清單 7-16 中的 RMQ 程式碼是相似的。如果一個節點的區段跟查詢範圍沒有交集，就傳回一個結構，其最大和以及最大元素都是 -1 ❶。我們可以使用特殊值 -1 來表示遞迴呼叫沒有可用的資訊。

如果一個節點的區段完全落在查詢區間內 ❷，就傳回該節點的最大和以及最大元素。

最後，如果節點的區段和查詢區間部分重疊，就遵循清單 7-19 填寫區段資訊時的相同邏輯即可。

更新區段樹

當一個陣列元素更新時，我們必須調整區段樹來維持同步；否則區段樹上的查詢會使用舊有的陣列元素，可能導致與目前陣列不符的結果。

一個選項是從頭開始，忽略任何已經存在於樹中的資訊。藉由每次陣列元素更新時，重新執行清單 7-19 來達成；這樣肯定會讓區段樹恢復成最新狀態，所以正確性並不是個問題。

但效率卻會是個問題！重建區段樹會花上 $O(n)$ 的時間，進行一串 q 次的更新操作而沒有任何查詢操作，就會影響到程式碼的效能。那樣會迫使 n 的工作量執行了 q 次，因而導致 $O(nq)$ 的效能表現。特別是當你考慮完全不使用區段樹的話更新成本會更糟：原本更新是常數時間的陣列操作！我們沒本錢用線性時間代替常數時間。但是，卻**可以**用對數時間代替常數時間，因為對數時間非常接近常數時間。

要擺脫線性時間工作量的方法是，需意識到陣列中一個元素更新時，只有少數的區段樹節點需要更新；若為了單一更新而把整個樹拆掉重建是過度反應。

讓我用個例子來解釋一下。再次看到圖 7-20：

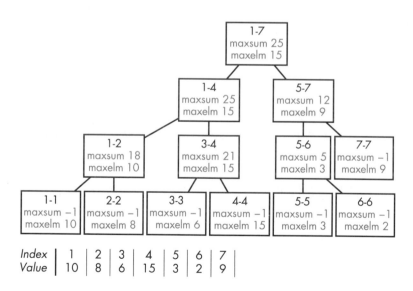

現在想像一下，下一個操作為 U 4 1，表示序列的索引 4 應該要變更為數值 1（本來的 15 就不見了）。新的區段樹和陣列如圖 7-21 所示。

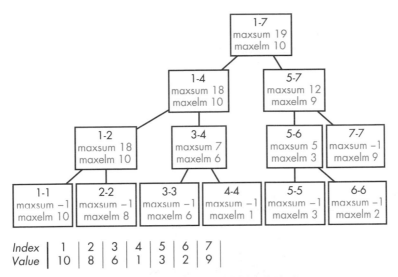

圖 7-21：執行完一項陣列更新後的區段樹與對應的陣列。

　　注意，只有四個節點改變了。節點 4-4 當然必須改變，因為該區段唯一的元素改變了。不過這項改變的衝擊不會太遠：其他會改變的節點只有 4-4 的祖先[譯註]，因為那些區段中只有這些節點包含索引 4！確實，在這個例子中，你可以確認其他改變的節點就是這三個祖先 3-4、1-4 和 1-7。於是最差的情況下，會從樹的葉節點走到根節點，一路沿著該路徑更新節點。由於樹的高度為 $O(\log n)$，這條路徑就有 $O(\log n)$ 個節點。

　　只要我們不浪費時間去遞迴處理區段樹中不相關的部分，最終就是做了 $O(\log n)$ 次更新動作；見清單 7-21 的程式碼。

```
node_info update_segtree(segtree_node segtree[], int node,
                         int seq[], int index) {
  segtree_node left_node, right_node;
  node_info left_info, right_info;

❶ if (segtree[node].left == segtree[node].right) {
    segtree[node].max_element = seq[index];
    return (node_info) {segtree[node].max_sum, segtree[node].max_element};
  }

  left_node = segtree[node * 2];
  right_node = segtree[node * 2 + 1];
```

[譯註] 祖先（ancestor）顧名思義是子孫的相對概念，即一個節點的父節點往上一直到根節點的集合。

```
❷ if (index <= left_node.right ) {
  ❸ left_info = update_segtree(segtree, node * 2, seq, index);
  ❹ right_info = (node_info){right_node.max_sum, right_node.max_element};
  } else {
    right_info = update_segtree(segtree, node * 2 + 1, seq, index);
    left_info = (node_info){left_node.max_sum, left_node.max_element};
  }

  segtree[node].max_element = max(left_info.max_element,
                                 right_info.max_element);

  if (left_info.max_sum == -1 && right_info.max_sum == -1)
    segtree[node].max_sum = left_info.max_element +
                            right_info.max_element;

  else if (left_info.max_sum == -1)
    segtree[node].max_sum = max(left_info.max_element +
                                right_info.max_element,
                                right_info.max_sum);

  else if (right_info.max_sum == -1)
    segtree[node].max_sum = max(left_info.max_element +
                                right_info.max_element,
                                left_info.max_sum);

  else
    segtree[node].max_sum = max(left_info.max_element +
                                right_info.max_element,
                                max(left_info.max_sum, right_info.max_sum));
  return (node_info) {segtree[node].max_sum, segtree[node].max_element};
}
```

清單 7-21：更新區段樹

　　此函數是設計成在陣列中給定索引 index 的元素更新**之後**呼叫的。每次呼叫這個函數時都必須確認 node 是包含了 index 的區段樹之根節點。

　　我們的基本情況是，當區段只包含一個元素 ❶。除非 index 在節點的區段中，否則永遠不會進行遞迴呼叫，所以我們知道這個區段恰好包含了想要的索引值。因此將這個節點的 max_element 更新為目前存在 seq[index] 中的值。不要更新 max_sum：讓它維持 -1，因為這個區段還是只有一個元素。

　　現在，假設不是基本情況。面對一個節點，我們知道其中恰好有一個索引 index 是更新過的，因此絕對沒有理由進行**兩次**遞迴呼叫，因為這個節點只

有一個子節點包含更新過的元素。如果 index 在左子節點中，就要對左子節點進行遞迴呼叫以更新左子樹；如果 index 在右子節點中，就對右子節點進行遞迴呼叫以更新右子樹。

為了判斷哪一個子節點有包含 index，我們將它和左子節點的右端索引比較：如果 index 出現在左子節點的區段結束之前 ❷，我們就需要對左邊進行遞迴呼叫；否則就對右邊進行遞迴呼叫。

我們多談一點對左邊進行遞迴呼叫的情況 ❸；在 else 分支中對右邊做遞迴呼叫是類似的情況。遞迴呼叫會更新左子樹並傳回更新區段之資訊，而對於右子樹，只繼承它原本的資訊 ❹ ──那裡沒有更新，所以一切維持不變。

其餘的程式碼都和清單 7-19 相似。

main 函數

我們現在準備好用這個強化過的區段樹來解問題；清單 7-22 給出了 main 函數的程式碼。

```
#define MAX_SEQ 100000

int main(void) {
  static int seq[MAX_SEQ + 1];
  static segtree_node segtree[MAX_SEQ * 4 + 1];
  int num_seq, num_ops, i, op, x, y;
  char c;
  scanf("%d", &num_seq);
  for (i = 1; i <= num_seq; i++)
    scanf("%d", &seq[i]);
  init_segtree(segtree, 1, 1, num_seq);
  fill_segtree(segtree, 1, seq);
  scanf("%d", &num_ops);
  for (op = 0; op < num_ops; op++) {
    scanf(" %c%d%d ", &c, &x, &y);
❶   if (c == 'U') {
      seq[x] = y;
      update_segtree(segtree, 1, seq, x);
❷   } else {
      printf("%d\n", query_segtree(segtree, 1, seq, x, y).max_sum);
    }
  }
  return 0;
}
```

清單 7-22：讀取輸入並解決問題的 main 函數

這裡唯一需要強調的是處理操作的邏輯：如果下一個操作是更新操作 ❶，我們更新陣列元素然後更新區段樹；否則，下一個操作就是查詢操作 ❷，用查詢區段樹來回應。

　　該提交程式碼了。解題系統會很喜歡這個快速的區段樹解法。

總結

在本章中，我們研究了如何實作與應用堆積和區段樹。如同其他有用的資料結構，這些資料結構也支援少數幾種高效率的操作。資料結構本身就能解決問題的情況並不常見；更典型的情況是，你已經有了一個速度還可以的演算法，而資料結構幫助你讓它變得更快。例如，我們在第五章中實作的 Dijkstra 演算法已經很不錯了，但加入一個最小堆積可以讓它更好。

　　每當你在反覆執行同類型的操作，就應該找機會使用資料結構來強化你的演算法。你在搜尋陣列中的特定元素嗎？那就該用雜湊表。你試著找出最大或最小值？堆積可以派上用場。你要查詢陣列的區段嗎？那麼用區段樹吧。若要判斷兩個元素是否在同一個集合中呢？這個嘛，你就要看下一章才知道了！

筆記

「超市促銷」原出自 2000 年波蘭資訊奧林匹亞第三階段；「建立樹堆」原出自 2004 年烏爾姆大學區域賽；「二元素和」原出自 2009 年 Kurukshetra 線上程式設計大賽。

　　更多關於區段樹與其他資料結構的知識，我會推薦 Matt Fontaine 的《Algorithms Live!》系列影片（請至 http://algorithms-live.blogspot.com）；Matt 的區段樹影片給了我明確儲存 left 和 right 區段索引到每個節點的想法（大部分你在外面看到的區段樹程式碼都沒有這樣做，而是把那些索引當作函數參數來到處傳遞）。

8

聯集尋找

在第四章與第五章，我們使用了相鄰串列資料結構——及其演算法——來解決圖論問題。那是很有效率的資料結構，而且不管是什麼圖論問題都適用。然而，如果我們縮限了想要解決的問題類型，就可以設計出更有效率的資料結構。如果問題只縮限一點點，基本上沒有比相鄰串列更好的解決方法；要是縮限得太多，沒什麼人會用我們的資料結構，因為沒辦法解決他們關心的問題。縮限若恰到好處，就會得到聯集尋找（union-find）資料結構，也就是本章的主題。它能夠解決圖論問題——不是全部，而是其中一些；而對於能解決的那些問題，它確實比通用的圖論資料結構快得多。

諸如持續追蹤社群網路上的社群、管理朋友群組和敵人群組、將物品放到特定的抽屜中，這些都是圖論問題的類型。重要的是，它們都是特殊圖論問題，只要利用聯集尋找就能高速地解決。我們開始吧！

問題一：社群網路 *Social Network*

這是 SPOJ 題號 SOCNETC。

問題

你要寫一個程式來追蹤社群網路上的人們和社群。

一共有 n 個人，編號為 $1, 2, \ldots, n$。

一個**社群**（**community**）指的是一個人加上那個人的朋友、他的朋友的朋友、他的朋友的朋友的朋友，依此類推。例如，如果 1 號和 4 號是朋友，4 號和 5 號是朋友，那麼社群就包括了 1、4、5 三個人。在相同社群中的人彼此為朋友。

每個人一開始都自成一個社群；隨著朋友關係的產生，他的社群會逐漸加大。

你的程式必須支援三項操作：

Add（增加）　讓兩個指定的人成為朋友。當這項操作發生時，若這兩個人之前不在同一個社群，則他們會被放入一個相同（且較大）的社群中。

Examine（檢查）　回報兩個指定的人是否在同一個社群中。

Size（大小）　回報指定的人所屬的社群總人數。

你的程式將會在資源有限的電腦上執行，因此有一個參數 m 指定了社群中的人數上限。任何會導致社群人數超過 m 的 Add 操作，都應該將它忽略。

輸入

輸入包含了一個測試案例，其包含以下幾行：

- 一行包含了整數 n 及整數 m，n 表示社群網路的人數，m 表示社群允許的人數上限。n 和 m 都介於 1 到 100,000 之間。

- 一行包含了整數 q，指出要進行的操作數目，介於 1 到 200,000 之間。

- q 行，每一行為一項操作。

q 行的每一項操作為下列其中一個選項：

- 「Add」操作以 A x y 的型式表示，其中 x 和 y 為兩個人。

- 「Examine」操作以 E x y 的型式表示，其中 x 和 y 為兩個人。

- 「Size」操作以 S x 的型式表示，其中 x 是一個人。

輸出

Add 操作不需要輸出，Examine 操作與 Size 操作會各自輸出一行。

- 對於 Examine 操作，如果兩人在同一個社群中就輸出 Yes，否則輸出 No。

- 對於 Size 操作，輸出此人所在社群的人數。

解決測試案例的時間限制為 0.5 秒內。

用圖來模擬

在第四章與第五章，我們花了很多篇幅練習如何把問題用「圖形探索」的框架來表示。我們想出要用什麼當作節點、用什麼當作邊，然後使用 BFS 或 Dijkstra 演算法來探索圖。

我們可以用類似方法把社群網路建立成圖；節點就是社群網路中的人，如果測試案例告訴我們 x 跟 y 是朋友，就在 x 和 y 之間加入一條邊。這個圖會是無向的，因為兩人之間的朋友關係是相互的。

和我們在第四章和第五章解決的問題相比，一個關鍵差異在於，社群網路的圖是動態的。每次我們對兩個還不是朋友的人進行了增加操作，就會加入一條新的邊到圖中。對照一下第四章的「書籍翻譯」問題，當時我們一開始就知道所有的語言和譯者，所以可以建立圖一次，不用再做更新。

讓我們用一個測試案例來展示圖建立的過程，並觀察如何利用圖幫助我們實作這三種必要操作（增加、檢查、大小）。測試案例如下：

7 6
11
A 1 4
A 4 5

```
A 3 6
E 1 5
E 2 5
A 1 5
A 2 5
A 4 3
S 4
A 7 6
S 4
```

一開始有七個人，沒有任何朋友連結關係，像這樣：

A 1 4操作使得 1 號和 4 號成為朋友，所以我們在這兩個節點間加上一條邊：

接著 A 4 5操作對 4 號和 5 號做了類似的事：

對於 A 3 6則會產生：

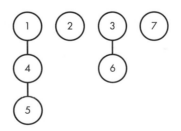

下一項操作為 E 1 5，也就是檢查 1 號和 5 號是否在同一個社群。這個圖替我們回答了：如果有一條路徑從節點 1 連到節點 5（或是從節點 5 連到節點 1），表示他們在同一個社群，否則就不是。在這個例子中，他們確實在同一個社群：節點 1 到節點 5 的路徑，是從節點 1 到節點 4 再到節點 5。

下一項操作為 E 2 5。沒有節點 2 到節點 5 的路徑，所以這兩個人不在同一個社群。

接著我們有 A 1 5 操作，它會在節點 1 和 5 間添加一條邊（注意看，我們穿插使用圖的查詢操作和圖的修改操作），結果如下：

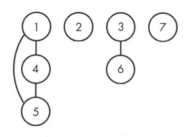

Add 的這條邊造成了一個迴路，因為它在已經屬於同一個社群的兩個人之間加上一個朋友關係連結。因此，這條新的邊不會對社群的數目或大小造成任何影響。我們大可忽略它——不過我打算在這裡保留所有准許的朋友關係連結。

現在來看 A 2 5，它合併了兩個社群：

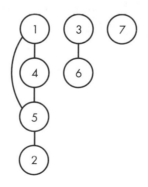

然後是 A 4 3，再次合併了兩個社群：

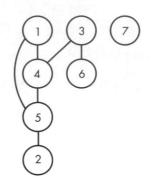

我們遇到了第一個 Size 操作：S 4。有多少人在 4 號的社群中？這個問題等於是判斷從節點 4 能夠到達的節點數目。這樣的節點一共有六個，唯一無法到達的節點為節點 7，因此答案是 6。

再來，考慮 A 7 6。我們需要在節點 7 和 6 之間添加一條邊…等等！這條邊會造成一個具有全部七個人的新社群，但是測試案例強迫任何社群的人數上限為六人，所以我們必須忽略這次的增加操作。

基於這個理由，最後一次操作 S 4 的答案會跟之前一樣：6。

這個例子展示了實作這三個操作所需要的東西。對於 Add，我們要在圖中加上一條新的邊，除非那條邊會製造人數過多的社群。對於 Examine，我們要判斷兩個節點之間是否有一條路徑，或者說，是否可以從一個節點到達另一個節點；這部分可以用 BFS 來完成！對於 Size，我們需要確定從給定節點可以到達的節點數目；這裡可以再次用 BFS 來完成！

解答一：BFS

我們分成兩步驟來完成這個基於圖的解答。首先，我會呈現處理那些操作的 main 函數，並在過程中把圖逐步建立；然後，我會展示 BFS 的程式碼。

main 函數

首先我們需要一個常數和一個結構：

```
#define MAX_PEOPLE 100000

typedef struct edge {
  int to_person;
  struct edge *next;
} edge;
```

清單 8-1 給出了 main 函數。它讀取了輸入，並藉由逐步建立圖和查詢圖來回應操作。

```
int main(void) {
  static edge *adj_list[MAX_PEOPLE + 1] = {NULL};
  static int min_moves[MAX_PEOPLE + 1];
  int num_people, num_community, num_ops, i;
  char op;
  int person1, person2;
  edge *e;
  int size1, size2, same_community;
  scanf("%d%d", &num_people, &num_community);
  scanf("%d", &num_ops);

  for (i = 0; i < num_ops; i++) {
    scanf(" %c", &op);

❶   if (op ==  'A') {
      scanf("%d%d", &person1, &person2);
❷     find_distances(adj_list, person1, num_people, min_moves);
❸     size1 = size(num_people, min_moves);
      same_community = 0;
❹     if (min_moves[person2] != -1)
        same_community = 1;
❺     find_distances(adj_list, person2, num_people, min_moves);
❻     size2 = size(num_people, min_moves);
❼     if (same_community || size1 + size2 <= num_community) {
        e = malloc(sizeof(edge));
        if (e == NULL) {
          fprintf(stderr, "malloc error\n");
          exit(1);
        }
        e->to_person = person2;
        e->next = adj_list[person1];
        adj_list[person1] = e;
        e = malloc(sizeof(edge));
```

```
        if (e == NULL) {
          fprintf(stderr, "malloc error\n");
          exit(1);
        }
        e->to_person = person1;
        e->next = adj_list[person2];
        adj_list[person2] = e;
      }
    }

❽  else if (op ==  'E') {
      scanf("%d%d", &person1, &person2);
      find_distances(adj_list, person1, num_people, min_moves);
      if (min_moves[person2] != -1)
        printf("Yes\n");
      else
        printf("No\n");
    }

❾  else {
      scanf("%d", &person1);
      find_distances(adj_list, person1, num_people, min_moves);
      printf("%d\n", size(num_people, min_moves));
    }
  }
  return 0;
}
```

清單 8-1：處理操作的 main 函數

跟第四章「書籍翻譯」以及第五章的問題一樣,我們會用相鄰串列來表示圖。

　　我們來看看程式碼如何處理三種類型的操作,先從 Add 開始 ❶。我們呼叫了輔助函數 find_distance ❷,很快會看到,這個函數實作了 BFS:它將圖中從 person1 到每一個人的最短距離填寫到 min_moves 中,如果有無法到達的人則填入 -1 的值。然後呼叫輔助函數 size ❸,它使用了 min_moves 中的距離資訊來判斷 person1 的社群大小。接著判斷 person1 和 person2 是否在同一個社群:如果 person2 可從 person1 到達,那麼他們就在同一個社群中 ❹。我們需要使用這項資訊來判斷是否要加入邊:如果兩人已經在同一個社群中了,可以放心加上這條邊,不用擔心會製造出違反最大人數限制的社群。

找出 person1 的社群大小後，我們對 person2 的社群做一樣的事：首先對 person2 調用 BFS ❺，然後計算社群的大小 ❻。

此時，如果沒有產生新的社群或者新的社群夠小 ❼，就將邊加入圖中。事實上，我們會加入兩條邊，記得，這個圖是無向的。

另外兩項操作就比較簡單了。對於 Examine ❽，我們執行 BFS 並檢查是否可以從 person1 到達 person2；對於 Size ❾，執行 BFS 然後計算從 person1 可以到達的節點數目。

BFS 的程式碼

這裡需要的 BFS 程式碼跟我們在第四章中解決「書籍翻譯」時寫的 BFS 程式碼非常相似，除了沒有書籍翻譯成本之外。請看清單 8-2。

```
void add_position(int from_person, int to_person,
                  int new_positions[], int *num_new_positions,
                  int min_moves[]) {
  if (min_moves[to_person] == -1) {
    min_moves[to_person] = 1 + min_moves[from_person];
    new_positions[*num_new_positions] = to_person;
    (*num_new_positions)++;
  }
}

void find_distances(edge *adj_list[], int person, int num_people,
                    int min_moves[]) {
  static int cur_positions[MAX_PEOPLE + 1], new_positions[MAX_PEOPLE + 1];
  int num_cur_positions, num_new_positions;
  int i, from_person;
  edge *e;
  for (i = 1; i <= num_people; i++)
    min_moves[i] = -1;
  min_moves[person] = 0;
  cur_positions[0] = person;
  num_cur_positions = 1;

  while (num_cur_positions > 0) {
    num_new_positions = 0;
    for (i = 0; i < num_cur_positions; i++) {
      from_person = cur_positions[i];
      e = adj_list[from_person];

      while (e) {
```

```
            add_position(from_person, e->to_person,
                         new_positions, &num_new_positions, min_moves);
            e = e->next;
        }
    }

    num_cur_positions = num_new_positions;
    for (i = 0; i < num_cur_positions; i++)
      cur_positions[i] = new_positions[i];
  }
}
```

清單 8-2：使用 BFS 來求出人與人的最小距離

社群的大小

最後要寫的一個小輔助函數是 size，它會傳回給定對象所在社群的人數，參見清單 8-3。

```
int size(int num_people, int min_moves[]) {
  int i, total = 0;
  for (i = 1; i <= num_people; i++)
    if (min_moves[i] != -1)
      total++;
  return total;
}
```

清單 8-3：一個人的社群之大小

在這個函數中，假設 min_moves 已經被 find_distance 填寫完畢，因此任何 min_moves 值不是 -1 的人就是可以到達的。我們用 total 來加總這些可以到達的人。

這樣就完成了：一個基於圖的解答。對於每一個 *q* 操作，執行一次 BFS。最差的情況下，每次操作都會加上一條邊到圖中，而每次 BFS 呼叫的工作量最多會跟 *q* 成正比，因此我們有了一個 $O(q^2)$ 或者說平方時間演算法。

在第四章中，我曾經提醒過一個重點，不要執行太多次 BFS。如果能夠達到目的，最好只執行一次。少數幾次呼叫也還行，畢竟我們在解決「騎士追逐」（第 144 頁）時也對每一個小兵位置都進行一次 BFS 呼叫。第五章的 Dijkstra 演算法也是類似的概念：盡可能減少呼叫次數。再次聲明，少量的呼叫沒關係。我們解決「老鼠迷宮」時（第 196 頁）使用了大概 100 次呼叫的

Dijkstra 演算法，而程式依然夠快。到目前為止，我們還沒有因為不刻意節省圖的搜尋而受到什麼損失。

可是現在發生了。如果你提交這個解答給解題系統，會得到「超過時間限制」的錯誤——而且根本連邊都沾不上。我在筆電上嘗試一個例子，一個有 100,000 人的社群網路，並且進行了 200,000 次操作，那些操作平均地分配至增加、檢查與大小三個操作上，結果我們這個基於圖的解答超過兩分鐘才執行完。接下來你將學到一個叫作聯集尋找的新資料結構，對於同樣的例子，它的執行速度會是 300 倍快。是真的！聯集尋找是一個效能怪物。

聯集尋找

基於兩個理由，在圖上執行 BFS 並不是「社群網路」問題的理想解決方案。首先，它產生太多資訊！它判斷出人與人之間的最短路徑；例如，它可能會告訴我們 1 號和 5 號之間的最短路徑距離為二，但是誰在乎？我們只想知道兩個人是不是在同一個社群而已，至於他們是怎麼變成同一個社群、以及他們之間的朋友鍊為何，我們一點都不感興趣。

其次，它記住的資訊太少！——或者該說，它根本什麼都沒記住：BFS 每次呼叫都是從頭開始。請想想這是多麼浪費的事；例如，一個 Add 操作只會在圖中添加一條邊，因此社群跟之前的樣子並不會差到哪裡去，但 BFS 完全沒有使用到過去的資訊，而是把整個圖在下一次操作中重新處理一遍。

所以，目標就是設計一個資料結構，讓它不要記住關於最短路徑的任何資訊，並且在新的朋友關係建立時只需要做少量的工作。

各種操作

Add 操作會把兩個社群合併為一（如果產生的社群太大或者兩個人已經在同一個社群，Add 操作不會做任何事情，不過如果它有做事的話，就會是合併兩個社群）。在演算法的世界，這種類型的操作稱為**聯集**（union）。一般來說，一次聯集會把兩個集合用一個包含所有元素的更大集合來取代。

Examine 操作會告訴我們，兩個給定對象是否在同一個社群。一種實作的方法是，從每一個社群中指派一個元素作為該社群的**代表**元素。例如，有 1 號、4 號和 5 號的社群可能用 4 號作為代表；有 3 號和 6 號的社群可能用 3 號

作為代表。請問，1 號和 5 號是在同一個社群中嗎？是的，因為 1 號的社群之代表（4）跟五號的社群之代表（4）是一樣的。那 4 號跟 6 號在同一個社群中嗎？不是，因為 4 號的社群之代表（4）跟六號的社群之代表（3）是不同的。

判斷一個人所處社群之代表，稱之為**尋找**（find）操作。我們可以用兩次尋找來實作 Examine 操作：找出第一個人的社群代表，找出第二個人的社群代表，然後進行比較。

所以 Add 是一種聯集操作，而 Examine 是一種尋找操作。實作了這兩種操作的資料結構就稱為**聯集尋找**（union-find）資料結構。

一旦完成了聯集操作和尋找操作，就可以支援 Size 操作了；只要儲存每個社群的大小，確保這些大小在我們執行聯集操作的時候保持最新狀態，然後就可以對 Size 操作直接用適當的社群大小來回應了。

以陣列為基礎的方法

一種想法是，使用陣列 community_of 指出每個人的社群代表。例如，若 1、2、4、5 號在同一個社群，3、6 號在同一個社群，而 7 號自成一個社群，那麼陣列可能會像這樣：

Index	1	2	3	4	5	6	7
Value	5	5	6	5	5	6	7

對於只有一個人的社群，其代表是沒得選的，因此 7 號的代表就是 7。在有多人的社群，代表可以是該社群的任何一個人。

利用這種方法，我們可以在常數時間內實作尋找。我們只需要查看指定者的對應代表，就像這樣：

```
int find(int person, int community_of[]) {
    return community_of[person];
}
```

不可能有更好的方法！

不幸的是，當我們實作聯集的時候，這個方案就行不通了。唯一的辦法就是把一個社群的全部代表都換成另一個社群的代表，程式碼看起來會像這樣：

```
void union_communities(int person1, int person2,
                       int community_of[], int num_people) {
  int community1, community2, i;
  community1 = find(person1, community_of);
  community2 = find(person2, community_of);
  for (i = 1; i <= num_people; i++) {
    if (community_of[i] == community1)
      community_of[i] = community2;
}
```

我在這裡忽略了社群網路的社群大小最大限制，以免迷失焦點。這個程式碼使用了 find 來將 community1 和 community2 分別設為 person1 和 person2 的社群代表，然後執行迴圈遍歷所有的人，把屬於 community1 的人都變成 community2。其效果是 community1 會消失、被 community2 吸收了。

如果你照著我這裡給出的程式碼打造完整的解答並提交，應該還是會得到「超過時間限制」的錯誤，我們需要一個比遍歷全部的人更好的方法來聯集兩個社群。

以樹為基礎的方法

最有效率的聯集尋找資料結構是以樹為基礎。每一個集合均以其各自的樹來表示，而樹的根節點就是該集合的代表。讓我用圖 8-1 的例子說明這是怎麼運作的。

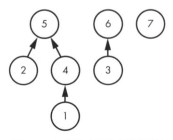

圖 8-1：以樹為基礎的聯集尋找結構。

這裡有三個樹，所以有三個不同社群：一個有 1、2、4、5 號，一個有 3、6 號，一個有 7 號。每個樹的根節點── 5、6、7 號──為其社群代表。

我用子節點指向父節點的箭頭繪製樹的邊；本書到目前為止還沒有這樣做過。之所以現在要這樣繪製，是為了強調如何在這些樹上移動。當我描述如何在樹上支援尋找和聯集的操作時，我們將會看到需要沿樹往上移動（從子節點到父節點），但永遠不會往下。

先從尋找開始。給定一個人，我們需要傳回這個人的代表；可以藉由沿著適當的樹往上移動直到抵達其根元素。例如，來找找圖 8-1 中 1 號的代表。由於 1 號不是根節點，所以我們移至 1 號的父節點（4 號）；4 號也不是根節點，所以我們移至 4 號的父節點（5 號）；5 號是根節點，表示已經完成：5 號就是 1 號的代表。

拿這個樹上移動法跟「以陣列為基礎的做法」一節可行的方法進行比較；我們並不是只用一個步驟查看代表，而是必須往上移動找到根節點。這樣聽起來很冒險──如果樹非常高的話怎麼辦？不過，我們很快就會發現這種擔心根本不必要，因為我們有辦法掌控樹的高度。

再來談談聯集。給定兩個人，我們想合併這兩人的樹。就正確性的角度來說，如何將兩棵樹合在一起是無關緊要的；然而，在尋找操作的上下文有提到過，保持樹的高度小會比較好。如果我們把一個樹插到另一個樹底下，可能會不必要地增加樹的高度；為了避免這個問題，我們把一個樹直接插入另一個樹的根節點之下。從圖 8-2 可以看到這個概念，其中我將根節點為 5 的樹合併到根節點為 6 的樹之下。

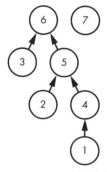

圖 8-2：做完聯集後以樹為基礎的聯集尋找結構。

我選擇讓 6 號作為合併樹的根節點。當然，也可以選擇 5 作為合併樹的根節點（預告一下：為什麼 5 是比較好的選擇？討論到聯集尋找的最佳化就會知道了）。

現在我們已經準備好對「社群網路」問題設計一個聯集尋找解決方案。

解答二：聯集尋找

在第七章我們已經討論過堆積和區段樹，因此你應該不會感到意外，我們準備把聯集尋找資料結構儲存在陣列中！

聯集尋找的樹未必是二元樹，因為它們的節點可能有任意個子節點，所以我們沒辦法像第七章那樣透過乘除以 2 在樹上移動。不過幸好，我們只需要支援從子節點到父節點的移動方式，用一個陣列把給定節點映射到其父節點就可以了。我們可以用 parent 陣列來完成，其中 parent[i] 為節點 i 的父節點。

回想圖 8-1，其中有三個社群：一個為 1、2、4、5 號，一個為 3、6 號，一個只有 7 號。對應於該圖的 parent 陣列如下：

$$\text{Value} \quad \begin{array}{c|c|c|c|c|c|c} 1 & 2 & 3 & 4 & 5 & 6 & 7 \\ 4 & 5 & 6 & 5 & 5 & 6 & 7 \end{array}$$

如果我們想找出 1 號的社群代表呢？索引 1 的值為 4，也就是說 4 號是 1 號的父節點；索引 4 的值為 5，也就是說 5 號是 4 號的父節點；索引 5 的值為 5，代表 5 號是…5 號的父節點！當然不是！每當 parent[i] 的值與 i 相同，代表我們抵達了樹的根節點（另一種區分根節點的常用手法是使用 -1 的值，因為不會跟合法的陣列索引混淆。我在本書中不會這樣用，不過你可能會在其他找到的程式碼中看到這種用法）。

main 函數

現在準備好要寫程式碼了。我們從清單 8-4 中給出的 main 函數開始（比清單 8-1 簡短多了。一般來說，聯集尋找的程式碼都很緊湊）。

```
int main(void) {
❶ static int parent[MAX_PEOPLE + 1], size[MAX_PEOPLE + 1];
  int num_people, num_community, num_ops, i;
  char op;
  int person1, person2;
  scanf("%d%d", &num_people, &num_community);
❷ for (i = 1; i <= num_people; i++) {
    parent[i] = i;
    size[i] = 1;
  }
  scanf("%d", &num_ops);

  for (i = 0; i < num_ops; i++) {
    scanf(" %c", &op);

    if (op == 'A') {
      scanf("%d%d", &person1, &person2);
❸    union_communities(person1, person2, parent, size, num_community);
    }

    else if (op == 'E') {
      scanf("%d%d", &person1, &person2);
❹    if (find(person1, parent) == find(person2, parent))
        printf("Yes\n");
      else
        printf("No\n");
    }

    else {
      scanf("%d", &person1);
❺    printf("%d\n", size[find(person1, parent)]);
    }
  }
  return 0;
}
```

清單 8-4：處理操作的 main 函數

　　除了我已經描述過的 parent 陣列之外，這裡還包含了一個 size 陣列 ❶。對於每一個代表 i，size[i] 給出其社群的人數。永遠不要用非代表的人來查看一個社群大小，一旦某人不是代表，我們就不會繼續更新 size 值。

　　接著用一個迴圈來初始化 parent 和 size ❷。對於 parent，我們讓每個人都是自己的代表，以呼應每個人自成一個集合的這件事。由於每個集合都只有一個人，我們將每個 size 的值設為 1。

為實作 Add，呼叫輔助函數 union_communities❶。它會在符合 num_community 的大小限制之下對 person1 和 person2 的社群進行聯集；我們很快就會看到這個程式碼。

為實作 Examine，我們呼叫兩次 find❹。如果它們傳回相同的值，表示這兩個人在同一個社群，否則就不屬於同一個社群。

最後實作 Size 操作，我們使用 size 陣列查看一個人的集合代表對應的值 ❺。

接下來我將提供 find 與 union_communities 的實作，如此一來就完成了。

尋找函數

函數 find 接受一個人作為參數，並傳回此人的代表；見清單 8-5。

```
int find(int person, int parent[]) {
  int community = person;
  while (parent[community] != community)
    community = parent[community];
  return community;
}
```

清單 8-5：find 函數

其中 while 迴圈持續沿著樹往上移動，直到找到根節點為止。根節點的人就是社群的代表，所以傳回它。

聯集函數

函數 union_communities 除了 parent 陣列、size 陣列跟 num_community 的條件限制之外，還接受兩個人作為參數，並且合併他們的兩個社群（我很想把這個函數叫作 union，但這是不被允許的，因為 union 是 C 語言的保留字）。該程式碼請見清單 8-6。

```
void union_communities(int person1, int person2, int parent[],
                       int size[], int num_community) {
  int community1, community2;
❶ community1 = find(person1, parent);
❷ community2 = find(person2, parent);
  if (community1 != community2 &&
```

```
        size[community1] + size[community2] <= num_community) {
❸  parent[community1] = community2;
❹  size[community2] = size[community2] + size[community1];
    }
}
```

清單 8-6：函數 union_communities

　　首先我們找出這兩個人的社群代表 ❶❷。要執行聯集必須滿足兩個條件：其一，這兩個社群必須是不同的；其二，這兩個社群的大小總和不能超過允許的社群大小上限。如果兩個條件都通過，就執行聯集操作。

　　我選擇將 community1 併入 community2 當中；這代表 community1 將消失，而 community2 會吸收 community1。為了促成此結果，我們必須適度修改 parent 和 size。

　　在聯集之前，community1 是一個社群的根節點，但現在我們希望 community1 的父節點變成 community2。我們確實就是這麼做的 ❸！代表為 community1 的任何一個人，現在的代表都變成 community2。

　　至於 size，現在 community2 除了原本的人，還繼承了從 community1 來的人，因此其大小會是原本大小加上 community1 的大小 ❹。

　　就這樣！儘管提交這個解答至解題系統吧，它應該會在時間限制內通過所有測試案例。

　　不過，我反倒希望它不要順利通過時間限制——因為我還有兩個聯集尋找最佳化的王牌，真的很想教給你們啊。

　　那就來吧！對這道題目來說可能大材小用，但它們的加速效果是如此強大，以至於本章後面都會套用到，此後也不用再擔心時間限制了。

最佳化一：依大小聯集

我們的聯集尋找解法通常執行速度很快，不過也有可能被刻意設計的測試案例導致變成龜速。最糟的測試案例會長得像這樣：

```
7 7
7
A 1 2
```

```
A 2 3
A 3 4
A 4 5
A 5 6
A 6 7
E 1 2
```

首先合併 1 號和 2 號的社群，然後將合併社群跟 3 號的社群合併，再將其結果跟 4 號的社群合併，依此類推。在六次聯集之後，會得到圖 8-3 所展示的樹。

圖 8-3：以樹為基礎的聯集尋找結構的一個糟糕情況。

這裡有一串節點，很不幸，尋找和聯集可能會需要遍歷整串節點。例如，E 1 2 會對 1 號和 2 號調用尋找操作，而這兩次操作都拜訪了幾乎所有節點。當然，七個節點的鍊很小，但我們可以複製這個聯集的模式去產生任何長度的大長鍊，如此就能迫使尋找和聯集操作花費線性時間；當有 q 次操作時，我們可以迫使基於樹的聯集尋找演算法花費 $O(q^2)$ 的時間。這就表示，在最差的情況下，基於樹的解答理論上並沒有比 BFS 解答好。實務上它還是比 BFS 要好，因為大部分的測試案例都不會產生長長的節點鍊⋯不過有些測試案例可能會！

等一下！我們幹嘛接受這些過分苛刻的測試案例霸凌、產生出這麼糟的樹？我們又不在乎聯集尋找資料結構長怎樣；特別是每當要進行聯集操作，我們可以選擇哪一個舊代表要作為聯集社群的代表。與其總是把第一個社群併入到第二個，我們反而應該慎選以產生最好的樹。比較圖 8-3 的混亂情況跟圖 8-4 的理想狀態。

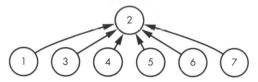

圖 8-4：經過最佳化、以樹為基礎的聯集尋找資料結構。

根節點為 2 號，且其餘的每個人都只與他距離一條邊。無論接下來要做聯集還是尋找，都能夠很有效率地執行它。

我們的程式碼要如何才能不產生圖 8-3 而是圖 8-4 ？這種最佳化稱為**依大小聯集（union by size）**；每當要對兩個社群進行聯集，把人數較少的社群併入人數較多的社群。

在剛才討論過的測試案例中，我們先進行 A 1 2。這兩個社群各有一個人，所以不管留哪一個都沒差，就保留 2 號的社群吧。現在 2 號社群有兩個人：一個是原本的人、另一個來自 1 號社群。為了執行 A 2 3，我們比較 2 號社群和 3 號社群的大小（分別為 2 和 1）並保留 2 號社群，因為它比 3 號社群大。如此一來 2 號社群有 3 個人了。那麼 A 3 4 呢？它會再把一個人加到 2 號社群中。照這樣繼續下去，一個接一個吸收到 2 號社群中。

依大小聯集確實把最差的測試案例解決掉了，但還有一些測試案例的樹需要花一點功夫才能從節點爬到根節點。這裡有一個例子：

```
9 9
9
A 1 2
A 3 4
A 5 6
A 7 8
A 8 9
A 2 4
A 6 8
```

依大小聯集會導致圖 8-5 的結果。

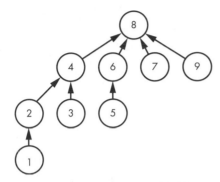

圖 8-5：依大小聯集的一個糟糕情況。

雖然有一些節點是直接連在根節點下，但有些節點離得比較遠（其中最差的是節點 1）。不過樹還算平衡，而且絕對比使用「依大小聯集」最佳化前看到的那個長節點鍊好得多。

我接下來要論證的是，利用大小聯集的樹最高高度為 $O(\log n)$，其中 n 為總人數。這表示聯集或尋找會花上 $O(\log n)$ 的時間，因為尋找操作就是沿著樹往上遍歷，而聯集操作只是兩次尋找再加上改變一個父節點。

我們選擇一個任意節點 x，並且思考 x 與其根節點之間的邊數能夠增加多少次。當 x 的社群吸收了另一個社群，x 與其根節點之間的邊數不會改變，因為其社群的根節點還是跟之前一樣。然而，當 x 的社群被另外一個社群吸收，x 和新的根節點之間的邊數就會比之前要多了一條：從 x 到新的根節點的路徑會是原本（到舊的根節點）的路徑再加上一條連至新的根節點的邊。

因此，得到了 x 與其根節點之間的邊數上限，等同於確定了 x 的社群能夠被另一個社群吸收的最大次數。

假設 x 處於大小為四的社群中。它可以被大小為二的社群吸收嗎？不可能！記得，我們現在用的是依大小聯集，因此 x 的社群可以被另一個社群吸收的唯一可能就是，另一個社群人小至少跟 x 的社群一樣人。在這個例子中，另一個社群大小必須是四以上，因此會從大小為四的社群變成大小至少為 4 +

4 = 4×2 = 8 的社群；也就是說，每當 x 的社群被另一個社群吸收，社群大小至少會變成兩倍。

　　一開始 x 的社群大小只有一，社群被吸收之後會處於大小至少為二的社群中。再被吸收一次，就是處於大小至少為四的社群中；再被吸收一次，就處於一個大小至少為八的社群中。這樣的加倍不能無止盡繼續下去，最晚等到 x 的社群包含了全部 n 個人的時候就必須停止。從一開始，我們要加倍幾次才能到達 n？答案是 log n，而這就是為什麼任何節點到根節點的邊數限制在 log n 內。

　　利用「依大小聯集」可以將線性執行時間減少為對數執行時間；更棒的是，不需要太多新的程式碼就能實作此最佳化。事實上，對於「社群網路」問題來說，我們已經在維護社群的大小——可以直接使用這些大小來決定哪一個社群要被另一個吸收。清單 8-7 展示了新的程式碼，將它跟清單 8-6 比較，以確定我們的做法跟之前幾乎一樣！

```
void union_communities(int person1, int person2, int parent[],
                       int size[], int num_community) {
  int community1, community2, temp;
  community1 = find(person1, parent);
  community2 = find(person2, parent);
  if (community1 != community2 &&
      size[community1] + size[community2] <= num_community) {
❶ if (size[community1] > size[community2]) {
      temp = community1;
      community1 = community2;
      community2 = temp;
    }
❷ parent[community1] = community2;
    size[community2] = size[community2] + size[community1];
  }
}
```

清單 8-7：使用「依大小聯集」的 union_communities 函數

　　預設情況下，程式碼會選擇用 community2 吸收 community1；當 community2 大於等於 community1 的大小時這樣做是對的；如果 community1 大於 community2❶，我們就將 community1 和 community2 對調。之後，community2 保證會是比較大的社群，我們就可以繼續將 community1 併入 community2 中 ❷。

最佳化二：路徑壓縮

讓我們再試一次產生圖 8-5 的測試案例，不過這次我們建立樹之後就一直給它相同的 Examine 操作：

```
9 9
1 3
A 1 2
A 3 4
A 5 6
A 7 8
A 8 9
A 2 4
A 6 8
A 4 8
E 1 5
E 1 5
E 1 5
E 1 5
E 1 5
```

　　這個 E 1 5 的操作很慢，每一次都要執行漫長的遍歷以到達根節點，例如，若要找出 1 號的代表，我們要從節點 1 到節點 2 到節點 4 到節點 8，進而得知節點 1 的代表是節點 8；接著對 5 號做類似遍歷，但這些知識是短暫的，因為我們沒有在任何地方記錄它們。每一次 E 1 5 操作都會重做一遍尋找 1 號和 5 號的工作，只為了重新找出上一次的結果。

　　這裡有另一個機會可以藉由控制樹的結構來獲益。請記得，樹的特定形狀本身並不重要：唯一重要的是相同社群的人都在同一個樹裡面。因此，一旦判斷出某人的社群根節點，大可把這個人移動到根節點的子節點。在這個過程中，乾脆也把這個人的祖先全部移到根節點底下。

　　再次考慮圖 8-5，並假設我們接著執行了 E 1 5。如果只使用了「依大小聯集」的最佳化，那麼這次的 Examine 操作（如同任何的 Examine 操作）不會改變樹的結構。不過，來看如果使用稱為**路徑壓縮（path compression）**的最佳化會發生什麼事；結果如圖 8-6 所示：

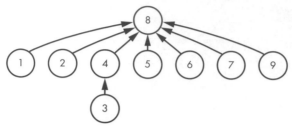

圖 8-6：路徑壓縮的例子。

很棒對吧？「尋找節點 1」讓節點 1 和 2 變成根節點的子節點，而「尋找節點 5」讓節點 5 變成根節點的子節點。一般來說，路徑壓縮會把路徑上的每一個點都變成根節點的子節點，因而尋找任何一個節點就會變得極度快速。

為了在 find 函數中實作路徑壓縮，我們可以從給定的節點向上進行兩次遍歷直到根節點：第一次是找出樹的根節點，這跟任何 find 函數的遍歷相同；第二次遍歷則要確保沿著路徑的每一個點都把父節點改成根節點了。清單 8-8 實作了這個新程式碼。將它和清單 8-5 做比較，以觀察第二次的遍歷有什麼不同。

```
int find(int person, int parent[]) {
  int community = person, temp;
❶ while (parent[community] != community)
    community = parent[community];
❷ while (parent[person] != community) {
    temp = parent[person];
    parent[person] = community;
    person = temp;
  }
  return community;
}
```

清單 8-8：實作了路徑壓縮的 find 函數

這個程式碼是分成兩個階段來執行。第一階段為第一個 while 迴圈 ❶，其結果會讓 community 存放社群的代表（即根節點）。有了代表之後，在第二個 while 迴圈 ❷ 所代表的第二階段中，我們重新從 person 沿著路徑來到樹的根節點之下，並把每個節點的 parent 更新成樹的根節點。temp 變數是用來儲存當前節點的原始父節點；那樣做，即使把當前節點改成樹的根節點，我們還是可以移動到當前節點的舊父節點。

同時使用「依大小聯集」和「路徑壓縮」，單一聯集或尋找操作還是有可能花上 $O(\log n)$ 的時間；然而，如果考慮所有的聯集和尋找操作，那麼每一次操作的平均時間雖然嚴格說起來並不是常數，但基本上是常數時間。這裡的執行時間分析是基於名為**反 Ackermann 函數**（inverse Ackermann function）的函數，而該函數的成長速度超級無敵慢。我不會在這裡定義反 Ackermann 函數或是展示它如何在執行時間分析中產生，但我想讓你有點概念，明白這個結果到底有多強。

對數函數的成長也很慢，所以我們就從這裡開始吧。把一個很大的數目取對數會得到一個非常小的數目；例如 log 1,000,000,000 取對數大約只有 30。然而，log 並不是常數：選取一個夠大的 n 值，$\log n$ 要多大就有多大。

反 Ackermann 函數也一樣不是常數，但跟 log 函數不同的是，你在實務上永遠不會得到 30 這樣的值。你把 n 設多大都行，甚至可以大到電腦所能表示的最大數目，但其反 Ackermann 函數值頂多會是 4。你可以這樣想：使用了依大小聯集和路徑壓縮的聯集尋找結構，平均每次操作只要四個步驟就能完成！

聯集尋找

對於以聯集和尋找為主要操作的圖論問題來說，聯集尋找資料結構大幅加快了解決方案。這對於第四章和第五章要計算節點之間距離的問題不會有幫助，不過一旦聯集尋找結構能夠派上用場，相鄰串列和圖論搜尋相形之下便顯得太過複雜而且速度太慢。

關聯：三個需求

聯集尋找是用於處理一系列物件，其中每個物件一開始都自成一個集合。從頭到尾，同一個集合中的物件都是等價的，無論這個「等價」在要解的問題中代表什麼意思。例如，在「社群網路」問題中，同一個集合（社群）中的人都是等價的，代表他們都是朋友。

聯集尋找需要這些物件之間的關聯滿足三個準則。首先，物件一定要和自己相關；以「社群網路」中的朋友關係來說，這表示每個人都是自己的朋友。一個滿足這種準則的關係就稱為**反身**（reflexive）關係。

其次，這個關係必須沒有方向性：不可能 x 是 y 的朋友、同時 y 又不是 x 的朋友。滿足這個準則的關係稱為**對稱（symmetric）**關係。

第三，這個關係必須可以串聯：如果 x 是 y 的朋友而 y 是 z 的朋友，那麼 x 就是 z 的朋友。滿足這個準則的關係稱為**遞移（transitive）**關係[譯註]。

如果任何一個準則未滿足，那麼我們所討論的聯集操作就破功了。例如，假設有一種朋友關係不滿足遞移性；我們知道 x 是 y 的朋友，但不知道 x 的朋友是否也是 y 的朋友，這樣就沒辦法合理地將 x 的社群和 y 的社群合併，因為那樣一來可能會把實際上不是朋友的人放到同一個集合中。

一個滿足反身、對稱和遞移的關係，稱為**等價關係（equivalence relation）**。

選擇聯集尋找

當我們要判斷是否聯集尋找適用的時候，可以這樣問：我需要在物件之間維持什麼樣的關聯？它是否具有反身、對稱和遞移關係？如果是，而且主要的操作可以對應到「尋找」和「聯集」的話，那麼你就該考慮用聯集尋找作為可行的解題策略了。

每個聯集尋找問題的背後都有一個對應的圖論問題，可以用（但比較沒效率）相鄰串列和圖搜尋來建立問題的模型。跟我們在「社群網路」問題中的做法不同，本章後面的問題不會用建立圖的方式來解決。

最佳化

我介紹了兩種聯集尋找最佳化方法：依大小聯集以及路徑壓縮。它們提供了對於糟糕測試案例的保護力，而且不管什麼測試案例一般來說都能提升效能。它們各自都只需要幾行的程式碼，所以我會建議你只要能用就用。

[譯註]　相信各位讀者都注意到了，這是這一道題目比較特別的設定；現實中，一般認知的「朋友關係」是不會有遞移性的：y 分別和 x 與 z 為好友但是 x 跟 z 交惡、把 y 夾在中間，這絕對有可能。如果題目可以改成「同班關係」的話，則在現實認知中就是自動具備遞移性。

不過「能用就用」並不等於「永遠使用」。很不幸地，有些聯集尋找問題並不適用。我還沒遇過任何題目是不能使用路徑壓縮的，但是有時候我們需要記住集合被合併的順序，而在這些情況中我們無法使用依大小聯集來交換樹的根節點。你會在題目三看到一個無法使用依大小聯集的例子。

題目二：朋友與敵人 *Friends and Enemies*

　　你可能會擔心，唯一能夠支援的 Add 操作就只有「社群網路」問題中用的那種：例如，x 和 y 是朋友、x 和 y 上同一所學校、x 和 y 住在同一個城市之類的。但其實我們還可以支援其他類型的 Add 資訊，即 x 和 y **不是**朋友。這就有趣了，它說的並不是 x 和 y 在同一個集合中，而是它們**不在**同一個集合中。這樣一來聯集尋找要怎麼運作？繼續往下看吧！

　　這是 UVa 題號 10158。

問題

　　有兩個國家正在打仗。你獲准參加兩國之間的和平會議，在會議中你可以聽兩個人之間的談話。會議有 n 個人，編號 $0, 1, \cdots, n-1$。一開始，你並不知道哪些人是朋友（同一國的公民）或敵人（敵對國的公民），你的任務是記錄哪些人是朋友、哪些是敵人，並且根據你目前所知去回答一些查詢。

　　你必須支援四種操作：

SetFriends（設定朋友）	紀錄兩個給定的人是朋友。
SetEnemies（設定敵人）	紀錄兩個給定的人是敵人。
AreFriends（是朋友）	回報你是否確定兩個給定的人是朋友。
AreEnemies（是敵人）	回報你是否確定兩個給定的人是敵人。

　　朋友關係是一種等價關係：它具有反身（x 是 x 的朋友）、對稱（如果 x 是 y 的朋友，則 y 是 x 的朋友）和遞移（如果 x 是 y 的朋友且 y 是 x 的朋友，則 x 是 z 的朋友）特性。

敵對關係則不是一種等價關係。它具有對稱關係：如果 x 是 y 的敵人，則 y 是 x 的敵人；然而，它既不具備反身關係也不具備遞移關係。

關於朋友關係與敵對關係，我們還需要多一點資訊：假設 x 有朋友也有敵人，y 也有朋友和敵人，而且我們被告知 x 和 y 是敵人。我們可以從中知道什麼？能夠直接確定 x 和 y 是敵人——但不只如此。我們還可以斷定，x 的敵人都是 y 及其朋友的朋友（假設甲和乙是敵人、丙和丁是朋友，我們被告知甲和丙是敵人。那麼我們可以斷定乙是丙和丁的朋友）。用類似的思維我們可以斷定，y 的敵人都是 x 及其朋友的朋友。用一句格言來形容就是：敵人的敵人就是朋友。

輸入

輸入包含了一個測試案例，由下列幾行組成：

- 一行包含了整數 n，表示參加會議的總人數。整數 n 小於 10,000。
- 零或多行，每一行為一項操作。
- 一行包含了三個整數，其中第一個為 0。表示測試案例的結束。

每一行的操作都有相同的格式：一個操作代碼，後面跟著兩個人（x 和 y）。

- SetFriends 操作的格式為 1 x y。
- SetEnemies 操作的格式為 2 x y。
- AreFriends 操作的格式為 3 x y。
- AreEnemies 操作的格式為 4 x y。

輸出

每一項操作都會輸出自己的一行。

- 如果一個 SetFriends 操作成功了，就不會產生輸出。如果它和已知資訊有衝突，就輸出 -1 並且忽略這項操作。
- 如果一個 SetEnemies 操作成功了，就不會產生輸出。如果它和已知資訊有衝突，就輸出 -1 並且忽略這項操作。

- 對於 AreFriends 操作，如果兩個人已知為朋友就輸出 1，否則輸出 0。
- 對於 AreEnemies 操作，如果兩個人已知為敵人就輸出 1，否則輸出 0。

解決測試案例的時間限制為三秒鐘。

擴充：敵人

如果我們只需要應付 SetFriends 和 AreFriends 的操作，那麼可以像解決「社群網路」問題那樣直接套用聯集尋找，將每個朋友群組維持一個集合。就像「社群網路」中的 Add 操作那樣，SetFriends 會實作為一個聯集，並把兩個朋友集合合併成一個較大的集合；就像「社群網路」中的 Examine 操作，AreFriends 將實作為對兩個人各執行一次尋找操作，以判斷他們是否在同一個集合當中。

我們先來解決只有這兩個操作的問題…說真的，你知道嗎？我有把握你能夠獨力解決這個有條件限定的問題，用不著我再教你什麼。不過我倒是可以解釋整合 SetFriends 和 AreEnemies 操作的技巧。

擴充聯集尋找

擴充（augment）資料結構指的是，在該資料結構中儲存額外的資訊以支援新的或更快的操作。在聯集尋找中維持每個集合的大小就是擴充的例子：你不需要它也能實作該資料結構，但是有了它，就能快速回報集合大小並採用「依大小聯集」。

當一個既有的資料結構**幾乎**能夠做到你想要的，你就應該考慮進行擴充。關鍵在於辨視出能夠加入想要的功能又不會明顯拖累其他操作的合適擴充。

我們已經有了支援 SetFriends 和 AreFriends 操作的聯集尋找資料結構了。它維持每個節點的父節點以及每個集合的大小，我們會擴充這個資料結構以支援 SetEnemies 和 AreEnemies 操作。尤有甚者，這樣做並不會影響到 SetFriends 和 AddFriends 操作的速度。

假設我們被告知 x 和 y 是敵人。從題目的描述，我們知道需要聯集 x 的集合與 y 的敵人，並且聯集 y 的集合與 x 的敵人。誰是 y 的敵人？誰是 x 的敵

人？用標準的聯集尋找資料結構的話，我們是不會知道的。這就是為什麼必須擴充聯集尋找資料結構。

除了每個節點的父節點以及每個集合的大小之外，我們也會持續追蹤每個集合的一個敵人，並將這些敵人儲存在一個叫 enemy_of 的陣列中。假設 s 是某個集合的代表：如果該集合沒有敵人，就把 enemy_of[s] 設成一個不會跟人混淆的特殊值；但如果該集合有一個或一個以上的敵人，那麼 enemy_of[s] 則會給出其中一個。

沒錯：其中**一個**，而不是**全部**。知道每個集合中的一個敵人就已經足夠了，因為我們可以用那一個敵人找出他所屬集合中每個人的代表。

讓我們來用兩個測試案例練習一下，它們會讓我們準備好應付後面的實作。請理解，我將呈現的圖解純粹是示意用，並非精確對應到實作時會做的事。特別是，我不會在圖解中使用「依大小聯集」和「路徑壓縮」，但我們會把這些最佳化放到實作裡以增進效能。

測試案例一

回想一下，SetFriends 的操作代碼為 1、而 SetEnemies 的代碼為 2。

這是我們的第一個測試案例：

```
         9
         1 0 1
         1 1 2
         1 3 4
         1 5 6
❶        2 1 7
❷        2 5 8
❸        1 2 5
         0 0 0
```

前四個操作為 SetFriends 操作；還沒有人有任何敵人，所以這些操作就跟「社群網路」問題中的 Add 操作方式一樣。圖 8-7 顯示出完成這些操作之後的資料結構狀態。

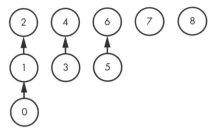

圖 8-7：經過四次 SetFriends 操作後的資料結構。

接著我們有了第一個 SetEnemies 操作 ❶，它指出 1 號和 7 號是敵人。這表示 1 號集合中的每一個人都是 7 號集合中每一個人的敵人。為了將它整合至資料結構中，我們在這兩個集合的根節點之間加上連結：從 2 號（1 號集合的根節點）到 7 號的連結，以及從 7 號（7 號集合的根節點）到 1 號的連結（你也可以把後者改成從 7 號到 2 號的連結，一樣可行）。這個操作的結果如圖 8-8 所示。在此圖和後續的圖，敵人連結會用虛線表示；在我們的實作中，敵人連結則會以剛才提到的 enemy_of 陣列呈現。

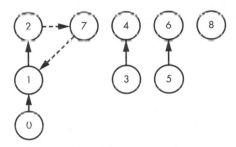

圖 8-8：在一次 SetEnemies 操作後的資料結構。

我們的下一個操作是 5 號和 8 號之間的 SetEnemies 操作 ❷，執行了這次操作後可能會導致圖 8-9 的樣子。

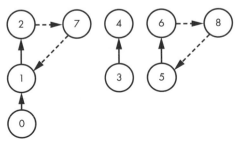

圖 8-9：在另一次 SetEnemies 操作後的資料結構。

現在到了關鍵時刻：最後一次操作 ❸，它表示 2 號和 5 號是朋友。這會把 2 號的集合和 5 號的集合合併成一個更大的朋友集合，如我們所希望的一樣。驚人的是，或許我們也會將兩個敵人集合合併起來。準確來說，我們把 2 號的敵人集合和 5 號的敵人集合合併。畢竟如果我們知道兩個人是同一國的，那麼他們各自的敵人集合一定都是另外一國。執行了這兩項聯集操作後的結果如圖 8-10 所示。

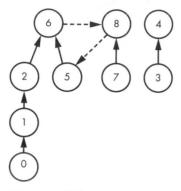

圖 8-10：最後一次 SetFriends 操作後的資料結構。

之所以我沒有畫出 2 號到 7 號和 7 號到 1 號的敵人連結，是因為我們只會維護根節點的敵人連結。一旦一個節點不再是根節點，我們就不會再次使用它來找出敵人了。

從這個測試案例中可以學到兩個重點：集合的根節點會儲存它的一個敵人，以及 SetFriends 操作需要兩次的聯集，不是一次。現在，當一個集合已經有敵人、而這個集合又涉及了一次 SetEnemies 操作，我們要怎麼做？這就是下一個測試案例的重點。

測試案例二

我們的第二個測試案例跟第一個的差別只在最後一次操作：

```
9
1 0 1
1 1 2
1 3 4
1 5 6
2 1 7
2 5 8
```

在最後一次操作之前，資料結構跟圖 8-9 繪製的樣子是一樣的。最後一次操作 ❶ 現在不是 SetFriends 了、而是 SetEnemies 操作。2 號的集合已經有一個敵人，而現在它有了來自 5 號集合的新敵人，因此我們需要將 2 號的敵人跟 5 號的集合合併。類似的概念，5 號的集合已經有一個敵人，現在又有來自 2 號集合的新敵人，所以我們需要將 5 號的敵人和 2 號的集合合併。

這兩次聯集操作的結果如圖 8-11 所示。

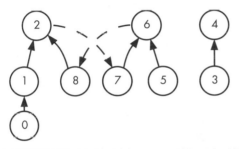

圖 8-11：最後一次 SetEnemies 操作後的資料結構。

有了這些基礎，我們可以準備實作了！

main 函數

我們先從 main 函數開始，如清單 8-9 所示。它會讀取輸入並且對我們支援的四種操作各呼叫一個輔助函數。

```c
#define MAX_PEOPLE 9999

int main(void) {
  static int parent[MAX_PEOPLE], size[MAX_PEOPLE];
  static int enemy_of[MAX_PEOPLE];
  int num_people, i;
  int op, person1, person2;
  scanf("%d", &num_people);
  for (i = 0; i < num_people; i++) {
    parent[i] = i;
    size[i] = 1;
❶ enemy_of[i] = -1;
  }
```

```
    scanf("%d%d%d", &op, &person1, &person2);

  while (op != 0) {
❷ if (op == 1)
      if (are_enemies(person1, person2, parent, enemy_of))
        printf("-1\n");
      else
        set_friends(person1, person2, parent, size, enemy_of);

❸ else if (op == 2)
      if (are_friends(person1, person2, parent))
        printf("-1\n");
      else
        set_enemies(person1, person2, parent, size, enemy_of);

❹ else if (op == 3)
      if (are_friends(person1, person2, parent))
        printf("1\n");
      else
        printf("0\n");

❺ else if (op == 4)
      if (are_enemies(person1, person2, parent, enemy_of))
        printf("1\n");
      else
        printf("0\n");

    scanf("%d%d%d", &op, &person1, &person2);
  }
  return 0;
}
```

清單 8-9：處理操作的 main 函數

注意，在初始化過程中，將 enemy_of 的各個數值設為 -1 ❶，我們用這個特殊值來表示「沒有敵人」。

為了實作 SetFriends❷，我們先檢查給定的兩個人是否已知為敵人；如果是就輸出 -1，如果不是就呼叫 set_friends 輔助函數。SetEnemies 的實作 ❸ 也是類似的模式。至於 AreFriends❹ 和 AreEnemies❺，呼叫一個輔助函數來判斷狀況的真偽，並且根據結果輸出 1 或 0。

尋找和聯集

我將在此呈現尋找和聯集的函數;我們的輔助函數 SetFriends、SetEnemies、AreFriends 和 AreEnemies 都會呼叫到它們。尋找函數在清單 8-10 中給出,聯集函數在清單 8-11 中給出。在執行尋找時進行路徑壓縮、在執行聯集時依大小聯集?沒錯!

```
int find(int person, int parent[]) {
  int set = person, temp;
  while (parent[set] != set)
    set = parent[set];
  while (parent[person] != set) {
    temp = parent[person];
    parent[person] = set;
    person = temp;
  }
  return set;
}
```

清單 8-10:find 函數

```
int union_sets(int person1, int person2, int parent[],
               int size[]) {
  int set1, set2, temp;
  set1 = find(person1, parent);
  set2 = find(person2, parent);
  if (set1 != set2) {
    if (size[set1] > size[set2]) {
      temp = set1;
      set1 = set2;
      set2 = temp;
    }
    parent[set1] = set2;
    size[set2] = size[set2] + size[set1];
  }
❶ return set2;
}
```

清單 8-11:union_sets 函數

　　聯集函數倒是有一個特色是之前的聯集程式碼所沒有的:它會傳回結果集合的代表 ❶。我們接下來看 SetFriends 操作,你就會看到在那裡使用了這個傳回值。

SetFriends 與 SetEnemies

SetFriends 操作的實作程式碼參見清單 8-12。

```
void set_friends(int person1, int person2, int parent[],
                 int size[], int enemy_of[]) {
  int set1, set2, bigger_set, other_set;
❶ set1 = find(person1, parent);
❷ set2 = find(person2, parent);
❸ bigger_set - union_sets(person1, person2, parent, size);
❹ if (enemy_of[set1] != -1 && enemy_of[set2] != -1)
❺   union_sets(enemy_of[set1], enemy_of[set2], parent, size);
❻ if (bigger_set == set1)
     other_set = set2;
   else
     other_set = set1;
❼ if (enemy_of[bigger_set] == -1)
     enemy_of[bigger_set] = enemy_of[other_set];
}
```

清單 8-12：記錄兩個人為朋友

　　一開始我們判斷了兩個人的代表：set1 是 person1 的代表 ❶ 而 set2 是 person2 的代表 ❷。既然這兩個集合的人現在彼此應該是朋友，我們就將他們合併成一個較大的集合 ❸。將 union_sets 的傳回值儲存在 bigger_set 中；等一下會用到。

　　現在我們已經將 person1 的集合和 person2 的集合聯集在一起，但還沒完，因為──記得在「測試案例一」提到過──我們可能還需要聯集一些敵人。具體來說，如果 set1 有敵人且 set2 也有敵人，那麼我們就需要將這些敵人聯集成一個較大的集合。這就是程式碼所做的事：如果兩個集合都有敵人 ❹，將這些敵人集合聯集起來 ❺。

　　我們不禁會想，到這裡算完成了；我們已經執行完畢要求的朋友聯集與敵人聯集──還有什麼沒做的？想像一下 set1 有一些敵人、而 set2 沒有敵人，因此 set2 的代表之 enemy_of 值會是 -1。也許最後是 set1 被併入 set2 中，使得 set2 變成較大的集合。如果我們這樣就收工而沒有再做其他事情，set2 是無法找出它的敵人的！這是因為 set2 的代表之 enemy_of 值仍然是 -1 ──但這是錯的，因為 set2 如今**確實**有敵人。

在程式碼中處理此問題的方法如下。我們已經有了 bigger_set，它指出哪一個集合——set1 或 set2——會是合併後的集合。使用一個 if-else 陳述式將 other_set 設定為另外一個集合 ❻：如果 bigger_set 是 set1，那麼 other_set 就會是 set2，反之亦然。如果 bigger_set 沒有敵人 ❼，我們從 other_set 將敵人連結複製過來。其結果為，如果 set1 或 set2 有敵人或兩者皆有敵人，那麼 bigger_set 保證能找出它的敵人。

再來看 SetEnemies；請看清單 8-13。

```
void set_enemies(int person1, int person2, int parent[],
                 int size[], int enemy_of[]) {
  int set1, set2, enemy;
  set1 - find(person1, parent);
  set2 = find(person2, parent);
❶ enemy = enemy_of[set1];
  if (enemy == -1)
❷   enemy_of[set1] = person2;
  else
❸   union_sets(enemy, person2, parent, size);
❹ enemy = enemy_of[set2];
  if (enemy == -1)
    enemy_of[set2] - person1;
  else
    union_sets(enemy, person1, parent, size);
}
```

清單 8-13：記錄兩個人為敵人

我們再次從找出集合各自的代表開始，分別儲存至 set1 和 set2。然後查看 set1 的一個敵人 ❶：如果 set1 沒有敵人，就將 person2 設為它的敵人 ❷；如果 set1 有敵人，則我們進入了「測試案例二」的領域了。聯集 set1 的敵人和 person2 的集合 ❸，以確保 person2 和所有 person2 的朋友都是 person1 的敵人。

set1 這樣就處理完畢了，接著比照辦理 set2 ❹，如果它沒有敵人就將它的敵人設為 person1，否則將它的敵人及 person1 集合聯集在一起。

重要的是，這個函數維持了敵人關係的對稱性：如果我們從 person1 找到敵人 person2，那麼從 person2 也可以找到敵人 person1。考慮對 person1 和 person2 進行 set_enemies 呼叫；如果 person1 沒有敵人，那麼它的敵人會變成 person2，但如果 person1 有敵人，它的敵人集合會擴大並把 person2 加入其中。

同樣地，如果 person2 沒有敵人，那麼它的敵人會變成 person2，而如果 person2 有敵人，它的敵人集合就會擴大並把 person1 加入其中。

AreFriends 與 AreEnemies

AreFriends 操作相當於檢查兩個人是否在同一個集合中，或者等價來說，他們是否具有相同的代表。可以透過呼叫兩次尋找完成此操作，如清單 8-14 所示。

```
int are_friends(int person1, int person2, int parent[]) {
  return find(person1, parent) == find(person2, parent);
}
```

清單 8-14：判斷兩個人是否為朋友

只剩下一個操作了！我們可以透過檢查一個人是否在另一個人的敵人集合來實作 AreEnemies；該程式碼在清單 8-15 中給出。

```
int are_enemies(int person1, int person2, int parent[],
                int enemy_of[]) {
  int set1, enemy;
  set1 = find(person1, parent);
  enemy = enemy_of[set1];
❶ return (enemy != -1) &&
         (find(enemy, parent) == find(person2, parent));
}
```

清單 8-15：判斷兩個人是否為敵人

要讓 person2 成為 person1 的敵人，有兩件事必須為真 ❶：第一，person1 必須有敵人；第二，person2 必須在他的敵人集合當中。

那我們是不是也應該檢查 person1 是否為 person2 的敵人？不需要，因為敵人關係是對稱的。如果 person2 不是 person1 的敵人，就用不著檢查 person1 是不是 person2 的敵人了。

完工！我們成功地擴充標準版的聯集尋找資料結構，使其同時處理朋友與敵人的資訊。如果你將此程式碼提交到解題系統，應該會通過所有的測試案例。超過時間限制的部分呢？利用「依大小聯集」和「路徑壓縮」兩招，時間應該還很充裕。

題目三：抽屜雜務 *Drawer Chore*

在「社群網路」和「朋友與敵人」兩道題目中，我們可以同時使用「依大小聯集」和「路徑壓縮」來加速實作，而下一道題目我們會對每個集合的根節點附加更多含義，因此無法使用「依大小聯集」，因為根節點的選擇會有所差別，請在閱讀題目描述的時候思考一下為何會這樣！

這是 Kattis 題號 ladice。

問題

米爾科有 n 個物品散落在房間，以及 d 個空的抽屜。這些物品編號為 1, 2,... , n，而抽屜編號為 1, 2,... , d；每個抽屜最多可以放一個物品。米爾科的目標是逐一考慮每個物品，可以的話就放進一個抽屜中，否則就將它丟掉。

每個物品都有兩個抽屜可以放入：抽屜 A 和抽屜 B（這是為了便於管理；畢竟我們不會想把萬聖節糖果跟螞蟻放在一起）。例如，物品 3 可能有個編號 7 號的抽屜 A 和編號 5 號的抽屜 B。

為了判斷每一個物品會如何處理，我們依序使用下面的規則：

1. 如果抽屜 A 空著，將物品放入抽屜 A 並停止。

2. 如果抽屜 B 空著，將物品放入抽屜 B 並停止。

3. 如果抽屜 A 滿了，將抽屜 A 中的現有物品放到它的另一個抽屜中；如果那個抽屜也是滿的，將其現有物品放到該物品的另一個抽屜中，依此類推。假如這個過程結束了，把一開始的物品放入抽屜 A 並停止。

4. 如果抽屜 B 滿了，將抽屜 B 中的現有物品放到它的另一個抽屜中；如果那個抽屜也是滿的，將其現有物品放到該物品的另一個抽屜中，依此類推。假如這個過程結束了，把一開始的物品放入抽屜 B 並停止。

5. 如果使用前面四條規則都無法將物品放入，就將它丟棄。

因為有規則 3 和 4，放入一個物品可能會導致其他的物品移動到另一個抽屜中。

輸入

輸入包含一個測試案例，由下面幾行組成：

- 一行包含了整數 n，表示物品的數量，以及整數 d，表示抽屜的數目。整數 n 和 d 介於 1 到 300,000 之間。

- n 行，每一行為一個物品。每行都包含了兩個整數 a 和 b，指出這個物品的抽屜 A 為 a 而抽屜 B 為 b。整數 a 和 b 不會相同。

輸出

對每一個物品單獨輸出一行。一個物品如果可以放入抽屜就輸出 LADICA，如果被丟棄就輸出 SMECE（這些名稱來自原本的 COCI 題目描述：克羅埃西亞語的 ladica 代表「抽屜」，而 smece 是「垃圾」）。

解決測試案例的時間限制為一秒鐘。

等價抽屜

考慮一個有趣的情境。我們將一個新的物品放入抽屜 1 ——但是，哎呀，抽屜 1 剛好滿了。其中物品的另一個抽屜為抽屜 2，所以我們將現有物品放入抽屜 2…哎呀，抽屜 2 也滿了。它現有物品的另一個抽屜為抽屜 6，可是抽屜 6 也滿了！我們將其現有物品移到它的另一個抽屜為抽屜 4；幸好抽屜 4 是空的，所以我們就停止。

在這個最終填滿抽屜 4 的過程中，我們移動了三個現有物品：從抽屜 1 移到 2，從抽屜 2 移到 6，最後從抽屜 6 移到 4。不過這些特定的移動對我們來說並不重要，我們只需要知道最後抽屜 4 填滿了。

在加入新的物品之前，抽屜 1、2、6 和 4 的共通點在於，如果你試圖在任何一個抽屜放入物品，結果都會使得抽屜 4 被填滿。在這個意義之下，這四個抽屜是等價的。例如，如果你要將一個物品直接放入抽屜 4，那抽屜 4 立刻就會被填滿；比如將一個物品放入抽屜 6，則抽屜 6 現有物品會移到抽屜 4，抽屜 4 再次填滿了。這個模式在你把物品放到抽屜 2 的時候也會成立，如同我們在這個例子一開始所看到的，放到抽屜 1 的時候亦然。抽屜 4 是這一串抽屜最後的空抽屜，而考慮到我們的聯集尋找資料結構，這就會是集合的代表。我們的集合代表永遠是空的抽屜。

為了更加具體化，我們來練習兩個測試案例。在第一個案例中，到處都有 LADICA，每個物品都能放入抽屜中；而在第二個案例中，會看到一些 SMECE：有一些物品無法歸位到抽屜中。

測試案例一

這是我們的第一個測試案例：

---

6 7
1 2
2 6
6 4
5 3
5 7
2 5

　　我們有七個抽屜，每一個抽屜一開始都是空的且自成一個集合。每一個集合都是一行，並且我用斜體字標示出每個集合的代表：

1

2

3

4

5

6

7

　　現在可以來重新溫習一下題目描述中的規則了。第一個物品的抽屜 A 為 1、而抽屜 B 為 2。抽屜 1 是空的，所以這個物品就放入抽屜 1 中（使用規則 1）。此外，抽屜 1 和 2 變成同一個集合：放置新的物品到抽屜 1 或抽屜 2 中都會使得同一個抽屜（即抽屜 2）被填滿。底下是我們的下一個集合快照：

1 *2*

3

4

5

6

7

注意，新的集合以抽屜 2 作為代表。使用抽屜 1 作為代表並不正確：因為那會錯誤指示「抽屜 1 是空的」！這就是為什麼我們不能使用「依大小聯集」：它可能會選擇錯誤的根節點來當作產生的集合之代表。

再來考慮第二個物品：2 6。抽屜 2 是空的，所以我們就將這個物品放進去（再次使用規則 1）。現在把一個物品放在抽屜 1、2 或 6 都會導致抽屜 6 填滿，所以我們將抽屜 1 和 2 與抽屜 6 聯集起來：

1 2 *6*
3
4
5
7

抽屜 6 是空的，所以將物品放入抽屜 6 會立刻填滿它。將物品放入抽屜 2 會導致抽屜 2 的現有物品移到抽屜 6，一樣填滿了抽屜 6。將物品放入抽屜 1 會導致抽屜 1 的現有物品移到抽屜 2、而抽屜 2 的現有物品移到抽屜 6…所以抽屜 6 又被填滿了。這就是為什麼我們可以合理地將這三個抽屜放入同一個集合中，並以抽屜 6 作為代表。

下一個物品為 6 4。我們知道要怎麼做了（再次使用規則 1）：

1 2 6 *4*
3
5
7

下一個物品是 5 3。這也不成問題（使用規則 1）：

1 2 6 *4*
5 *3*
7

到目前為止我們處理的物品都採用了規則 1 就成功放入抽屜。當然，不見得都是這種情況，下一個物品就可以佐證：5 7。規則 1 在此不適用，因為抽屜 5 已經滿了。然而規則 2 倒是適用於此，因為抽屜 7 是空的，因此將這

個物品放在抽屜 7。聯集後的集合其空抽屜為抽屜 3，因此它是我們的代表，如下面快照所示：

1 2 6 4

5 7 3

我們還有一個物品要處理，而這個可有趣了：2 5。規則 1 適用嗎？不，因為抽屜 2 滿了。規則 2 適用嗎？不，因為抽屜 5 滿了。那麼規則 3 適用嗎？是的！因為抽屜 2 的集合中有一個空的抽屜（抽屜 4），所以規則 3 適用。那麼該如何進行呢？

這裡的論點在於抽屜 2 的集合跟抽屜 5 的集合應該要聯集起來，像這樣：

1 2 6 4 5 7 3

容我解釋一下為什麼這樣可行。這個 2 5 的物品會被放到抽屜 2 中：現有物品從抽屜 2 移到抽屜 6，再從抽屜 6 移到抽屜 4。此時抽屜 4 已經滿了，所以它不能再成為其集合的代表。事實上，唯一相關的空抽屜只有抽屜 3，所以我們希望抽屜 3 可以作為集合的代表。抽屜 5、7 和 3 自然應該在同一個集合中：將物品放入它們之中任何一個終究都會填滿抽屜 3，因為它們在我們引進 2 5 的物品之前就已經在同一個集合中了。

現在只剩下需要解釋為什麼抽屜 1、2、6、4 應該在抽屜 3 的集合中。抽屜 2 沒問題：將一個物品放到抽屜 2 會導致其現有物品移到抽屜 5，而抽屜 5 在抽屜 3 的集合中，所以我們知道接下來會發生什麼事：最終抽屜 3 會被填滿。

抽屜 1 也沒問題：將一個物品放到抽屜 1 中會使其現有物品移到抽屜 2 中，而從這裡開始我們可以用前一段文字來論證抽屜 3 最終會被填滿。類似的邏輯也適用於抽屜 6 和抽屜 4；例如，如果我們將物品放入抽屜 4，然後「取消」填入抽屜 2 時的所發生的移動，抽屜 4 現有的物品會移回抽屜 6，而抽屜 6 的現有物品會移回抽屜 2，如此一來我們又回到了前一段的情況。

這個測試案例中的每一個物品都放入一個抽屜中，所以正確的輸出如下：

```
LADICA
LADICA
LADICA
LADICA
LADICA
LADICA
```

我們從這個測試案例中擷取出一個通用原則。假設我們在處理物品 x y 而該物品最終會放入 x 的集合中，我們聯集 x 的集合與 y 的集合，並且讓 y 的代表作為合併後的代表。

為什麼這是正確的？想一下當我們試圖將一個物品放到聯集後的集合中（由 x 的舊集合與 y 的舊集合所構成）會發生什麼事。將它放入 y 的集合中任何抽屜仍舊會填滿 y 的代表，因為我們沒有動到 y 的集合。將它放入抽屜 x 也會填滿 y 的代表，因為我們把 x 的現有物品移到 y 集合，這樣我們又回到了把它放入 y 集合任何抽屜的情況。剩下的唯一選項就是，將新物品放到 x 集合中的抽屜 z（不同於抽屜 x）中；有一個抽屜鏈從抽屜 z 到抽屜 x，將物品沿著該鏈移動會使得抽屜 x 填滿，由此可知 y 的代表也會被填滿。

那如果我們在處理物品 x y，而最後物品放在 y 的集合中呢？此時，兩個集合的角色會對調；特別是，聯集後的集合代表將成為 x 集合的代表。

測試案例二

現在來看如何產生 SMECE。這是我們的第二個測試案例：

```
7 7
1 2
2 6
6 4
1 4
2 4
1 7
7 6
```

前三個物品為 LADICA，並產生我們熟悉的狀態：

1 2 6 *4*
3
5
7

現在出現了不同的情況：物品 1 4。這是我們第一次看到一個物品的抽屜 A 和抽屜 B 在**同一個**集合中。因此它並沒有為這個集合提供新的空抽屜，亦即，它使用了規則 2 來填滿抽屜 4（所以是 LADICA），但它並沒有提供要聯集的集合。抽屜 1、2、6、4 進入了一種新的狀態，無法成功地將物品放入任何一個抽屜中！如果你試著這麼做，將會進入無止盡移動物品的循環。例如，試著把一個物品放到抽屜 1。我們會把抽屜 1 的現有物品移到抽屜 2，抽屜 2 的現有物品移到抽屜 6，抽屜 6 的現有物品移到抽屜 4，抽屜 4 的現有物品放到抽屜 1，抽屜 1 的現有物品移到抽屜 2，抽屜 2 的現有物品移到抽屜 6…無止盡下去，一直到本書頁數的上限。

在我們的實作中，我們會將此集合的代表設為 0 來標示這個狀態：

1 2 6 4 *0*
3
5
7

差一點就出現 SMECE 了。如果出現任何物品的兩個抽屜都在這個集合中，那就沒辦法放置它。來看下一個物品：2 4。我們可以將它放在抽屜 2 嗎？不行，它滿了。那抽屜 4 呢？不行，它也滿了。可以從抽屜 2 沿著抽屜鏈找到空抽屜嗎？不行。是否能從抽屜 4 開始沿抽屜鏈找到空抽屜？也不行。四好球，SMECE。

接著是物品 1 7。這個可以套用規則 2，因此我們執行聯集（因為是 LADICA）——但要小心，因為這個聯集也會導致一個沒有空抽屜的集合！結果如下：

1 2 6 4 7 *0*
3
5

最後一個物品為 7 6，這會是另一個 SMECE，因為前四個規則都不適用：抽屜 7 和 6 在同一個集合中，且該集合中沒有空的抽屜。

這個測試案例的正確輸出會是

```
LADICA
LADICA
LADICA
LADICA
SMECE
LADICA
SMECE
```

我在這兩個測試案例中唯一沒有探索到的是規則 4。我鼓勵你在繼續閱讀之前試一下規則 4，特別是可以確認一下每當你套用規則 4，聯集後的集合代表會是 0。

現在要進行實作了！

main 函數

我將從 main 函數開始，它會從輸入讀取每一個物品並進行處理；其程式碼在清單 8-16 中給出。

```c
#define MAX_DRAWERS 300000

int main(void) {
  static int parent[MAX_DRAWERS + 1];
  int num_items, num_drawers, i;
  int drawer_a, drawer_b;
  scanf("%d%d", &num_items, &num_drawers);
❶ parent[0] = 0;
  for (i = 1; i <= num_drawers; i++)
    parent[i] = i;

  for (i = 1; i <= num_items; i++) {
    scanf("%d%d", &drawer_a, &drawer_b);

❷  if (find(drawer_a, parent) == drawer_a)
❸    union_sets(drawer_a, drawer_b, parent);

❹  else if (find(drawer_b, parent) == drawer_b)
❺    union_sets(drawer_b, drawer_a, parent);
```

```
❻ else if (find(drawer_a, parent) > 0)
  ❼ union_sets(drawer_a, drawer_b, parent);

❽ else if (find(drawer_b, parent) > 0)
  ❾ union_sets(drawer_b, drawer_a, parent);

  else
    printf("SMECE\n");
  }
  return 0;
}
```

清單 8-16：處理物品的 main 函數

跟之前一樣，parent 陣列會記錄聯集尋找結構中每個節點的父節點。物品從 1 開始編號，所以我們可以放心使用 0 來表示無法放入新物品的抽屜。我們將 0 的代表設為 0 ❶，表示這個集合跟其他集合一樣一開始是空的。

現在，來看這五個規則。對於每一個 LADICA 規則，都呼叫一次 find 以及一次 union_sets 來進行實作。如果這些規則都不適用，表示我們在 SMECE 情況中。讓我們來逐一看每一條 LADICA 規則。

對於規則 1，我們需要知道 drawer_a 是否為空。記住，每一個抽屜的集合（不包括「0」集合）都恰好有一個空的抽屜，且這個空抽屜會是集合的代表。而 find 函數會傳回給定集合的代表，將這兩件事加起來就看得出來，當 drawer_a 恰好為空時，find 會回傳 drawer_a ❷。

如果處於規則 1 的情況，就需要將 drawer_a 的集合和 drawer_b 的集合聯集，因此我們呼叫 union_sets ❸。不過要小心：記得我們必須讓 drawer_b 的代表作為新集合的代表，因為 drawer_a 被填滿之後，drawer_a 的集合就沒有空抽屜了。為了實現這一點，我們會採用一種不會進行「依大小聯集」的 union_sets 實作方法，它保證傳入的第二個參數——在此為 drawer_b ——的代表會是聯集後的代表。它同時也負責輸出 LADICA 的訊息。

對於規則 2，我們需要知道 drawer_b 是否為空。再次使用 find 來檢查 ❹，如果這條規則適用就執行聯集操作 ❺。這一次，我們用相反的順序來呼叫 union_sets，使得 drawer_a 的代表成為聯集後的集合之代表。

對於規則 3，我們需要知道 drawer_a 的集合中是否有空的抽屜。除非一個集合的代表為 0，否則它就有空的抽屜。我們用 find 來檢查這個條件 ❻：如果 find 傳回 0 以外的代表，表示這個集合有空的抽屜。當這個規則適用時，我們執行預期的聯集操作 ❼。你將在下一節看到 union_sets 是如何適當地將集合移到「0」集合中。

最後，對於規則 4，我們需要知道 drawer_b 的集合中是否有空的抽屜。這裡的邏輯跟規則 3 是一樣的：使用 find 來檢查集合是否有空的抽屜 ❽，如果有就執行聯集操作 ❾。

尋找和聯集

清單 8-17 給出了尋找函數。它使用了路徑壓縮，這是好事，因為我剛剛提交了一個沒有使用路徑壓縮的解答，得到「超過時間限制」的錯誤。# 路徑壓縮獲勝

```c
int find(int drawer, int parent[]) {
  int set = drawer, temp;
  while (parent[set] != set)
    set = parent[set];
  while (parent[drawer] != set) {
    temp = parent[drawer];
    parent[drawer] = set;
    drawer = temp;
  }
  return set;
}
```

清單 8-17：find 函數

聯集函數則在清單 8-18 中給出。

```c
void union_sets(int drawer1, int drawer2, int parent[]) {
  int set1, set2;
  set1 = find(drawer1, parent);
  set2 = find(drawer2, parent);
❶ parent[set1] = set2;
❷ if (set1 == set2)
  ❸ parent[set2] = 0;
  printf("LADICA\n");
}
```

清單 8-18：union_sets 函數

如同前面所說，這裡沒有採用「依大小聯集」：我們永遠使用 set2 ——即 drawer2 的集合——來當作新的集合 ❶。

除此之外，每當我們放入一個物品而其兩個抽屜在同一個集合中時 ❷，就將產生的集合之代表設為 0 ❸。每當之後以此集合中的任何元素去呼叫 find，就會傳回 0，以正確指出這個集合不能再放入新的物品。

完成了：本書最具挑戰性的題目之一，僅 50 行的聯集尋找解決方案。請將你的程式碼提交給解題系統吧！

總結

在這一章中，我們學到了如何有效地實作聯集尋找資料結構。本書中所有的資料結構中，聯集尋找結構的某些應用是最讓我感到驚訝的。「真的嗎？這是一道聯集尋找的題目？」我常常會這樣想。在我們解決「朋友與敵人」或「抽屜雜務」問題時，可能你也有這種感覺。無論如何，你都可能會遇到其他題目乍看之下與我在這裡呈現的很不一樣，但卻能夠套用聯集尋找來解決。

令人感到欣慰的是，對於它的應用廣度與效能，我們不需要大量的程式碼就能夠實作聯集尋找：聯集只需要幾行，尋找也只需要幾行。除此之外，只要知道了樹的陣列清表示法，程式碼也不會太複雜。即使是最佳化方法依大小聯集和路徑壓縮，也只需要少量程式碼。

用資訊科學中最受推崇、最廣為實作與應用的一種資料結構作為本書的結尾，我認為是再適合不過的了。

筆記

「抽屜雜務」原出自 2013 年克羅埃西亞資訊公開賽第五回合。我是從 COCI 的網站中找到「0 代表」的點子的（參見 http://hsin.hr/coci/archive/2013_2014）。

後記

我寫這本書是為了要教導你如何思考和設計資料結構與演算法。一路上，我們從資訊科學領域當中學到了許多禁得起考驗的想法。雜湊表讓我們免於耗時的線性搜尋，樹能夠組織階層式資料，遞迴解決了解答涉及到子問題的那些問題，記憶法和動態規劃在子問題之間相互重疊時讓遞迴保持高速，圖將樹所能表示的東西加以推廣應用。廣度優先搜尋和 Dijkstra 演算法可以在圖中找出最短路徑；由於圖是非常通用的概念，「路徑」可以用來表示許多東西。二元搜尋把「解決這個」問題變成「檢查這個」問題。堆積能夠快速找出最小元素或最大元素，區段樹則對其他類型的查詢做類似的事情，聯集尋找加快解決需要維持節點等價集合的圖論問題。這樣列下來真的還不少，而我希望你對學到的東西感到滿意，也希望有幫助你了解到，為什麼這些資料結構和演算法很管用、為什麼它們運作得如此好、以及我們從它們的設計中能夠學到些什麼。

我寫這本書是為了激勵你去思考並設計資料結構和演算法。我所採用的程式設計問題希望你會覺得有趣（這樣你才會願意去解）而且具挑戰性（這樣你才需要去學習如何解題）。也許你是被題目本身所激勵，也許你是受到資訊科學家提出問題與解決問題的方式激勵，又或許，你只是渴望解決對你個人具有意義的問題。無論原因為何，我都希望幫助到你發展技巧與動機去追求重要的事情。

關於本書這種程式設計問題的一個優點是，它們靜靜地等待我們去解決。它們不會改變，也不會進化——但我們會。當我們在一道題目上卡關的時候，可以先離開去學習新東西，然後回來再重新嘗試。現實世界的問題當然不會給我們準確的輸入和輸出，某些特徵還可能隨著時間改變，要靠我們去發現這些問題中有哪些面向是靜待不變的。

我寫這本書是為了要教學。感謝你對我的信任，並花時間讀完了我要說的東西。

A

演算法執行時間

　　我們在本書中解決的每一道程式設計競賽題目都指定了一個時間限制，允許的程式執行時間。如果我們的程式超過了時間限制，解題系統就會終止程式並且給出「超過時間限制」的錯誤。

　　時間限制是用來防止一些就演算法角度來看很陽春的解答通過測試案例。題目的作者心中會有一些模擬的解答，並且設置了時間限制作為判斷標準，看我們是否充分掌握了這些解答的想法。因此，除了必須要正確之外，我們也需要讓程式的執行速度夠快。

計時與其他東西之事件簿

大部分的演算法書籍是不會用時間限制來討論執行時間的。然而，時間限制與執行程式的時間倒是很常在本書中出現，主要原因在於，這類的時間可以帶給我們對程式效能的直觀理解。我們可以執行一個程式並測量它花了多少時間，如果程式根據題目的時間限制標準跑得太慢，我們就會知道需要優化當前的程式碼或採用全新的方法。我們不知道解題系統用的是什麼樣的電腦，但在我們自己的電腦上執行程式還是可以讓我們得知一些資訊。比方說，在筆電上執行我們的程式，在某個小型測試案例上花了 30 秒。如果題目的時間限制是三秒鐘，可以肯定我們的程式就是不夠快。

然而純粹聚焦在時間限制上卻是很侷限的，有五個理由：

時間限制隨電腦而異。　如同剛剛所提到，給程式計時只能告訴我們程式在一台電腦上跑得多快。這是非常特定的資訊，很難讓我們理解當程式在其他電腦上執行時應該做何期待。在閱讀本書進行練習時，你可能也注意到一個程式每次執行所花的時間都有差異，就算是在同一台電腦上運作。例如，你的程式在某項測試案例上花了三秒鐘，之後可能會對同樣的測試案例再執行一次，卻發現它花了 2.5 秒或 3.5 秒。產生這種差異的原因在於，你的作業系統正在管理你的計算資源，並視情況分流給不同的工作，而你的作業系統所做的決定將影響你的程式的執行時間。

時間限制取決於測試案例。　在一項測試案例上對我們的程式計時，只能告訴我們這個程式對該測試案例花了多少時間。假設我們的程式是花了三秒鐘來執行一個小型測試案例。關於小型測試案例的一個事實是，一道題目任何過得去的解答都能夠解決這些小型測試案例。如果我要求你對幾個數字進行排序，或對少數幾個活動做最佳排程之類的，你第一個冒出來的正確想法都能很快解決它們。所以真正有趣的是大型測試案例，它們才能讓演算法的巧妙之處發揮實力。我們不知道我們的程式在大型測試案例或巨型測試案例會花上多少時間，因而也得對這些測試案例執行程式才行。就算我們去執行了，也可能會有某些特定類型的測試案例觸發很差的表現，致使我們誤以為我們的程式比實際上快。

程式需要實作。 我們無法對未經過實作的程式計時。假設我們在思考一個問題，並且想出了一個解決方法；這個想法夠快嗎？雖然可以藉由實作來加以確認，但要是能夠事先知道「這個想法有沒有可能導致一個快速的程式」就好了。你不會實作一個你一開始就知道不正確的程式，類似的道理，如果一開始就能知道程式會太慢的話絕對是件好事。

計時無法解釋慢速。 如果發現我們的程式太慢，那麼下一個任務就是設計一個更快的程式。然而，光是對程式計時並不會讓我們明白為什麼程式很慢；只是告訴我們它就是很慢。此外，如果想出一個可能改進程式的方法，我們必須實作才能知道它有沒有用。

執行時間很難用於溝通。 基於上述各種理由，很難用執行時間來討論我們的演算法。「我的程式如果用 C 語言來寫，它在我去年買的電腦上處理一個八隻雞和四顆蛋的測試案例花了兩秒鐘，那麼你的呢？」

幸好，資訊科學家發展出了一種符號表示法，可以在計時不管用的時候派上用場。它無關乎電腦、無關乎測試案例、也無關乎特定的實作，它能指出程式緩慢的原因何在，也很容易用於溝通，稱之為**大 O（big O）符號**，馬上就來介紹它。

大 O 符號

大 O 符號的魅力在於，它將每一個演算法分配到幾種效能等級的其中一個。如果理解了一種效能等級，就能夠理解該效能等級中所有演算法的一些特性。我在這邊將介紹三種效能等級：線性時間、常數時間以及平方時間。

線性時間

假設我們有一個遞增順序的整數陣列，而我們想要傳回當中的最大整數。例如，給定的陣列

```
[1, 3, 8, 10, 21]
```

我們想要傳回 21。

一個辦法是持續追蹤我們目前為止找到的最大值；每當找到了一個比最大值更大的數值時，就更新最大值。清單 A-1 實作了這個想法。

```c
int find_max(int nums[], int n) {
  int i, max;
  max = nums[0];
  for (i = 0; i < n; i++)
    if (nums[i] > max)
      max = nums[i];
  return max;
}
```

清單 A-1：找出遞增整數陣列中的最大值

　　這個程式碼將 max 設為 nums 中索引 0 的值，然後巡訪陣列以找出更大的數值。不用擔心第一次的迭代會把 max 跟自己比較；只是一次多餘的工作。

　　撇開指定時間的測試案例，讓我們把這個演算法的工作量思考為一個陣列大小之函數。假設這個陣列有五個元素：我們的程式會怎麼做？它在迴圈之前執行了一次變數指派，然後在迴圈中迭代五次，並且傳回結果。如果陣列有 10 個元素，我們的程式也會做類似的事情，唯一不同的是，這次它在迴圈中迭代了 10 次。如果有一百萬個元素呢？則程式會迭代一百萬次。此時我們發現，迴圈前面的指派跟後面的傳回、相較於迴圈的工作量是微不足道的。真正重要的是迴圈的迭代次數，尤其當測試案例很大的時候。

　　如果我們的陣列有 n 個元素，那麼迴圈就會迭代 n 次；在大 O 符號中，我們說這個演算法是 $O(n)$。可以把它理解為：對於一個具有 n 個元素的陣列，該演算法所花費的時間與 n 成正比。一個 $O(n)$ 的演算法稱為**線性時間演算法（linear-time algorithm）**，因為在問題的大小和執行時間之間存在一種線性關係。如果我們將問題大小加倍，執行時間也會加倍。例如，如果一個有兩百萬個元素的陣列執行需要花一秒鐘，我們就可以預期它需要兩秒鐘去執行一個有四百萬個元素的陣列。

　　注意，我們並不需要執行程式碼來得到這個結論，甚至不用把程式碼寫出來（好啦，我是有寫出來沒錯，但那只是為了讓演算法更清楚而已）。光是說「這個演算法為 $O(n)$」就能提供我們『題目大小』和『執行時間』之間的基本關係，而且不管用什麼樣的電腦或是面對什麼樣的測試案例，它都成立。

常數時間

關於我們的陣列，還有一件事是我們還沒利用到的：其中的整數是遞增順序。因此最大的整數就在陣列的最後面。我們直接傳回它就好，不用透過窮舉搜尋陣列之後才找到它。清單 A-2 展示了這個新想法。

```
int find_max(int nums[], int n) {
    return nums[n - 1];
}
```

清單 A-2：找出遞增整數陣列中的最大值

以陣列大小的函數來表示的話，請問這個演算法做了多少的工作量？有趣的是，陣列大小不再有關係了！這個演算法不管怎樣都會直接取得並傳回 nums[n - 1]，即陣列的最後一個元素。哪怕這個陣列有 5 個、10 個或一百萬個元素，演算法都不在乎。在大 O 符號中，我們會說這個演算法是 $O(1)$，稱為**常數時間演算法（constant-time algorithm）**，因為它做的工作量是一個常數，不會隨著問題的大小而增加。

這是最好的一種演算法；不管我們的陣列有多大，我們都能預期大致相同的執行時間。這絕對比線性時間演算法更好，因為後者會隨著問題大小增加而變慢；然而，能夠用常數時間演算法解決的有趣問題並不是很多。例如，如果給我們一個任意順序的陣列而非遞增順序，常數時間演算法就出局了。我們不可能只去看一個固定數量的陣列元素就冀望一定可以找到最大值。

另一個例子

考慮清單 A-3 中的演算法：它是 $O(n)$ 還是 $O(1)$（注意，我省略了函數名稱與變數定義，免得忍不住把演算法拿去編譯執行）？

```
total = 0;
for (i = 0; i < n; i++)
  total = total + nums[i];
for (i = 0; i < n; i++)
  total = total + nums[i];
```

清單 A-3：這是什麼樣的演算法？

假設陣列 nums 有 n 個元素；第一個迴圈迭代了 n 次，第二個迴圈迭代了 n 次，總共是 $2n$ 次迭代。起先我們可能會很自然地說這個演算法是 $O(2n)$。雖然這樣在技術上來說是正確的，但資訊科學家會忽略這個 2，只寫成 $O(n)$。

這看起來可能很怪，因為這個演算法比清單 A-1 要慢了兩倍，然而我們卻宣告兩者都為 $O(n)$。原因說穿了，就是要在記號的簡潔度與表達力之間取得平衡；如果保留 2，或許會更加精確，但我們卻掩蓋了它是線性時間演算法的事實。無論它是 $2n$、$3n$ 還是任何東西乘以 n，其根本上的線性執行時間增長都是不變的。

平方時間

我們已經看過線性時間演算法（在實務上非常快速）及常數時間演算法（比線性時間演算法更快）；現在讓我們來看一個比線性時間還要慢的東西，程式碼如清單 A-4 所示。

```
total = 0;
for (i = 0; i < n; i++)
  for (j = 0; j < n; j++)
    total = total + nums[j];
```

清單 A-4：一個平方時間演算法

跟清單 A-3 相比，注意到如今的迴圈不是接續的、而是巢狀。每次外層迴圈迭代都會導致內層迴圈 n 次迭代；外層迴圈迭代了 n 次，因此內層迴圈的總迭代次數——也是更新 total 的次數——為 n^2（外層迴圈第一次迭代消耗了 n 的工作量，第二次消耗了 n，第三次消耗了 n，依此類推；總和便是 $n + n + n + \cdots + n$，其中我們相加「n」的次數為 n）。

在大 O 符號表示法，我們說該演算法為 $O(n^2)$，稱為**平方時間演算法**（**quadratic-time algorithm**），因為「quadratic」是數學中用來表示取平方的術語。

現在來探討平方時間演算法為什麼比線性時間演算法慢。假設我們有一個要用 n^2 個步驟的平方時間演算法。對大小為 5 的問題，它需要 $5^2 = 25$ 個步驟，對大小為 10 的問題，它需要 $10^2 = 100$ 個步驟，而對大小為 20 的問題，它需要 $20^2 = 400$ 個步驟。注意看當我們將問題的大小加倍會發生什麼事：時

間變成了**四倍**。遠比線性時間演算法差多了,問題大小加倍只會導致時間跟著加倍。

你應該不會感到意外,需要 $2n^2$ 個步驟、$3n^2$ 個步驟等等的演算法也被歸類為平方時間演算法。大 O 符號會隱藏在 n^2 項前面的東西,就跟它在線性時間演算法中會隱藏 n 項前面的東西一樣。

假如我們有一個演算法需要 $2n^2 + 6n$ 個步驟呢?一樣是平方時間演算法。我們要花 $2n^2$ 的平方執行時間,再加上 $6n$ 的線性執行時間,因而其結果仍然是平方時間演算法:平方部分的四倍增加行為,很快就會超過線性部分的雙倍增長行為了。

本書中的大 O

關於大 O 符號還有很多內容可以探討。它有一套正式的數學基礎,而資訊科學家使用它們嚴格分析演算法的執行時間。除了我在這邊介紹的三種效能等級之外,還有其他的效能等級(必要的話我也可以再介紹本書裡頭出現過的幾個級別)。如果你想更進一步了解,可學的東西多得是,不過這裡的介紹已夠達到我們的目的了。

大 O 在本書中通常是在需要時才會使用。對一個問題,我們可能會先求一個初步的解答,結果從解題系統得到「超過時間限制」的錯誤;遇到那些情況,我們要了解哪裡出了錯,而這樣的分析第一步就是理解執行時間是如何隨著問題規模增加而增長。大 O 分析不僅能確定緩慢的程式碼真的很慢,而且通常找得出程式碼中的特定瓶頸,我們便能利用這個進一步的理解來設計出更有效率的解答。

B

因為我忍不住

在這篇附錄當中，我安排了本書研究過的某些題目有關的額外資料。對我來說這篇附錄是選讀用的：它沒有涉及到那些我認為是學習資料結構和演算法的目標的核心資料。然而，你如果渴望對一道題目了解更多，那麼這篇附錄就是為你而準備的。

獨特雪花：隱式鏈結串列

在編譯時期，我們通常並不知道程式會需要多少記憶體。如果你曾經疑惑「我應該把這個陣列取多大？」或「這個陣列會夠大嗎？」，那麼你肯定親身經歷過 C 語言陣列缺乏彈性之處：我們必須選取一個陣列大小，但有可能一直到陣列填滿時我們都不知道該取什麼較好。在許多這種情況中，鏈結串列簡潔地解決了這個問題。每當需要新的記憶體來存放一些資料時，我們只要在執行時間呼叫 malloc 以新增一個節點到鏈結串列中。

在第一章第一道題目「獨特雪花」中，我們使用了鏈結串列來串連同一個桶中的雪花。對於每一個我們所讀取的雪花，使用 malloc 來配置正好一片雪花所需的記憶體。如果我們讀取了 5,000 片雪花，就會呼叫 malloc 5,000 次，而這些 malloc 所花的時間會累積起來。

等一下！我剛剛才說過，鏈結串列是當我們不知道需要多少記憶體時很有用處，可是在「獨特雪花」當中，我們**知道**！或者，至少知道我們會需要的**最大量**：即儲存最多 100,000 片雪花所需的量。

這衍生出了一些問題。到底為什麼要用 malloc ？有辦法避免使用 malloc 嗎？確實，我有一個「獨特雪花」的解答是不使用 malloc 而且讓速度加倍。怎麼做到的？

關鍵的想法在於預先配置一個最大數目（100,000）的陣列以存放我們可能會用到的節點；這個陣列叫作 nodes，它存放了（如今變成隱式）鏈結串列中的所有節點。nodes 中的每一個元素是一個整數，代表它的節點串列中下一個節點的索引。讓我們透過解讀一個樣本 nodes 陣列來感受一下：

```
[-1, 0, -1, 1, 2, 4, 5]
```

假設我們知道其中一個串列從索引 6 開始。索引 6 的值為 5，表示索引 5 是這個串列中的下一個節點。類似情況，索引 5 告訴我們串列中的下一個節點為索引 4，索引 4 告訴我們串列中的下一個節點為索引 2。那麼索引 2 的值為 -1 又如何解釋？我們會用 -1 作為 NULL 值：表示沒有「下一個」元素了。由此我們知道這個串列為索引 6、5、4 和 2。

這個陣列當中還有一個非空的串列。假設我們知道這個串列是從索引 3 開始；索引 3 告訴我們串列中的下一個節點為索引 1，而索引 1 告訴我們串列中的下一個節點為索引 0。就這樣了——索引 0 為 -1，所以串列結束了。我們因此知道這個串列為索引 3、1 和 0。

這就是 nodes 陣列。如果某個索引的值為 -1，那麼它就是串列的結尾；否則它會給出串列中下一個元素的索引。

請注意，nodes 並沒有告訴我們關於串列從哪裡開始的任何資訊；必須假定我們知道串列的開頭是在索引 6 和 3。我們是怎麼知道的？這就要用另一個陣列 heads 來給出串列中第一個節點的索引了。heads 使用 -1 來對應任何非串列開頭的元素。

沒使用到 malloc 的解答總共用了三個陣列：nodes、heads 和 snowflakes，其中 snowflakes 陣列儲存了實際的雪花，我們便可以根據 nodes 和 heads 中的索引來查看一片雪花。以下是這三個陣列：

```
static int snowflakes[SIZE][6];
static int heads[SIZE];
static int nodes[SIZE];
```

我們的函數中只有兩個需要加以調整，才能從鏈結串列切換成這裡使用的隱式串列：identify_identical 和 main。這些是語法上的調整而非實質上的改變：identify_identical 仍舊負責執行串列中所有雪花的逐對比較，而 main 仍舊負責讀取雪花並建立串列。

新的 identify_identical 函數如清單 B-1 所示——將它和前面的清單 1-12 比較一下！

```
void identify_identical(int snowflakes[][6], int heads[],
                        int nodes[]) {
  int i, node1, node2;
  for (i = 0; i < SIZE; i++) {
    node1 = heads[i];
    while (node1 != -1) {
❶ node2 = nodes[node1];
      while (node2 != -1) {
        if (are_identical(snowflakes[node1], snowflakes[node2])) {
          printf("Twin snowflakes found.\n");
          return;
```

```
      }
  ❷  node2 = nodes[node2];
    }
  ❸  node1 = nodes[node1];
    }
  }
  printf("No two snowflakes are alike.\n");
}
```

清單 B-1：識別隱式鏈結串列中相同的雪花

　　在 for 迴圈當中，node1 被設定為當前串列的開頭。如果這個串列是空的，那麼外層的 while 迴圈根本不會對這個節點執行，但如果不是空的，則透過 nodes 陣列，node2 被設為 node1 之後的下一個節點 ❶。相較於鏈結串列的 node2 = node2->next 程式碼，我們再次使用 nodes 陣列來找出下一個節點 ❷❸。

　　新的 main 函數在清單 B-2 中給出。

```
int main(void) {
  static int snowflakes[SIZE][6];
  static int heads[SIZE];
  static int nodes[SIZE];
  int n;
  int i, j, snowflake_code;
  for (i = 0; i < SIZE; i++) {
    heads[i] = -1;
    nodes[i] = -1;
  }
  scanf("%d", &n);
  for (i = 0; i < n; i++) {
    for (j = 0; j < 6; j++)
      scanf("%d", &snowflakes[i][j]);
    snowflake_code = code(snowflakes[i]);
  ❶  nodes[i] = heads[snowflake_code];
  ❷  heads[snowflake_code] = i;
  }
  identify_identical(snowflakes, heads, nodes);
  return 0;
}
```

清單 B-2：隱式鏈結串列的 main 函數

　　假設我們剛讀取了一片雪花，並且將它儲存在 snowflakes 的第 i 列中。我們希望這片雪花成為其串列的開頭；為了達成此目的，我們把索引 i 的舊開頭儲存到 nodes 陣列中 ❶，然後把串列的開頭設為雪花 i ❷。

花時間比較一下這個解答和我們的鏈結串列解答；你比較喜歡哪一個？這個沒用到 malloc 的解答對你來說比較容易還是比較難以理解呢？把兩個解答都提交給解題系統；其速度提升值不值得？

漢堡狂熱：重建解答

在第三章當中，我們解決了三道題目——「漢堡狂熱」、「守財奴」和「冰球世仇」——牽涉到最小化或最大化一個解答的數值。在「漢堡狂熱」中，我們要最大化荷馬花在吃漢堡的時間；我們給出一個如 2 2 的答案，表示吃了兩個漢堡並花了兩分鐘喝啤酒。在「守財奴」當中，我們要最小化買蘋果所需的金額；給出一個如 Buy 3 for $3.00 的答案。在「冰球世仇」當中，我們要最大化世仇賽中的得分；給出如 20 的答案。

可是，請注意我們在這裡所做的是給出最佳解的**數值**，沒有給出最佳解本身。我們並沒有指出要吃哪一種漢堡、如何購買蘋果或是哪些比賽是世仇賽。

在程式設計競賽當中，大部分的最佳化問題都要求一個解答的數值，這也是第三章的重點。然而，如果我們願意，可以利用記憶法和動態規劃傳回最佳解本身。

我們利用「漢堡狂熱」作為例子來看看要如何做到。提供的測試案例如下：

4 9 15

讓我們不僅輸出最佳解的數值，同時輸出最佳解本身，像這樣：

2 2
Eat a 4-minute burger
Eat a 9-minute burger

第一行跟原本一樣；另外兩行則組成一個最佳解本身，證明 2 2 確實是可以做到的。

像這樣輸出最佳解，稱之為**重建（reconstruct）**或**還原（recover）**一個解答。這兩個詞彙都示意我們已經有了可以組成最佳解的片段，而確實如

此：我們所需要的就好端端地在 memo 或 dp 陣列之中。我們在此用 dp 陣列；memo 陣列也是用同樣的方法。

我們要寫這樣的函數：

```
void reconstruct(int m, int n, int dp[], int minutes)
```

回想一下，我們有 *m* 分鐘和 *n* 分鐘兩種漢堡；參數 m 和 n 便是來自當前測試案例的兩個數值，參數 dp 是由清單 3-8 的動態規劃演算法產生出來的陣列，最後，參數 minutes 是花在吃漢堡的分鐘數。這個函數會列印出最佳解中應該要吃的漢堡數量，每一個一行。

荷馬在一個最佳解當中應該吃的最後一個漢堡是什麼？如果我們從頭開始解決這個問題，不會知道這個答案；我們必須去看「如果選擇 *m* 分鐘漢堡作為最後一個會發生什麼事」以及「如果選擇 *n* 分鐘漢堡作為最後一個會發生什麼事」。確實，這就是我們在第三章中解決這個問題的方法。但要記得，我們現在有 dp 陣列可以運用了，而這個陣列會告訴我這兩個選項哪一個比較好。

關鍵想法如下：去看 dp[minutes - m] 和 dp[minutes - n]。我們可以取得這兩個數值，因為 dp 陣列已經建構完畢。這兩個數值中較大的值告訴我們該用何者當作最後一個漢堡；也就是說，如果 dp[minutes - m] 較大，最後一個漢堡就是 *m* 分鐘漢堡，而如果 dp[minutes - n] 較大，最後一個漢堡就是 *n* 分鐘漢堡（若 dp[minutes - m] 與 dp[minutes - n] 相等，你可以任意選擇 *m* 分鐘或 *n* 分鐘漢堡作為最後一個漢堡）。

這個論點跟清單 3-8 中用來建立 dp 陣列的方法是類似的。當時我們選取了 first 和 second 中較大的那個，而在這裡，我們透過逆向工程來找出動態規劃演算法做出了什麼樣的選擇。

一旦推斷出最後一個漢堡，就刪去吃該漢堡的時間並重複此過程，直到剩下零分鐘為止，屆時重建就完成了；清單 B-3 給出了這個函數。

```
void reconstruct(int m, int n, int dp[], int minutes) {
  int first, second;
  while (minutes > 0) {
    first = -1;
```

```
    second = -1;
    if (minutes >= m)
      first = dp[minutes - m];
    if (minutes >= n)
      second = dp[minutes - n];
    if (first >= second) {
      printf("Eat a %d-minute burger\n", m);
      minutes = minutes - m;
    } else {
      printf("Eat a %d-minute burger\n", n);
      minutes = minutes - n;
    }
  }
}
```

清單 B-3：重建解答

這個函數應該在清單 3-8 中的兩處被呼叫，在兩次的 printf 呼叫之後各一次。第一次是

```
reconstruct(m, n, dp, t);
```

第二次是

```
reconstruct(m, n, dp, i);
```

我鼓勵你對「守財奴」與「冰球世仇」問題用一樣的方式去重建最佳解。

騎士追逐：編碼移動

在第四章的「騎士追逐」問題中，我們設計了一個 BFS 演算法來找出騎士從初始位置抵達每個格子所需的步數。騎士有八種可能的移動方法，每一種都寫在程式碼中（見清單 4-1）；例如，我們像這樣讓騎士上移一格並右移兩格來進行探索：

```
add_position(from_row, from_col, from_row + 1, from_col + 2,
             num_rows, num_cols, new_positions,
             &num_new_positions, min_moves);
```

上移一格並左移兩格的寫法為：

```
add_position(from_row, from_col, from_row + 1, from_col - 2,
             num_rows, num_cols, new_positions,
             &num_new_positions, min_moves);
```

這裡存在很討厭的程式碼重複：唯一的不同只是把加號換成減號！事實上，全部的八種移動方法都是用非常類似的方式編碼，只是改變加號減號以及 1 跟 2 而已，這樣的東西寫起來是很容易犯錯的。

幸好，有一個簡潔的技巧可以避免這樣的程式碼重複。許多要求在一個隱含多維度（如列與欄）的圖上進行探索的問題都可以套用這個技巧。

底下是騎士可能的八種移動方式，跟我在第四章中介紹這道題目時是一樣的：

- 上 1 右 2
- 上 1 左 2
- 下 1 右 2
- 下 1 左 2
- 上 2 右 1
- 上 2 左 1
- 下 2 右 1
- 下 2 左 1

讓我們先聚焦在列數上，並寫下每次移動如何改變列數。第一種移動的列數增加了一，第二種也一樣，反之第三種和第四種移動的列數減少一，第五種和第六種的移動列數增加了二，而第七和第八種的移動列數減少二。這些數目所形成的陣列如下：

```
int row_dif[8] = {1, 1, -1, -1, 2, 2, -2, -2};
```

稱之為 row_dif 是因為它給出了「當前的列」與「移動一次後的列」之間的列數差距。

接下來要對欄數做同樣的事。第一種移動的欄數增加二，第二種移動的欄數減少二，依此類推。以陣列來表示，欄數的差距為

```
int col_dif[8] = {2, -2, 2, -2, 1, -1, 1, -1};
```

這兩個並列的陣列有用之處在於，它們描繪出每一種移動對於當前列與行的影響。陣列 row_dif[0] 和 col_dif[0] 中的數目告訴你，第一種移動使列數加一且欄數加二，而 row_dif[1] 和 col_dif[1] 中的數目告訴你第二種移動使列數加一而欄數減二，依此類推。

現在，我們可以使用一個迭代八次的迴圈，並且只輸入一次 add_position 的呼叫，而不是輸入八組近乎一樣的 add_position 呼叫。實作方法如下，其中用了一個新的整數變數 m 來迭代過這些移動：

```
for (m = 0; m < 8; m++)
  add_position(from_row, from_col,
               from_row + row_dif[m], from_col + col_dif[m],
               num_rows, num_cols, new_positions,
               &num_new_positions, min_moves);
```

這樣好多了！把你在第四章中的「騎士追逐」程式碼更新一下並且交到解題系統，也會通過所有的測試案例，而且程式碼應該沒有明顯變快或變慢，但省去了不少重複的程式碼，這是一大勝利。

我們在這裡只有八種移動方法，所以我在第四章的「騎士追逐」中不使用這種編碼技巧也能過關；然而，如果有更多的移動方法，那麼反覆地貼上這些 add_position 的呼叫就不可行了。我在這裡所呈現的方法具有較佳的擴展性。

Dijkstra 演算法：使用堆積

在第五章中，我們為了找出加權圖中的最短路徑而學習 Dijkstra 演算法。當時實作 Dijkstra 的執行時間為 $O(n^2)$，其中 n 是圖中的節點數目。Dijkstra 演算法花了許多時間去尋找最小值：在每一次遞迴中，它必須在所有未完成的節點中找出距離最小的節點。

然後，在第七章中，我們學到了最大堆積和最小堆積。最大堆積在此幫不上忙——但是最小堆積可以，因為它的工作就是快速找出最小值，因此我們可以使用最小堆積來加速 Dijkstra 演算法。這簡直是資訊科學中的天作之合。

最小堆積將會存放所有已發現但尚未完成的節點；它可能也會存放一些已發現的**已完成**節點，這樣沒關係：就跟我們在用堆積解決「超市促銷」問題（第七章「解答二：堆積」一節）時一樣，只需要忽略恰好從最小堆積中取出的已完成節點。

老鼠迷宮：用堆積來追蹤

讓我們來用最小堆積強化一下「老鼠迷宮」（第五章「題目一：老鼠迷宮」）之解答吧。這是我們當時用過的圖（圖 5-1）：

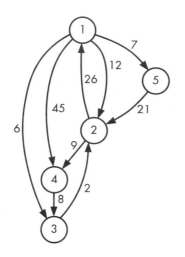

在第五章「加權圖中的最短路徑」一節中，我曾經從節點 1 開始追蹤 Dijkstra 演算法；讓我們再做一次，這次改用最小堆積。堆積中的每個元素會包含有一個節點以及抵達該節點所需要的時間，我們會看到同一個節點可能會在堆積中出現許多次，然而因為它是最小堆積，我們還是能夠只用每個節點的最小時間來進行處理。

底下的每一個最小堆積快照，我將各列按照它們在堆積陣列中儲存的相同順序排列。

一開始在堆積中只有節點 1，其時間為 0。我們沒有其他節點的時間資訊，所以會有這樣的快照：

Min-heap	
node	**time**
1	0

Rest of State		
node	**done**	**min_time**
1	false	0
2	false	
3	false	
4	false	
5	false	

從最小堆積中擷取會給出其唯一的元素，即節點 1。然後我們用節點 1 來更新節點 2、3、4、5 的最短路徑，並將這些節點放入最小堆積中。此時的狀態為：

Min-heap	
node	**time**
3	6
2	12
5	7
4	45

Rest of State		
node	**done**	**min_time**
1	true	0
2	false	12
3	false	6
4	false	45
5	false	7

最小堆積下一個取出的是節點 3，而它會給予我們一條到節點 2 的更短路徑。因此我們在堆積中再加入一個節點 2，不過這次路徑比之前更短。此時我們有：

Min-heap	
node	**time**
5	7
2	8
4	45
2	12

Rest of State		
node	**done**	**min_time**
1	true	0
2	false	8
3	true	6
4	false	45
5	false	7

下一個出來的是節點 5。它並沒有導致任何最短路徑的更新，所以沒有東西需要加入到最小堆積中。此時我們有：

Min-heap	
node	time
2	8
2	12
4	45

Rest of State		
node	done	min_time
1	true	0
2	false	8
3	true	6
4	false	45
5	true	7

下一個從最小堆積取出的是節點 2 ——確切來說是 time 為 8 的那一個、而不是 time 為 12 的那一個！它將導致節點 4 的最短路徑更新，並且再加入一個節點 4 到最小堆積中。其結果為：

Min-heap	
node	time
2	12
4	45
4	17

Rest of State		
node	done	min_time
1	true	0
2	true	8
3	true	6
4	false	17
5	true	7

下一個從最小堆積取出的再度是節點 2 ！節點 2 已經完成了，所以只要擷取它，不用做任何事情。剩下的東西是：

Min-heap	
cell	time
4	17
4	45

Rest of State		
node	done	min_time
1	true	0
2	true	8
3	true	6
4	false	17
5	true	7

出現的兩個節點 4 會輪流從最小堆積中擷取出來。第一次的節點 4 不會導致任何最短路徑更新——因為其他節點已經完成了——但會把節點 4 設為已完成。因而第二次的節點 4 會被忽略。

大部分的教科書以堆積來實作 Dijkstra 演算法的時候，會假定有辦法對堆積中的一個節點減少其最短路徑長度，那樣一來，節點可以在堆積中更新，就沒有必要反覆出現很多次。然而，我們在第七章中發展出來的堆積並不支援這種「減少」的操作。不過請放心，我們在這裡所做的，也就是用插入來

取代更新的做法，其最差情況的時間複雜度是相同的；精確來說到底是什麼呢？

讓我們用 n 來代表圖中的節點數目，並用 m 代表邊的數目。對於每一條邊 $u \rightarrow v$，最多只會處理一次，即當 u 從堆積中被擷取時。每一條邊最多只會導致在堆積中插入一次，所以我們最多插入 m 個元素，因而堆積能夠達到的最大大小為 m。我們只能夠擷取已經插入的東西，所以最多會有 m 次的擷取。如此一來總共有 $2m$ 次的堆積操作，每次最多花費 $\log m$ 時間，因此，我們就有了一個 $O(m \log m)$ 的演算法。

將其與第五章的 $O(n^2)$ 實作比較一下。當邊數相較於 n^2 來說較小的時候，基於堆積的實作會勝出；比方說，如果有 n 條邊，那麼基於堆積的實作耗時 $O(n \log n)$，遠勝過第五章的 $O(n^2)$ 執行時間。如果邊的數目較大，那麼採用哪一種實作就沒那麼重要了；例如，如果總共有 n^2 條邊，那麼基於堆積的實作耗時為 $O(n^2 \log n)$，它跟 $O(n^2)$ 是可以相提並論，但稍微慢了些。如果你事先不知道圖的邊數是多還是少，採用堆積是比較保險的做法：對於邊數多的圖來說，代價只是增加 $\log n$ 因子，用一個小小的代價就能換取在邊數少的圖上有更好的效能。

老鼠迷宮：用堆積來實作

我們用這個結構作為堆積的元素：

```c
typedef struct heap_element {
  int cell;
  int time;
} heap_element;
```

我不會在這裡重複最小堆積的插入程式碼（清單 7-5）或擷取程式碼（清單 7-6）；唯一的改變是要來比較 time 而非 cost，這部分我留給你做。

這裡的 main 函數跟在第五章是一樣的（清單 5-1）。我們只需要一個替代的 find_time（清單 5-2）來使用最小堆積而非線形搜尋。其程式碼在清單 B-4 中給出。

```c
int find_time(edge *adj_list[], int num_cells,
              int from_cell, int exit_cell) {
  static int done[MAX_CELLS + 1];
```

```
  static int min_times[MAX_CELLS + 1];
❶ static heap_element min_heap[MAX_CELLS * MAX_CELLS + 1];
  int i;
  int min_time, min_time_index, old_time;
  edge *e;
  int num_min_heap = 0;
  for (i = 1; i <= num_cells; i++) {
    done[i] = 0;
    min_times[i] = -1;
  }
  min_times[from_cell] = 0;
  min_heap_insert(min_heap, &num_min_heap, from_cell, 0);

❷ while (num_min_heap > 0) {
    min_time_index = min_heap_extract(min_heap, &num_min_heap).cell;
    if (done[min_time_index])
    ❸ continue;
    min_time = min_times[min_time_index];
    done[min_time_index] = 1;

    e = adj_list[min_time_index];
  ❹ while (e) {
      old_time = min_times[e->to_cell];
      if (old_time == -1 || old_time > min_time + e->length) {
        min_times[e->to_cell] = min_time + e->length;
      ❺ min_heap_insert(min_heap, &num_min_heap,
                        e->to_cell, min_time + e->length);
      }
      e = e->next;
    }
  }
  return min_times[exit_cell];
}
```

清單 B-4：使用 Dijkstra 演算法和堆積來求到出口的最短路徑

　　每個格子最多會導致 MAX_CELLS 個元素加入到最小堆積之中，最多有 MAX_CELLS 個格子。因此，如果我們配置了 MAX_CELLS * MAXCELLS 再加一個元素（因為我們是從 1 開始索引，不是 0 ❶）的空間，就不用擔心會溢出最小堆積。

　　只要最小堆積裡面還有東西，主要的 while 迴圈就會一直執行 ❷。如果我們從最小堆積中擷取的節點已經完成了，那麼在該次的迭代中我們不做任何事情 ❸；否則，跟往常一樣處理它連出去的邊 ❹，並且在找到更短的路徑時將節點添加到最小堆積中 ❺。

路徑壓縮的壓縮

在第八章「最佳化二:路徑壓縮」一節中,你學到了路徑壓縮,一種針對基於樹的聯集尋找資料結構的最佳化技巧。我在清單 8-8「社交網路」問題的脈絡中呈現了它的程式碼;像那樣寫成兩個 while 迴圈,並不是實務上會看到的程式碼寫法。

我通常不太喜歡花時間在難以理解的程式碼上,而我也希望我在本書中沒有把那種程式碼呈現給你,不過在這裡要破例一下,因為你可能會遇到一種特別緊湊、只有一行的路徑壓縮實作方法,如清單 B-5 所示。

```
int find(int p, int parent[]) {
  return p == parent[p] ? p : (parent[p] = find(parent[p], parent));
}
```

清單 B-5:實務上的路徑壓縮

我把 person 改成 p 以便把程式碼塞到一行中(反正可讀性已經很差了,又何妨?)。

這裡面有一大堆東西:? : 的三元運算子,使用 = 指派運算子的結果,甚至還有遞迴。我們將透過三個步驟來解釋。

步驟一:不使用三元運算子

? : 運算子是 if-else 有傳回值的一種型式。當程式設計師想要節省空間並且把整個 if 陳述式塞成一行時就會使用到它。一個簡單的例子如下:

```
return x >= 10 ? "big" : "small";
```

如果 x 大於等於 10,就會傳回 big,否則傳回 small。

? : 運算子被稱為**三元(ternary)**運算子,因為它有三個運算元:第一個表達式是用來測試真偽的布林(boolean)表達式,第二個表達式是當第一個表達式為真時的結果,而第三個表達式是當第一個表達式為偽時的結果。

讓我們用標準的 `if-else` 陳述式來改寫清單 B-5，不要用三元運算子：

```c
int find(int p, int parent[]) {
  if (p == parent[p])
    return p;
  else
    return parent[p] = find(parent[p], parent);
}
```

這樣好多了。現在我們明確地看到這個程式碼有兩種路徑：一個是當 p 是根節點的時候，另一個則是當 p 不是根節點的時候。

步驟二：較簡潔的指派運算子

你覺得下面這個程式碼片段做了什麼？

```c
int x;
printf("%d\n", x = 5);
```

答案是它會印出 5 ！你知道 x = 5 會把 5 指派給 x，但它本身也是一個值為 5 的表達式。沒錯：= 會指派一個值，但它也會把存到變數中的值傳回。這也是為什麼我們可以這樣做：

```c
a = b = c = 5;
```

以指派相同的值給好幾個變數。

在路徑壓縮的程式碼中，我們在同一行當中有一個 return 陳述式和一個指派陳述式並存；該行既將一個值指派給 parent[p]，也將該值傳回了。我們把這兩個動作分開來：

```c
int find(int p, int parent[]) {
  int community;
  if (p == parent[p])
    return p;
  else {
    community = find(parent[p], parent);
    parent[p] = community;
    return community;
  }
}
```

明確找出 p 的代表，並且把 parent[p] 指派給該代表，然後傳回該代表。

步驟三：理解遞迴

現在我們把遞迴獨立寫成一行：

```
community = find(parent[p], parent);
```

我們知道 find 函數會從它的參數到根節點之間執行路徑壓縮，然後傳回樹的根節點。因此，這個遞迴呼叫就會從 p 的父節點到根節點進行路徑壓縮，並且傳回樹的根節點。如此一來就處理了除了 p 自己之外的全部路徑壓縮。我們也需要把 p 的父節點設為根節點，因此我們這樣做：

```
parent[p] = community;
```

完成了：我們證明了一行式的路徑壓縮程式碼真的可行！

C

題目貢獻者

對於那些透過程式設計競賽來幫助人們學習的人，我很感謝他們所貢獻的時間和專業。對本書中的每一道題目，我都力求找出其作者及出處；如果你知道下列這些問題的任何額外資訊或出處，請讓我知道，我會在本書的網站上貼出更新資訊。

這是下面這張表中所使用的縮寫：

- CCC：加拿大計算機競賽（Canadian Computing Competition）
- CCO：加拿大計算機奧林匹亞（Canadian Computing Olympiad）
- COCI：克羅埃西亞資訊公開賽（Croatian Open Competition in Informatics）
- ECNA：ACM 北美中東部（East Central North America）區域程式設計賽 IOI：國際資訊奧林匹亞（International Olympiad in Informatics）
- POI：波蘭資訊奧林匹亞（Polish Olympiad in Informatics）
- SAPO：南非程式設計奧林匹亞（South African Programming Olympiad）
- SWERC：ACM 西南歐區域賽（Southwestern Europe Regional Contest）
- USACO：美國計算機奧林匹亞（USA Computing Olympiad）

章	節	原標題	競賽 / 作者
導論	取餐排隊	Food Lines	Kevin Wan
1	獨特雪花	Snowflakes	2007 CCO / Ondrej Lhoták
1	複合詞	Compound Words	Gordon V. Cormack
1	拼字檢查	Spelling Check	Mikhail Mirzayanov, Natalia Bondarenko
2	萬聖節糖果收集	Trick or Tree'ing	2012 DWITE / Amlesh Jayakumar
2	子孫的距離	Countdown	2005 ECNA / John Bonomo, Todd Feil, Sean McCulloch, Robert Roos
3	漢堡狂熱	Homer Simpson	Sadrul Habib Chowdhury
3	守財奴	Lowest Price in Town	MAK Yan Kei, Sabur Zaheed
3	冰球世仇	Geese vs. Hawks	2018 CCO / Troy VasigaAndy Huang
3	及格方法	Marks Distribution	Bahlul Haider, Tanveer Ahsan
4	騎士追逐	A Knightly Pursuit	1999 CCC
4	攀爬繩子	Reach for the Top	2018 Woburn Challenge / Jacob Plachta
4	書籍翻譯	Lost in Translation	2016 ECNA / John Bonomo, Tom Wexler, Sean McCulloch, David Poeschl

章	節	原標題	競賽 / 作者
5	老鼠迷宮	Mice and Maze	2001 SWERC
5	拜訪奶奶規劃	Visiting Grandma	2008 SAPO / Harry Wiggins, Keegan Carruthers-Smith
6	螞蟻餵食	Mravi	2014 COCI / Antonio Juric
6	跳躍河流	River Hopscotch	2006 USACO / Richard Ho
6	生活品質	Quality of Living	2010 IOI / Chris Chen
6	洞穴門	Cave	2013 IOI / Amaury Pouly, Arthur Charguéraud（受到 Kurt Mehlhorn 之啟發）
7	超市促銷	Promotion	2000 POI / Tomasz Walen
7	建立樹堆	Binary Search Heap Construction	2004 Ulm / Walter Guttmann
7	二元素和	Maximum Sum	2009 Kurukshetra Online Programming Contest / Swarnaprakash Udayakumar
8	社群網路	Social Network Community	Prateek Agarwal
8	朋友與敵人	War	Petko Minkov
8	抽屜雜務	Ladice	2013 COCI / Luka Kalinovcic, Gustav Matula

CCC 與 CCO 的題目由滑鐵盧大學的數學與計算機教育中心（CEMC）所有。